大展好書　好書大展

品嘗好書　冠群可期

大展好書　好書大展

品嘗好書　冠群可期

休閒生活 11

盆景

無土栽培技術

賀水山
陳先鋒 編著

品冠文化出版社

國家圖書館出版品預行編目資料

盆景無土栽培技術 ／ 賀水山　陳先鋒　編著
——初版，——臺北市，品冠，2018〔民107.02〕
面；21公分 ——（休閒生活；11）
ISBN 978－986－5734－75－6（平裝；）
1.盆景　2.無土栽培
435.8　　106023307

盆景無土栽培技術

編　　著／賀水山　陳先鋒
責任編輯／邵　　梅
發 行 人／蔡孟甫
出 版 者／品冠文化出版社
社　　址／台北市北投區（石牌）致遠一路2段12巷1號
電　　話／（02）28233123 · 28236031 · 28236033
傳　　眞／（02）28272069
郵政劃撥／19346241
網　　址／www.dah-jaan.com.tw
E－mail ／ service@dah-jaan.com.tw
承 印 者／傳興印刷有限公司
裝　　訂／眾友企業公司
排 版 者／弘益電腦排版有限公司
授 權 者／安徽科學技術出版社
初版1刷 ／2018年（民107）2月

定 價／350元

前言

盆景藝術源遠流長，迄今已有1300多年歷史，是中華民族的藝術瑰寶。但是隨著國際、國內經濟貿易的不斷發展，國內外對盆景生產、管理、操作等各個生產環節提出了更加嚴格的要求。如歐美等盆景進口國明文規定，禁止帶土植物入境，傳統盆景種植管理方式已經難以適應這一變化。我國盆景要想走出國門，邁向世界，必須按照規定進行無土栽培。同時，在國內傳統泥花盆景也日益暴露出笨重、不夠美觀等缺點，難以適應人們高雅的審美要求，盆景無土栽培則可很好解決這一問題。

盆景無土栽培，就是不用自然土壤種植盆景，利用各種栽培基質再加營養液的方法栽培盆景。由於其具有清潔衛生、搬運輕便、基質消毒清洗方便等優點，正在越來越多受到我國各地生產、種植、管理者的重視和關注。在國外，許多國家正在大力開展推廣花卉無土栽培技術，如花卉生產、出口大國荷蘭即規定自2000年後，花卉不得使用土壤栽培，必須使用無土栽培。

本書作者自1990年起就開始從事盆景無土栽培實驗研究和出口檢驗檢疫監管等工作，經過多年實踐，積累了一定的經驗，取得了一些較爲成熟的技術成果，同時國內關於無土栽培盆景生產技術書籍介紹較爲少見。爲了滿足人們對這一技術日益增長的需求，我們結合多年來承擔的課題，在實際工作中積累的經驗，已經掌握的國內外盆景無土栽培資料編著了本書，供盆景生產專業人員和業餘人士以及大量生產者和使用者參考。

本書以探討植物生理基礎爲引子，分別從植物根系和元素吸收兩個方面闡明了盆景無土栽培的基礎；隨之對盆景無土栽培主要構成因數基質、營養液、花肥、環境影響因數、盆景栽培設施、用具、盆景病蟲害防治等方面展開了論述，全面介紹了盆景無土栽培所涉及到的關鍵影響因數，在此基礎上結合以往實驗結果和經驗，對盆景栽培管理各個方面措施進行了全面歸納和整理，內容涉及盆景無土栽培各個關鍵環節和基本技術；同時，爲了方便讀者使用，以目前盆景上30餘種主要無土栽培盆景爲例，圍繞前文所述盆景無土栽培主要影響因數，詳細闡述了其主要特點及其無土栽培管理技術要點，讀者在此基礎上可以舉一反三，掌握各類盆景樹種的無土栽培技術；附錄部分給出了盆景無土栽培必需的各種參考資料和資料，同時結合編者所從事的出口盆景檢驗檢疫工作，介紹了盆景出口處理措施和要求；另外，書中還配備了大量關於盆景設施、管理操作、盆景樹種等方面圖片，以便讀者更加直觀的認識盆景無土栽培技術，便於操作應用時參照。

盆景無土栽培是一項新技術，只有幾十年的歷史，在某些領域尚未完全成熟，有待繼續發展、進步。本書的另一個出版目的，就是繼續推動這一新興產業的發展。

由於個人水準所限，時間倉促，內容和文字欠妥之處難免，敬請讀者指正。

編著者

目 錄

第一章
盆景無土栽培簡介

第一節　盆景無土栽培的發展

一、無土栽培發展簡史

人們在很久以前就嘗試不用土壤種植植物。宋代林洪的「山家清供」有泡豆芽的記載。中國南方的漁民用竹筏在水面種植蔬菜，也有人將風信子和大蒜瓣放在盛有水的容器中，靠其自身營養進行生長，伊拉克人建立了巴比倫空中花園，這些都是無土栽培的萌芽。

1600年比利時科學家范霍爾蒙特進行的柳樹試驗，是近代植物營養研究的啟蒙。十七世紀人們認為促進植物生長的營養物質是水，十八世紀末則認為是腐殖質，1838年德國科學家斯普蘭格爾鑒定出植物生長需要15種營養元素。1859～1869年德國科學家將化學藥品加入水中製成營養液，把植株的根插在營養液加以培養，從而成功地在實驗室中種出了植物，以後他們又研製了不同的營養液配方，對多種植物進行試驗，均獲得了成功。這種方法後來被稱做水培法或營養液培法。直到今天，這種方法仍被廣泛用於植物生理試驗、營養試驗和病理試驗。他們的工作為現代無土栽培奠定了基礎。

國外無土栽培最早淵源於德國的沙奇斯和克諾普等科學家先後應用營養液進行的植物生理學方面的實驗。將實驗室中的無土栽培用於植物的商品化生產則是無土栽培的又一大進步。

1929年美國加利福尼亞大學格里克教授用無土栽培成功的生產了番茄。他做了一隻大木槽，槽中盛一定量的營養液，槽上鋪一層金屬網絲，網絲上再鋪5～6公分的河沙，然後將番茄定植在河沙上，生長的根穿過網絲進入營養液中。其中一株番茄長7.5公尺高，收穫果實14公斤，在科技界引起了轟動。格里克是第一個將無土栽培用於商業化生產的人。

1933年，他申請了一個「水培植物的施肥設備」專利。1935年，在他的指導下，美國一些蔬菜和花卉種植者進行了較大規模的生產試驗，他的成就引起了人們的注意。但是當初這一技術還不成熟，還不能與土壤種植相競爭。

10年以後，即第二次世界大戰末期，這一技術由於軍事的需要才得到了發展。當時盟軍在太平洋關島和中東的沙漠中用無土栽培生產蔬菜供應部隊，給軍隊的後勤保障起到了積極作用。戰後這一技術便在北美、歐洲、中東和日本等國迅速發展起來。

隨著應用面積的擴大，無土栽培方法也在變化發展。1960～1965年間主要是固體基質探索期，這期間主要採用麥稈、草炭、沙、蛭石、煤渣和鋸末等天然基質。栽培方式也多採用栽培床或槽填充基質，用下方滲灌法供給營養液。這種栽培方法簡單易行，當時有不少種植者採用這一方法來生產番茄等蔬菜。

另一種初期發展的無土栽培方法就是在地上挖一定大小的溝，順溝中做成栽培床，床中填滿基質（將基質與土壤隔離開來），最後安裝上滴灌裝置，使營養液滴灌到栽培床中，這種方法在溫室蔬菜生產者中也應用較廣。在加拿大渥太華，由於當地盛產樹木，所以鋸末作基質栽培發展較快。種植者將鋸末裝在塑膠袋或塑膠桶中，以滴灌方式輸送營養液。

20世紀60–70年代以後，隨著各國溫室面積的增加，溫室土壤栽培面臨連作導致病蟲害嚴重，土壤蒸汽消毒能耗太大及對環境的污染等一系列問題的出現，越來越多的溫室經營者開始採用無土栽培技術，從而使無土栽培進入了高速發展的時期。

1970年以後各國開始用英國人Cooper發明的營養液膜技術（亦稱NFT, Nutrient Film Technique）。由於此技術要求高和循環流動的營養液易傳播病蟲害等原因，近年應用面積逐漸下降，取而代之的是岩棉栽培技術。

20世紀70年代末和80年代初，荷蘭、丹麥和瑞典的園藝工作者試用岩棉來種植蔬菜和花卉，並獲得了成功。由於岩棉是一種建築材料，來源廣，重量輕，易搬運，尤其是他可根據不同栽培作物的需要，加工切割成各種規格尺寸的岩棉塊，所以近年推廣應用面積逐年增加，岩棉栽培已成為無土栽培的主要方式，1993年荷蘭已普及了3570公頃。岩棉培的主要缺點是廢棄岩棉的處理問題。岩棉是玄武石經1500℃高溫熔化後的產物，燒不化也不腐爛，不容易處理。

目前，世界上很多國家在蔬菜、花卉、果樹、藥用植物等栽培方面應用了這一技術。隨著現代工業技術的發展，尤其是電子電腦等一系列先進設備的應用，使無土栽培配套技術更為先進和自動化。如荷蘭全國近1萬公頃的溫室面積，幾乎全部實現無土栽培生產，大部分實現了電腦控制，達到了現代化、自動化生產管理水準。

另外，利用無土栽培技術生產花卉、苗木也是當今社會的一大熱門，如美國、荷蘭、法國、義大利等國家都有相當規模的花卉工廠，利用無土栽培技術來生產香石竹、鬱金香、月季、菊花、仙客來、唐菖蒲等花卉，暢銷世界各地。

與此同時，為了加強各國無土栽培研究成果和應用的交流1955年在荷蘭成立了國際無土栽培組織，1980年改名為無土栽培學會（ISOSC），以後每四年召開一次國際無土栽培會議。國際無土栽培學會為促進各國間無土栽培研究和學術交流以及應用發展做出了積極的貢獻。

中國無土栽培的研究和應用起步較晚，在第二次世界大戰期間，有關無土栽培的知識已傳入中國，但限於當時的社會條件和經濟條件，還沒有人對這項實用新興技術感興趣。當時只是美軍駐南京的空軍單位進行著小規模的萵苣和小蘿蔔等栽培，用於解決軍隊特需，以後美軍撤退，便沒有人繼續問津。

到了六、七十年代，北京林業大學土壤學教授馬太和先生對無土栽培作了詳細的和系統的介紹，同時，一些科研單位和大學開始開展無土栽培的研究。

山東農業大學是中國進行無土栽培研究最早的單位之一。他們最初用西瓜進行試驗，其無土栽培方法綜合了基質栽培與水培的優點，他們的方法是，將基質分為基質與流動營養液兩部分，以蛭石為主的基質鋪在鐵絲網上，網下部分是流動的營養液層，基質與流動液層之間是空氣，植株的根定植於基質上，然後隨著植株的生長，根由鐵絲網進入流動液層中，這樣既解決了根的固定問題，又解決了根吸收營養和氧氣的問題。他們用這種方法成功地栽培了西瓜。

從1984年起，山東農業大學在勝利油田開始推廣番茄多層無土栽培技術，到1987年，山東農業大學開發的勝利油田鹽鹼土地區無土栽培面積已超過7000平方公尺，取得了巨大的經濟和社會效益。在這種形勢下，天津、石家莊、北京、南京、杭州、武漢和廣州等地的一些單位也開始了無土栽培研究，其方法多為泥炭、蛭石和沙等基質栽培以及NFT水培，有些單位還開展了無土育苗的研究。

二、盆景無土栽培的類型

盆景無土栽培，就是不用自然土壤種植盆景，而是用各種栽培基質再加營養液的方法栽培盆景。無土栽培的興起，使農業、園藝、花卉生產進入了新的技術發展階段。使傳統的土壤栽培方式，轉變為人工和自動化的栽培環境、主體化和現代化的生產方式。盆景無土栽培是盆景歷史上的一次革命。

無土栽培的類型和栽培方式很多，依其栽培床（槽）是否使用固體的基質材料，可把無土栽培分為兩個基本類型，即基質栽培和無基質栽培（水培）。基質栽培中又根據使用基質材料的不同，分成不同的栽培方式，如沙培、礫培、蛭石培、稻殼燻炭培、岩棉培等；而水培中又根據栽培床的裝置不同、通氣方式不同和營養液供應方式的不同，又可分成許多種，如營養液膜栽培（NFT）、深水培和霧氣培等，具體如下表所示。

表1-1-1　無土栽培的分類

無土栽培	基質栽培	無機基質：砂、礫石、珍珠岩、蛭石、漚渣。
		人工基質：岩棉、聚乙烯發泡材料、聚氨酯泡沫等。
		有機基質：鋸木屑、泥炭、稻殼燻炭、樹皮、麥稈、椰殼糠、膨化雞糞、菌糠等。
	無基質栽培	營養液膜栽培（NFT）
		深水培：動態浮根系統、M式、浮板毯子管法
		霧氣培

考慮到盆景多以根樁、技條為養護對象，以美化環境和家庭裝飾為主要功能，盆景無土栽培以基質栽培為主。從潔淨的角度出發，一般不採用污染環境的基質，如膨化

雞糞等；由於盆景進口國採取嚴格病蟲害檢疫措施，出口盆景多使用無機基質，因為無機基質不易攜帶病蟲雜草等有害生物，同時又符合進口國禁止或限制泥土進境要求。

盆景無土栽培類型按設施不同，可分為栽培槽栽培和家庭式栽培。栽培床槽栽培是指於栽培槽中批量繁殖、生產、養護未上盆或已上盆的盆景植物。家庭式栽培是指在一定場所（家中、賓館等）分散、單獨養護供觀賞或裝飾的盆景。

三、盆景無土栽培的優點及意義

無土栽培是一種由人工嚴密控制的精細農藝，能充分滿足盆景所需要的條件，保持土培的各種優點，同時避免土培的一些不足之處和缺點。無土栽培的實踐顯示了它眾多的優越性。概括起來，大致有以下方面：

1. 清潔衛生

盆景無土栽培其基質蛙石、珍珠岩、岩棉、煤渣等都是逾越乾度焙燒工藝製成的，即使是耐溫性極高的一切微生物都將化為灰燼，因而降低了病蟲隱患。其營養液中絕大多數化學物質也能抑制微生物生長；硝酸鈣、硝酸鉀、硫酸鎂、硼酸等可以防腐，硫酸銅、硫酸鉀、磷酸二氫鉀等可以起到消毒作用。所以消毒營養液的應用，也能經常性地防禦病菌入侵。

土壤是傳播病蟲害的重要媒介，包括中國在內的許多國家禁止國外土壤入境。土耕栽培病蟲為害頻繁，植物發生病蟲害的頻率高了，使用農藥的頻率和劑量勢必也高。

農藥的使用將會帶來新的環境污染和社會公害。

盆景無土栽培因有人工的嚴密控制，對病蟲害的預防能力增強，必然大大減少農藥的使用。環保、健康是社會發展的主題之一，隨著人類對自身生存環境的日益關注，出口盆景的環保要求必將越來越高，對此我們應做到有備無患。

2. 搬運輕便

因為無土栽培基質體輕，如陶礫、珍珠岩和蛭石以及泥炭等都是很輕的基質，所以搬運輕便，更有利於老人和兒童參與盆景的管理，既給老人增添生活樂趣，又是兒童活的生物課本，有利於全民參與環境美化。

3. 基質消毒清洗方便

基質被污染後，可以蒸煮消毒後再利用，節省能源也可以定期清洗基質除去殘根廢物，這是土栽盆景所做不到的。

4. 管理簡單

因為無土盆栽盆景在管理上只是定期、定量補液，經常澆水，保持水位或保持基質濕潤即可。基質滲水快，多澆水也不會澇死，而土栽盆景澆水多了，會導至黃葉、落葉，甚至澇死。

盆景無土栽培免去了土栽盆景要根據生育期和季節施肥的麻煩。因為土栽盆景施肥一般不好定量，一般人難以掌握，甚至因施肥過量而導致黃葉落葉或死亡。

5. 避免土壤連作障礙

在保護地栽培中，由於設施條件的限制，為爭取多茬次栽培，土壤連作頻繁，因而導致土壤連作障礙，如土傳病蟲害日見增長，土壤鹽類不斷積聚或土壤酸化，土壤耕作層板結等。而應用無土栽培則可以避免上述連作障礙的發生，因此，在保護地栽培中，無土栽培的發展更有著積極意義和發展前景。

6. 可實現南方盆景品種北移

盆景無土栽培解決了來自南方酸性土壤的盆景在北方難以安家落戶的問題。

因為無土栽培花卉營養液中已加足了酸，能滿足稀釋液的酸鹼度（PH5.5－6.5）。透過定期補液，花盆內基質的酸鹼度不斷地得到調整，從而達到南方盆景生活習性的要求。

7. 不受區域、土壤等條件的限制

土壤栽培需要選擇優良的水土條件，受地域環境的限制性很大。盆景無土栽培可以在不能進行土壤栽培的地方沙漠、油田、海塗、鹽鹼地和土壤嚴重污染的地區應用。隨著中國城鎮住宅建設的不斷發展，庭院陽臺園藝愛好者不斷增多，在屋頂陽臺進行無土栽培盆景，既可以美化環境，陶冶情操，又可增添生活樂趣。

8. 省工省時

盆景栽培槽無土栽培不需要進行土壤耕作，整地、施肥、中耕除草以及病蟲害防治等田間管理工作也大大減少，田間無須噴灑除草劑，不僅能節省用工，同時勞動強度亦不大，能大大改善農業生產的勞動條件，有利於省力化栽培。

盆景無土栽培更換基質比土栽盆景換盆簡單。因為購買無土栽培基質攜帶輕便，更換時省時省力，免去了土栽

盆景的買土及買有機肥還要發酵腐熟才能用的麻煩。而且，後者影響環境衛生、費工又費力。因為無土栽培基質有良好的通氣性，免去了給盆土鬆土、通氣的麻煩。

9. 滿足出口要求

由於土壤極易傳播有害生物，盆景進口國大多禁止帶土盆景入境。美國要求盆景植物根部洗淨泥土才能入境。

無土栽培盆景洗根簡單易行，洗根時不必大力反覆沖刷，對根系產生的傷害也少，可大大提高盆景植物出運後存活率。

盆景無土栽培因無毒、無蟲害。能使盆景順利通過各國檢疫關（許多國家如美國、日本、澳洲、荷蘭等都不允許帶土植物進境）；無土栽培可大大減輕盆景重量，便於搬運，便於長時間海運。它為盆景批量出口提供了前提條件。

10. 採用無土栽培可以充分發揮盆景的淺奇風格

盆景植物生長不靠土壤而靠營養液，因此基質可以減少到最大限度，盆缽可以更淺，從而更加突出景物的觀賞效果。

再由於基質的微孔性，盆缽可改用工藝玻璃、塑膠、釉瓷製作，使盆景變得更加美觀優雅。

11. 為盆景工廠化生產開拓了新的前景

無土栽培脫離了土壤，簡化了栽培程式，便於栽培設置、操作管理向自動化、現代化的方向發展。如荷蘭大部分溫室已實現無土栽培的自動化管理。皮托桑花木公司有8000 m^2溫室盆花無土栽培，每年可生產盆花30萬盆，產值180萬美元。但整個生產只需要3個工作人員管理。

由此可見栽培管理達到相當高的自動化承諾高度。花卉盆景採用無土育苗和組培育苗方式，能迅速繁殖苗木，實現工廠化生產。

12. 生長快、週期短、品質高，盆景植物生長健壯、根系發達

實踐證明，無土栽培對盆景植物龍柏、雪松、蜀檜、紫荊、杜鵑、雀梅、六月雪、火棘、小葉黃楊等有明顯的促進生長的作用。而且能增強盆景植物的抗寒耐暑和抵抗病蟲害的能力，提高盆景的觀賞效果。

第二節　盆景無土栽培的實施條件

盆景無土栽培作為一項高新技術，可按需供水供肥，有效調控栽培環境，具有盆景土壤栽培無法比擬的優越性，發展潛力大。

但同時我們也應該認識到只有滿足盆景無土栽培相應要求，充分認識其特點，才能恰當應用無土栽培技術，發揮其最大效能。

一、要求比較嚴格的標準化技術

無土栽培所用營養液緩衝性能極低，作物的根際環境條件控制是否適當成為決定栽培成敗的關鍵。營養液栽培中存在的一些問題，都與根際環境管理密切相關。雖然土壤栽培也會發生類似的問題，但相比較而言卻要緩和得多。因此，無土栽培對環境條件的控制與調節要求比較嚴格，而且管理方法也與土培不完全一樣。

只要我們掌握無土栽培的規律性，摸清各種環境因數對植物影響及其相互間的關係，制定出合理的標準化技術措施，就能獲得更好的栽培效果。

二、必須有相應的設備和裝置

無土栽培除了要求有性能良好的環境保護設施之外，還需要一些專門設施、設備，以保證營養液的正常供給及調節，例如，採用循環供液時，須有貯液池、栽培槽、營養液循環管道及水泵等無土栽培設施。

為了比較準確地判斷與掌握營養液的濃度變化、供液量及供液時期，需要有相應的測定儀器，如電導儀、pH計等。當然，土培時為使栽培管理科學化，也需要相應的設備及檢測設備，但不如無土栽培要求嚴格。

三、按營養液栽培規律掌握關鍵措施

為了獲得最好的栽培效果，必須最大限度地滿足作物高產所需要的條件。

無土栽培雖不能像土培那樣採取合理蹲苗的技術措施來調節作物地上部與地下部、營養生長與生殖生長的關係，但可透過調節營養液濃度，控制供液量，增加供氧量，合理調節氣溫，以及應用生長抑制劑等措施來調節它們之間的關係；無土栽培要特別重視營養液pH的調節，往往會因pH不當而產生多種生理性障害。

第二章
無土栽培的生理基礎

植物的生長和發育是其生命活動中極為重要的現象；任何植物的生長和發育都與周圍的環境條件有著不可分割的關係，無土栽培作物之所以能夠取得高產優質，是因為它提供給作物生長的水分、養分、光照、溫度、濕度等環境條件比作物千百年來生長的土壤環境要來得優越。瞭解作物在無土栽培條件下養分、水分和溫度等對作物生長的影響是成功進行無土栽培的基礎。

植物的礦質營養學說是無土栽培的理論基礎。無土栽培技術在一百多年前是作為驗證植物營養學說而被使用的，它充分證明了李比希礦質營養學說的正確性，充實和豐富了礦質營養學說的內容。可以說，沒有無土栽培技術的應用，就難以證明礦質營養學說的正確性，其內涵也不可能得以充實和完善。

反過來，日趨完善的植物營養學說又進一步推動了無土栽培技術的發展，使得最初用於驗證礦質營養學說正確性的無土栽培技術從實驗室走向大規模商業化應用，並發展成為一種高產、優質、高效的先進農業生產技術。

第一節　植物的根系

植物根系是養分和水分主要的吸收器官，它的生長狀況直接影響到植物地上部的生長，如果根系生長不良，就會影響到地上部的生長，而生長不良的地上部又加劇了地下部生長的惡化。無土栽培的顯著優越性之一就表現在植物的根際環境要比土壤的易於控制。為了充分發揮無土栽培的優勢，有必要瞭解有關植物根系的功能。

植物都有一個龐大的根系。土壤種植的植物根稱為土根，無土栽培的植物根稱為水根。土根密切接觸土粒，長有許多根毛；水根不接觸土粒，所以根毛極少或沒有。根是植物吸收水分和養分的重要器官之一。

據研究，植物生產1克乾物質要吸收約500克水，一棵向日葵在生長季節要吸收200公斤水。另外，根系從土壤裡吸收養分是有選擇的，它能主動在土壤裡尋找水分和養分，並且能避開有毒物質。

在自然條件下，植物能從土壤中獲得營養和植株的支持，但土壤並不是一個良好的培養基，侵蝕、水澇、乾旱及土壤中雜草、病害和蟲害等都對植物生長不利。

植物的根需要堅固的支援，以及豐富而不過於飽和的水分和充足的通氣。根和葉子一樣需要呼吸。特別重要的是根頸能從空氣中獲得豐富的氧氣，因此，保持根頸的通氣是必要的。所以，不管是在土壤裡，還是在無土栽培中，任何根系要獲得良好支援，不僅需要多孔，而且還要相當長期的保持養分和水分。它要為植物從幼苗直到成熟提供堅固的基礎。

根系不僅僅是養分水分的吸收器官，而且可以感受土壤或栽培介質的養分狀況所產生的化學信號，並將這些信號傳遞到地上部，從而控制地上部器官的生理活動，如氣孔開閉、葉片的擴展、果實的發育等等。因此，建立並保持一個健康的根系，對於地上部莖、葉、果實的正常發育是非常重要的。

常規施肥措施雖然能提供給植物養分，但只有根系才「知道」需要什麼養分，需要多少，什麼時候需要，並主動獲助它們。因此，促進根的發育是高效栽培的基礎。

正確處理盆景無土栽培技術措施和其根系，有助於盆景的良好生長發育。上盆前洗根是盆景無土栽培養護管理中一個重要的環節，有的盆景植物上盆前洗根會促進植物的生長。如蘭花上盆前將根部的泥土洗乾淨，然後修剪根部，將乾空或腐爛的根剪去，剪後用消毒藥水洗傷口，再用托布津或敵菌靈溶液，也可用木炭粉或硫磺粉塗抹在傷口上，這樣處理完畢，放在通風無日曬處晾1～3日，當根出現柔軟時，再上盆。洗根的目的是：

（1）清除根上帶有的病菌；

（2）除去爛腐的和乾而空的根；

（3）除去粘在根土的土壤，它可能帶有病菌或害蟲的卵。

放軟時再栽，是因為蘭根長而硬，很易折斷，等柔軟時上盆，就不會損壞蘭根。當然，如果發現蘭花根本不帶病菌和蟲卵，也沒有爛根，或者也沒有清洗爛根的條件，也可以不洗根，直接上盆。

另外，家庭栽培盆景植物時，因缺乏經驗，給植物施肥過多而產生肥害的情況經常發生。肥害的主要表現為：上部枝葉迅速萎蔫，葉色失綠；根系變色、腐爛。一旦發生肥害，可以採取洗根換營養液或介質的方法進行補救：立即將受害的盆景脫盆，用清水清洗根系，同時剪去受害部分的根系，再把枝葉剪去一部分。然後徹底更換營養液或介質，重新上盆，澆透水。

這樣處理後的盆株要放在陰涼處，避免烈日曝曬，每天要噴水3～5次，保持植株水分上下平衡，直至盆景恢復正常生長。下面將從根系功能和根系吸收營養液兩個方面介紹其特點。

一、根系的功能

無土栽培創造的根系生長的水分、養分和氧氣的供應等的條件比土壤栽培的來得好，這些條件的改善可促使根系的功能更好地發揮出來。

根系具有的功能主要有以下幾種：

1. 根系的支撐功能

土壤栽培中，根系的生長可使植物固定在土壤中，支撐起地上部使之保持直立而正常生長。而在無土栽培中，因其栽培方式與土壤栽培不同，根系的支撐功能表現得不盡相同，例如水培和噴霧培中，植株的固定和支撐是靠一些人為的方法來進行的，根系飄浮在營養液或懸空露在潮濕的空氣中，因此根系的支撐作用不大，而在基質栽培中，如沙培、礫培、岩棉培中，根系的支撐功能仍與土壤栽培的一樣重要。

2. 根系的吸收功能

根系的吸收功能是根系最主要的生理功能之一。根系吸收的物質包括水分、無機鹽類的分子或離子、簡單的小分子有機化合物以及氣體等。

根系不同的部位，由於其成熟程度不同，組織的分化程度有很大的差別，因此不同的部位對水分和養分的吸收能力是不一樣的。從根尖開始至根基部來看，根冠對水和養分的吸收能力較差，而在靠近生長點附近的分生區對養分的吸收能力最強，而對水分的吸收最旺盛的則是在根毛區。隨著遠離根尖而靠近根基部，隨著組織的老熟，水分和養分的吸收能力逐漸降低。

3. 根系的輸導功能

根系的輸導功能是指根系將其吸收的水分、無機鹽類和其它物質以及根系代謝形成的物質輸送到地上部供其生長所需，同時也可將地上部生產的有機物質運送到根部。

4. 根系的代謝功能

根系中可進行許多物質的代謝過程。根系吸收了 NO_3^-–N 或 NH_4^+–N 以後，有一部分遷移至地上部參與代謝，另一部分在根系內部形成氨基酸等有機氮化合物之後才運輸至地上部參與代謝。

根系還能夠合成對植物生長有很大影響的激素和生物鹼，例如植物體內約 1/3 的赤黴素是在根內合成的；細胞分裂素主要是在根尖的分生組織中合成的。根系在生長的過程中，還會分泌出有機酸等有機化合物，它們可以在一定的程度上溶解介質中難溶性的化合物而成為植物易吸收態的，也可以促使根際微生物的生長。

根系分泌物往往會在養分缺乏、過多或乾旱等逆境脅迫的條件下而大幅度增加。在乾旱時，根系還會分泌出水分以溶解養分，使之易被根系吸收。根系對外界物質的吸收是有選擇性的，例如，耐鹽植物可阻止介質中的Na^+過分進入體內。

根系還具有不同程度的氧化力和還原力，可阻止外界有害的物質進入體內或使得某些元素的有效性增強。例如，根系透過其氧化力把根際附近過量的、可能對植物有害的二價鐵（Fe^{2+}）氧化為三價鐵（Fe^{3+}）；當鐵供應不足時，根系可透過其還原力把介質中的三價鐵還原為植物根系容易吸收的二價鐵。

5. 根系的貯藏功能

有些植物的根系還是養分的貯藏器官。這些作物的根系膨大而使得養分貯藏起來。例如，胡蘿蔔、蘿蔔、蕪菁、甜菜等的主根膨大形成養分貯藏器官，也有像番薯等由側根膨大發育成養分貯藏器官的。大多數作物的根系雖然不膨大，但也貯藏了許多的養分。

6. 根系與其它微生物共生的功能

根系生長過程中會分泌出許多代謝產物，例如多種氨基酸、糖、有機酸、核苷酸和酶等，這些分泌物會吸引許多微生物在根際附近的區域（根際）大量繁殖。這些微生物大量繁殖的結果是一方面促進了根際難溶性營養元素的溶解，另一方面微生物活動過程產生的代謝產物如激素、核苷酸、維生素等可直接供給作物吸收作用。有些作物，例如豆科作物可與根瘤菌共生形成根瘤，直接利用空氣中的氮素，為豆科寄主作物提供了氮素營養。

7. 根系的繁殖功能

有許多作物的根部可形成不定芽，而這些不定芽可以形成新的植株，因此可作為繁殖用途。但有些作物的根部不能形成不定芽，只有受到刺激（如受到傷害或人為地供給激素）後才能形成不定芽用於繁殖。

二、根系吸收營養液的特點

植物吸收營養物質是一個複雜的生理過程，具有以下特點。

1. 吸收礦質營養與吸收水分的相對性

植物根系吸收礦質營養與水分是相對的，二者具有一定的關係，但並非明顯的直接關係。所謂一定關係是指礦質營養物質必須溶於水中才能被植物根部所吸收，隨水流進入根系的自由空間。

如果沒有水，根系對礦質營養的吸收就難以進行，特別在被動吸收過程小，水對礦質營養吸收的作用更為明顯。但兩者在吸收量上又不存在一致的關係，因為兩者吸收的機理不同，植物對水分的吸收主要是靠蒸騰作用而進行的被動吸收過程；而對礦質養分的吸收，則需藉助呼吸代謝產生的能量來進行。有載體的存在並將離子運人根內，以完成吸收的過程。

無土栽培配製營養液要求一定的肥料比例和濃度，營養液的濃度過高或過低，都會影響植物對養分的吸收。

2. 吸收離子的選擇性

植物根系對營養物質的吸收具有一定的選擇性。不同種類植物所具有的載體不同，選擇運載的離子也不同，吸收礦質營養的數量也不一樣。它優先吸收它最需要的礦質離子，如豆科植物吸收鈣量較多，而吸收氮量較少。

植物對同一種肥料的不同離子的吸收也存在著明顯的選擇性。如營養液中以硫酸銨為氮源時，硫酸銨在營養液又被解離為NH_4^+和SO_4^{2-}兩種離子，植物對這兩種離子的吸收量不同，其中吸收銨離子比吸收的硫酸根離子要多些，這樣營養液中多餘的硫酸根離子則保留在營養液中，使營養液的pH值降低呈酸性。

如配製營養液時以硝酸鈣為氮源，則植物吸收硝酸鈣中的硝酸根離子（No^{3-}）比吸收鈣離子（Ca^{2+}）多些，這樣營養液中多餘的鈣離子往往使營養液的pH值升高，呈鹼性反應。

3. 單鹽毒害與離子對抗、相助作用

營養液中如果只有一種礦質營養物質，如為氯化鉀，它在溶液中被離解為K^+和Cl^-兩種離子，即使濃度很低，鉀離子被植物吸收而氯離子則存留在營養液中，當氯離子濃度達到一定水準時，植物則會受毒害，這種毒害稱單鹽毒害。

在發生單鹽毒害的溶液中，如果再加入相應的另一種礦質鹽類。其中的一種離子就會與發生毒害的那種鹽類離子發生對抗作用，從而使它的毒害減弱或消除。離子之間的這種作用稱離子對抗拮抗作用，即溶液中一種離子的存在能抑制另一種離子的吸收。

離子對抗作用主要表現在植物根系的選擇吸收上。表現陽離子與陽離子，陰離子與陰離子之間的對抗作用。這種離子對抗作用，對營養液的保持離子平衡和保證植物對營養物質的正常吸收具有重要作用。

營養液中離子之間除存在對抗作用外，也存在一定的相助作用，即一種離子的存在有助於另一種離子的被吸收利用。我們把這種現象稱為離子的相助作用。

主要表現在陰離子與陰離子之間，陽離子與陽離子之間的相助作用。如營養液中Ca^{2+}存在有助於NH^{4+}被根系吸收和K^{+}的被吸收；Mg^{2+}濃度低時有助於Ca^{2+}的被吸收等等。

在無土栽培中配製營養液時，瞭解離子的對抗和相助作用，對合理組成營養液配方，提高肥效，保證栽培植物的正常生長，充分發揮無土栽培的優勢作用是極為重要的因素之一。

三、根系對淹水的適應性

植物的進化過程是由水生植物逐步進化為高等的陸生植物的，其根系在進化的過程中長期所生長的環境不同，其結構上出現了明顯的差異。一般可將植物按其生長的生態環境及根系對淹水的適應性不同分為水生植物、沼澤性植物或半沼澤性植物和旱生植物這三類。

水生植物的根系有些只是起到固定植株的功能，其吸收功能主要依靠葉片來進行。

沼澤性或半沼澤性植物如水稻、蕹菜等其體內具有輸導氧氣到根系以供根系生長所需的生理途徑或通道，因此，在較長時間的淹水仍可正常生長；而旱生植物在長期的進化過程為了適應旱地生態環境，根系的根尖部分形成了根冠，為了增大根系的吸收面積而產生了濃密的根毛，而葉片逐漸變成以氣體交換和光能利用為主的光合作用場所。

旱生植物的根系一般不耐淹水，較長時間的淹水，特別是水中氧氣經根系消耗之後不能夠得到馬上補充的情況下，根系較容易出現腐爛甚至死亡的現象。

在無土栽培（水培）作物時，無論是深液流水培或者是淺層液流的水培（如營養液膜技術），創造條件以確保作物根系氧氣的充足供應是取得種植成功的關鍵技術之一。在水培中作物所需的氧氣相當一部分是依靠生長在營養液中的那部分根系直接吸收溶解在營養液中的氧氣來獲得的，另外有部分是依靠裸露於液面的根系（往往是處於濕度較大的種植槽空間中）直接吸收空氣中的氧氣來獲得的。

只不過液面的深淺和營養液中溶解氧的含量不同以及裸露於空氣的根系數量的多少的不同而有差異。一般地，裸露於空氣的根系所佔的比例越大，營養液中的溶解氧含量越高，作物根系的生長就越好；反之亦然。

第二節　元素的生理作用

植物必需的礦質營養新鮮植物的物質組成中，約80%～95%為水，其餘5%～20%為乾物質。這些乾物質又分為有機物和灰分兩部分。其中有機物是由植物進行光合作用而合成的，而灰分則是植物透過根系吸收的礦質營養。我們知道，在元素週期表中共有92種天然礦質元素。而這些並不都是植物所必需的。

經過植物生理學家一百多年來的研究，發現在植物體中存在著近60種不同元素。然而其中大部分元素並不是植物生長發育所必需。

怎樣判別一種元素對植物是否必需，前人提出了三條原則：一是該元素對植物正常生長發育不可缺少；二是對該元素的需要是專一性的，不能被其他元素所代替；三是該元素必須在植物體內直接起作用、而不是間接起作用。

根據這三點就可以判斷出植物體的礦質元素，對於有些元素、雖然被吸收到了植物體中，但它對植物來說沒有什麼作用，所以根本不是礦質營養。

分析植物體的礦物元素，一般認為有16種元素基本符合上述標準，即碳、氫、氧、氮、磷、鉀、鈣、鎂、硫、鐵、硼、錳、鋅、銅、銅、氯，由這些元素構成了植物的礦質營養（必需元素）。

16種必要元素被植物吸收的形式以及在植物乾重中的濃度見表2-1。

表2-2-1　16種必要元素及其在植物體內的濃度

元素	化學符號	植物利用的形式	在乾組織中的濃度		與鉬相比較的相對原子數
			ppm	%	
鉬	Mo	MoO_4^{2-}	0.1	0.00001	1
銅	Cu	Cu^+，Cu^{2+}	6	0.00006	100
鋅	Zn	Zn^{2+}	20	0.0020	300
錳	Mn	Mn^{2+}	50	0.0050	1000
鐵	Fe	Fe^{2+}，Fe^{3+}	100	0.010	2000
硼	B	BO_3^{3-}，$B_4O_7^{2-}$	20	0.0020	2000
氯	Cl	Cl^-	100	0.010	3000
硫	S	SO_4^{2-}	1000	0.1	30000
磷	P	H_2PO^{4-}，HPO_4^{2-}	2000	0.2	60000
鎂	Mg	Mg^{2+}	2000	0.2	60000
鈣	Ca	Ca^{2+}	5000	0.5	125000
鉀	K	K^+	10000	1.0	250000
氮	N	NO^{3-}，NH^{4+}	15000	1.5	1000000
氧	O	O_2，H_2O	150000	45	30000000
碳	C	CO_2	450000	45	35000000
氫	H	H_2O	60000	6	60000000

植物所必需的16種元素中，碳、氫、氧、氮、磷、硫、鉀、鈣、鎂等9種元素，植物吸收量多，稱為大量元素；鐵、錳、鋅、銅、鉬、硼和氯等7種元素，植物吸收量少，稱為微量元素。

在9種大量元素中，由於碳、氫、氧三種元素來自大氣和水，不由根系吸收，營養液的成分中不包含它們，其餘元素均靠植物根系從土壤中吸收。每種元素的化合物形態很多，但根系只能吸收其自身可以利用的化合物形態，例如，對於氮元素來說，大多數植物只能吸收銨態氮（NH_4-N）和硝態氮（NO_3-N），又如磷元素，植物主要利用的形態是正磷酸鹽（H_3PO_4）。瞭解植物對元素的吸收形態非常重要，因為只有瞭解植物根系的這種選擇性吸收，才能正確設計出無土栽培的營養液配方。

一、大量元素的生理作用

1. 氮（N）

氮在植物的生命活動中佔其首要地位，故氮素又稱為生命元素。

當氮肥供應充足時，植物葉片肥厚鮮綠，功能期延長，分枝多，光合作用旺盛，營養體壯實，花多、果多。但氮肥不能施用過頭，否則大量的碳水化合物就會用於合成蛋白質和葉綠素等物質，這就會使細胞壁中的纖維素、果膠質大量減少，表現為營養體徒長，成熟延遲。細胞大而壁薄，易遭病蟲侵害。同時莖部機械組織不發達，容易倒伏。

氮素供給不足，蛋白質等含氮物質的合成過程明顯下降，細胞分裂和伸長受到限制，葉綠素含量降低。導致植株細弱矮小，葉色淺淡、發黃發白、不鮮豔，葉片功能期縮短（老葉的蛋白質分解為氨和氨基酸而向幼葉、新葉轉移，自身提早黃化枯落），生物量低，籽實不飽滿。由於氮在植物體內可以再度利用，在缺氮時，幼葉從老葉吸收氮素，所以表現出老葉容易變黃乾枯。

氮肥主要用於生長枝葉，多施可使幹粗、枝繁、葉茂。對觀葉盆景植物的營養液配方中氮肥比例相對可較高。

2. 磷（P）

磷主要以正磷酸鹽H_2PO^{4-}和HPO_4^{2-}的形式被植物根吸收。

植物生長的全期都需要磷。缺磷症狀類似於缺氮。磷與氮的營養有密切關係。當植株缺磷時，蛋白質的合成受到阻礙，新的細胞質和細胞核形成減少，影響細胞分裂，植物幼芽和根尖生長緩慢，導致葉小，分枝減少，植株明顯矮小。但葉色暗綠，這可能是由於葉片生長緩慢，葉綠素相對提高了的緣故。

老組織首先呈現，如老葉色澤變暗淡，然後沿背面的葉脈開始發紅發黃發藍，並向其他部位擴展。由於磷對細胞分裂和分生組織的增長不可缺少，所以植物在苗期對磷的缺乏，表現更加明顯。幼葉雖保持綠色，但大小僅及正常葉1/10。植株壞死或枯死之前，老葉脫落，或從葉尖向基部逐步壞死。

在生長初期，幼苗更需要磷，所以苗期施磷肥是非常重要的。磷肥不足，基葉變細，生長遲緩。

磷肥主要用於促進開花結果，多施可使植物多開花、多結果。對於觀花、觀果類盆景植物的營養液配方中磷肥的比例應相對較高。

3. 鉀（K）

植物對鉀的需求量是相當大的，這主要是鉀是作為某些酶的輔酶或活化劑起作用。缺鉀時，植物地下部器官生長停滯，細根及毛細根發育不良；缺鉀而氮素供應充分時，葉部含氮物質異常積累，莖杆柔弱，病菌容易侵入；葉面出現不規則枯斑，葉緣、葉尖發焦變枯，有時葉背基部出現油狀斑或局部壞死；抗旱、抗寒力下降；老組織比新組織較早和較容易出現症狀。

供鉀較多，可能會導致鎂、錳、鋅、鐵的缺乏症。可供無土栽培施用的鉀肥有磷酸二氫鉀、硫酸鉀、硝酸鉀、氯化鉀等。

鉀能主要用於促進生根，多施可使植物根系發達，從而也增強抗寒冷的能力，觀葉類盆景植物營養液配方中鉀肥比例宜較高。

4. 鈣（Ca）

鈣在植物體組織中，在基質中，均不易淋失。在植物體組織中，不易轉移，故缺鈣時，幼嫩組織如莖尖、頂端葉片、根尖、果實等首先出現失綠、變小、壞死、死亡等症狀，而老組織甚至整株植物的含量卻不一定低。鈣和氮的代謝有密切關係，氮還原時需要鈣。鈣對蛋白質的合成和碳水化合物的運輸，以及植物體內有機酸中和起著很大的作用。

鈣能中和植物自身產生的毒素，例如與草酸結合成不溶性的草酸鈣；能增強植物莖杆堅硬度，降解某些金屬離子的素養害作用；推遲植物衰老過程。

缺鈣症狀：根系變小，根尖停止伸長，根畸變，根組織變性壞死；頂端心葉似被燒傷樣，幼葉黃化，葉端、葉緣生長受阻，葉片中部扭曲，葉片病區壞死，葉片只有中肋而缺葉肉組織，葉片葉柄交接處變褐枯死；莖生長點腐爛壞死，頂端優勢消失，側芽孽生而不能成長，或葉組織不斷黃化枯落；花苔或花莖由於維管束組織壞死而潰爛萎縮，出現所謂斷脖症狀；根際有害微生物迅速增殖，促進根系腐爛和感染病菌。

鈣過多，常與碳酸過量相伴存在。鈣中毒一般自身無明顯症狀，但可能引起別的缺素症狀。由於鈣不易轉移，應該源源不斷為植物供給鈣，不可時停時給。在中國北方，灌溉用水多屬富含鈣質的硬水，可不必另外補鈣。可供無土栽培施用的鈣肥有硝酸鈣、氯化鈣、過磷酸鈣、磷酸一鈣、硫酸鈣等，溶解度高的優先考慮。

5. 鎂（Mg）

鎂像氮、磷、鉀一樣，容易從老組織向新嫩組織轉移，缺乏症首先表現於老組織。鎂是葉綠素的重要組分。它還能促進磷的吸收。

缺鎂時，葉綠素的形成受到阻礙，光合作用的功能也會受到阻礙。葉片失綠、黃化、白化、變紅、變黑，平行葉脈植物表現條紋狀，網狀葉脈植物表現斑點狀或或「V」字狀，隨著症狀加重，病區變褐壞死，故稱棕化病。植物是否缺鎂，比較難診斷，因為開始時症狀往往不很典型而容易與其他缺素症混淆，並且影響因數較多，等到症狀比較明顯時缺鎂已達到相當嚴重程度了。

鎂中毒自身無明顯症狀，但容易伴生缺鐵症狀。可供無土栽培施用的鎂肥有硫酸鎂、硝酸鎂、碳酸鎂、氯化鎂等。如用硬水灌溉，可不必另外補鎂。

6. 硫（S）

硫是細胞質的重要構成部分，缺乏時，葉色呈淡綠，甚至變成黃白色，尤其是幼芽、心葉和嫩葉；葉綠素含量降低；植株細弱，根不發達，缺少分枝；開花結實延遲。硫供給過多，出現植物生長緩慢、葉片變小、有時葉片灼燒等現象。

無土栽培用硫肥有硫酸銨、硫酸鎂、硫酸鉀、硫酸鋅等。事實上，硫肥都是透過施用含硫酸根的肥料，在解決其他元素需要量的同時予以兼帶解決的。在實際栽培中很少遇到缺硫現象。

二、微量元素的生理作用

植物體內的微量元素，含量微少，但對植物的生長發育，有著重要影響，尤其在無土栽培中，配製營養液時，如果微量元素用量過少或過多，會使作物表現缺素或中毒的症狀。因此，瞭解各種微量元素的生理作用，對做好無土栽培意義重大。

1. 鐵（Fe）

鐵在值物體中的主要生理功能是作為某些酶的組成成分，如參與組成過氧化物酶、過氧化氫酶和細胞色素氧化酶等。因此鐵與呼吸作用、光合作用等重要生命活動的關係密切。

鐵是植物最易缺乏的一種微量元素，尤其是當立地環境的pH值較高以及出現離子拮抗時，由於鐵被固定而使其喪失有效性。由於鐵移動性差，故要源源不斷供給。現在常施用螯合態鐵。葉綠素中雖不含鐵，但如缺鐵，則葉綠體的片層結構減少，葉綠素不能正常形成。

缺乏時，開始時葉色輕微失綠，葉脈和小葉脈仍保持綠色。繼而葉色由綠黃變黃綠，甚至變黃色和奶油色，葉脈和小葉脈也失綠，進一步發展到葉子脫落。症狀常先出現在幼嫩組織。

鐵過量會對植物發生毒害，原因是亞鐵積累過多，其症狀和缺錳相似。配製營養液時要掌握好鐵化物的用量。可供無土栽培用鐵肥有硫酸亞鐵、三氯化鐵、檸檬酸鐵、螯合態鐵等。

2. 錳（Mn）

錳活化多種氧化還原酶，也是光合作用、呼吸和蛋白質合成的重要組成部分。在培養基質中以Mn^{2+}的形態被植物的根所吸收。錳在葉子中的含量高於其他部位。在無土栽培中，植物缺錳往往是由於營養液pH值高於7、亞鐵離子和鈣過多造成的。錳能穩定葉綠體的結構。

缺乏時，葉脈間失綠，沿著葉脈和小葉脈包括緊靠葉脈和小葉脈的組織上有連續的綠色帶，但不象缺鐵那麼嚴重，很少發展到變黃綠地步。

過多時，植株生長緩慢，因葉綠素分佈不勻而出現花斑，嚴重者葉片失綠。可供無土栽培施用的錳肥有硫酸錳、碳酸錳等。

3. 鋅（Zn）

鋅與生長素的形成有密切關係。缺鋅時生長素含量下降，植株的生長受阻。鋅還是碳酸酐酶和膠氨酸脫氫酶的成分，葉綠體中含有碳酸酐酶，所以鋅與光合作用、呼吸作用都有關係。在植物體內，芽內鋅含量最高，葉次之，莖較少。鋅可以由老葉向幼葉移動，所以植物缺鋅時，總是老葉首先失綠。無土栽培時，植物缺鋅是由於營養液pH值過高，供磷過多。

缺鋅會使植物生長矮小，光合作用降低，種子形成受阻，葉片失綠，枝條尖端出現小葉簇生現象（小葉病），嚴重者枝條死亡。鋅可由老葉向幼葉運轉，植物缺鋅時先是老葉片基部葉脈間褪綠，逐漸向前發展。鋅中毒症狀，與缺鐵症狀相似。可供無土栽培施用的鋅肥有硫酸鋅、氯化鋅、螯合態鋅等。

4. 銅（Cu）

銅是多種氧化還原酶和葉綠體的構成要素，如抗壞血酸氧化酶、多酚氧化酶等。這說明銅參與調節植物體內的呼吸作用。這是銅的主要生理作用。幼嫩組織和葉綠體中含銅較多。無土栽培時植物缺銅，往往是由於營養液pH值偏高或供氮供磷過多。

植物缺銅時，葉片容易缺綠，隨後發生枯斑，最後葉片死亡脫落。

缺銅症狀：植物發育受阻，葉片失綠、黃化、乾枯、脫落，頂端葉子變小，僅及正常葉的1/5或更小，枝梢死亡，死梢下發出許多新芽並也陸續死亡（叢枝病）。

銅中毒症狀，與缺鐵症狀相似，以及生長緩慢、枝少、根小且變粗發暗。可供無土栽培施用的銅肥有硫酸銅、螯合態銅等。

5. 鉬（Mo）

在所有必要元素中，植物對鉬的需要量最少。鉬在植物體內的作用之一是參加硝酸根還原為銨離子的酶系統的活動。鉬也是固氮酶的組成成分，對生物固氮起著重要作用。

植物缺鉬時植株矮小，生長發育受阻，葉片失綠、乾枯或壞死，根瘤發育不良，小而少，固氮能力變弱或不能固氮。鉬供給過量，植株出現葉片變黃，有些幼苗呈鮮紫色。可供無土栽培施用的鉬肥有鉬酸銨、鉬酸鈉等。

6. 硼（B）

硼對細胞的正常生長和分裂起促進作用，為植物繁殖器官的形成所不可缺少的，缺硼可使花芽分化受阻，發生落花落果現象。硼能促進光合作用，調節水分吸收，增加抗旱性，提高結實率。

缺乏時，植物根系不發達，生長點壞死；花朵發育不良出現「蕾而不花」或「花而不實」現象；節間短縮，莖杆脆硬開裂，莖節下出現黑色凹陷壞死斑或豬尾狀捲曲；葉子變小、變厚、變皺，葉脈間有不規則失綠條紋；植物的向地性反應失常，錯向側方其他不正常方向生長。過多時，植株沿著葉脈出現形狀不規則的白色壞死斑，葉尖、葉緣失綠發黃。無土栽培常用硼肥有硼酸、硼砂等。

7. 氯（Cl）

植物體內普遍含有氯，並幾乎全部是水溶性的無機氯化物。在植物體內氯以離子狀態維持著各種生理平衡。另外，氯在光合作用中起活化劑作用，參與水的光解，調節細胞液的pH值、滲透壓。一般水中含有氯，所以營養液中不加氯。它對忌氯植物有不良作用。

氯多時，葉片邊緣枯乾。氯中毒時，老葉的葉尖、葉緣壞死，葉片失綠、變褐、變黃、脫落。

含鈉較多的基質，不宜施用含氯肥料，因它們會結合成對植物有害的氯化鈉。無土栽培時一般都不專門施氯肥，而是透過施用氯化銨、氯化鉀在解決植物對氮、鉀需要的同時兼帶解決氯的供給。

如使用含氯自來水作為灌溉水，尤當所施營養液中含有氯元素時，不必考慮為植物供氯。

表2-2-2　植物必需元素缺乏或過量症狀

元　素	缺乏症狀	過量症狀
氮(N)	老葉淡綠或黃色，植株矮小，枝纖細。	葉大，莖長，徒長，莖木質化程度低。
磷(P)	老葉先暗綠，常呈紫紅色，易過早脫落，莖紫紅色，細短。	葉肥厚，密集、色濃、植株矮小，節間短，早熟。
鉀(K)	老葉先出現病斑，葉緣葉尖壞死，葉身捲曲發黑枯死。	引起缺鎂症。
鈣(Ca)	幼葉尖或緣白化壞死，頂芽白化枯死，根尖停止生長、變白和死亡。	引起缺鐵、缺錳、缺鎂，干擾鋅的吸收。
鎂(Mg)	老葉脈間先失綠，有時有紅、橙、紫等鮮明色澤。	葉暗綠，幼葉捲曲，毒害可被高濃度鈣減輕。
硫(S)	與缺氮相似，但先從幼葉開始，葉脈失綠。	葉藍綠，小葉捲曲，限制鈣的吸收。
鐵(Fe)	幼葉脈間失綠，葉脈綠色。	老葉有褐色斑，根灰黑色，易腐爛。
鋅(Zn)	節間生長嚴重受阻，葉畸形，脈間失綠，簇生。	植株對過量鋅的耐受力較強。

續頁

元　素	缺乏症狀	過量症狀
錳(Mn)	幼葉脈間失綠，有壞死斑點。	引發缺鐵症，缺鈣症。
銅(Cu)	幼葉葉尖壞死，葉片枯萎、發黑，花器褪色。	新葉失綠，老葉壞死，葉柄、葉背紫紅色，很像缺鐵。
硼(B)	幼葉基部失綠、枯死、扭曲，老葉變厚、變脆、畸形，莖木栓化，花器發育受阻，果小、畸形。	成熟葉片尖端和邊緣出現白化斑駁，幼苗可以透過吐水分泌硼。
鉬(Mo)	老葉脈間失綠，葉緣壞死，葉片扭曲呈杯狀，變厚焦枯。	植物耐受力強。
氯(Cl)	葉尖凋萎，以後葉片失綠，呈青銅色，直至壞死。	葉緣似燒傷，早熟性發黃，葉片脫落。

三、有益元素的生理作用

有益元素與植物生長發育的關係可分為兩種類型：

第一種是該元素為某些植物種群中的特定生物反應所必需，例如鈷是根固氮所必需的；

第二種是某些植物生長在該元素過剩的特定環境中，經過長期進化後，逐漸變成需要元素。

1. 鈉（Na）

通常植物體內鈉的平均含量大約是乾物重的0.1%左右，是含鉀量的1/10。

Na^+可代替K^+行使部分生理功能，在保衛細胞中Na^+參與滲透調節氣孔關閉，促進呼吸作用。

2. 矽（Si）

矽參與細胞壁的組成，它與植物體內矽藻酸或果膠酸共價結合，增加機械強度和穩固性；矽影響植物光合作用與蒸騰作用，矽化細胞有利於光能透過進入綠色細胞，增加光能吸收；矽能提高抗病蟲能力。

3. 鋁（Al）

植物中鋁的分佈特點是老葉含鋁量高於幼葉。當鋁濃度略高（10 μmol/L）時，植物會發生鋁中毒，會擾亂植物對養分和水分的吸收和利用，影響DNA的合成，抑制細胞分裂。

4. 鈷（Co）

鈷為豆科植物固氮所必需，參與生物固氮、核酸和蛋白質代謝。

鈷能能提高過氧化物（氫）酶活性，參與呼吸代謝；鈷還能減少IAA氧化，促進CTK合成，從而具有促進莖、芽和胚芽鞘伸長的作用。

5. 鈦（Ti）

鈦可提高葉綠素含量，增強光合作用，促進Hill反應，促進固氮酶、脂肪氧化酶、果糖-1，6-二磷酸酶等磷酸酶活性，促進植物對N、P、K、Ca、Mg、Mn、Fe、Cu、Zn等養分吸收。

6. 釩（V）

釩可與固氮酶蛋白結合，促進固氮作用；釩還可促進葉綠素合成和Hill反應從而提高光合速率；釩促進Fe的吸收利用，促進含Mo酶的合成，促進種子萌發等。

7. 鋰（Li）

鋰可啟動乙醯磷酸酶，為離子主動吸收提供能量；影響膜透性，促進植物對K、Na、Ca、Fe、Mn等元素的吸收；鋰可以替Na使鹽生植物中的聚-β-羥基丁酸解聚酶活化；鋰可提高葉綠體光化學活性和葉綠素含量，促進光合作用，增強植物的抗病性。

8. 鉻（Cr）

鉻能夠促進固氮酶和硝酸還原酶活性，增加氣孔數目和開放度。

9. 硒（Se）

低濃度的硒（0.001-0.05 μg/g）可促進植物種子的萌發和幼苗生長；硒還是谷胱甘肽過氧化酶的必要成分，能增強植物體的抗氧化作用。

第三章
盆景無土栽培技術

第一節　基　質

盆景無土栽培基質是代替土壤種植盆景的栽培基質，可固定植株、保水、保肥及通氣，還可起到緩衝作用。

盆景無土栽培使用的基質應當既具有良好的保水性，又具有良好的排水性。基質的保水性和排水性取決於基質顆粒的大小、形狀和孔隙度。

水分是保持在基質顆粒表面和孔隙內部的。基質顆粒越小，裝填得越緻密，其表面積和孔隙度越大，保水性越強。不規則的顆粒具有較大的表面積，也能保持較多的水分。但是，如果基質的顆粒過細，則顆粒表面附著的水分和孔隙內容留的水分流動性小，造成基質顆粒間通氣不暢，導致基質內水分流動性小，不利於養分的均勻分佈。因此，基質顆粒應適中。

基質不能含有任何有害物質。各種基質（固態）在使用前最好用優質井水淋洗，去掉各種可溶性礦物質或過量的酸或鹼。同時去掉各種尖銳棱角的顆粒或碎玻璃等，尖銳物質混雜其中不僅不便操作，造成工傷，而且能使植物基部或根冠與其磨擦而造成損傷（如風大則更易使根冠與尖銳物磨擦），病原物也會由傷口侵入植物體，重者引起根腐爛，導致黃葉枯死。

在各種無土栽培生產技術中，或多或少地要用到固體基質。在有固體基質的無土栽培類型中，固體基質是根系生長的場所，是這些類型無土栽培技術的基礎；而在無固體基質的無土栽培類型中，無論是水培中的營養液膜技術、深液流技術還是浮板毛管水培技術或者是噴霧培技術，都要在育苗時使用固體基質、在定植時用少量的固體基質來固定和支撐植物。因此，固體基質在無土栽培生產中起著重要的作用。

有固體基質的無土栽培類型由於植物根系生長的環境較為接近天然土壤，因此在生產管理中較為方便，而且具有設備簡單、一次性投資較少、性能相對較穩定、經濟效益較好等特點。

無土栽培的固體基質種類繁多，其中包括河沙、石礫、蛭石、珍珠岩、岩棉、泥炭、鋸木屑、炭化稻殼（礱糠灰）、多孔陶粒、泡沫塑料等。本章主要講述固體基質的作用及其有關的性質、在生產過程中應該注意的選用原則和常用固體基質的主要理化性能及基質的消毒方法等。

一、固體基質的作用

1. 固定支撐植物的作用

這是無土栽培中所有的固體基質最主要的一個作用。

固體基質的使用是使得植物能夠保持直立而不致於傾倒，同時給植物根系提供一個良好的生長環境。

2. 持水作用

任何固體基質都有保持一定水分的能力，只是不同基質的持水能力有差異，而這種持水能力的差異可因基質的不同而差別甚大。例如顆粒粗大的石礫其持水能力較差，只能吸持相當於其體積10%～15%的水分；而泥炭則可吸持相當於其本身重量10倍以上的水分，珍珠岩也可以吸持相當於本身重量3～4倍的水分。不同吸水能力的基質可以適應不同種植設施和不同作物類別生長的要求。

一般要求固體基質所吸持的水分要能夠維持在2次灌溉間歇期間作物不會失水而受害，否則將需要縮短兩次灌溉的間歇時間，但這樣可能造成管理上的不便。

3. 透氣作用

固體基質的另一個重要作用是透氣。因為植物根系的生長過程的呼吸作用需要有充足的氧氣供應，因此，保證固體基質中有充足的氧氣供應對於植物的正常生長起著舉足輕重的影響。如果基質過於緊實、顆粒過細，可能造成基質中透氣性不良。

固體基質中持水性和透氣性之間存在著對立統一的關係，即固體基質中水分含量高時，空氣含量就低，反之，空氣含量高時，水分含量就低。因此，良好的固體基質必須是能夠較好地協調空氣和水分兩者之間的關係，也即在保證有足夠的水分供應給植物生長的同時也要有充足的空氣空間，這樣才能夠讓植物生長良好。

4. 緩衝作用

緩衝作用是指固體基質能夠給植物根系的生長提供一個較為穩定環境的能力，即當根系生長過程中產生的一些有害物質或外加物質可能會危害到植物正常生長時，固體基質會由其本身的一些理化性質將這些危害減輕甚至化解的能力。並非任何一種固體基質都具有緩衝作用，有相當一部分固體基質是不具備緩衝作用的。作為無土栽培使用的固體基質並不要求具有緩衝作用。

具有物理化學吸收能力的固體基質都有緩衝作用。例如泥炭、蛭石等就具有緩衝作用。一般把具有物理化學吸收能力、有緩衝作用的固體基質稱為活性基質。而沒有物理化學吸收能力的固體基質就不具有緩衝能力，例如河沙、石礫、岩棉等就不具有緩衝作用。這些不具有緩衝能力的固體基質稱為惰性基質。

生長在固體基質中的根系在生長過程中會不斷地分泌出有機酸，根表細胞的脫落和死亡以及根系吸收釋放出的CO_2如果在基質中大量累積，會影響到根系的生長；營養液中生理酸性或生理鹼性鹽的比例搭配不完全合理的情況下，由於植物根系的選擇吸收而產生較強的生理酸性或生理鹼性，從而影響植物根系的生長。

而具有緩衝作用的基質就可以由基質的物理的或化學的吸收能力將上述的這些危害植物生長的物質吸附起來，沒有緩衝作用的固體基質就沒有此功能，因此，根系的生長環境的穩定性就較差，這就需要種植者密切關注基質中理化性質在種植過程中的變化，特別是選用生理酸鹼性鹽類搭配合適的營養液配方，使其保持較好的穩定性。

具有緩衝作用的固體基質在生產上的另一個好處是可以在基質中加入較多的養分，讓養分較為平緩地供給植物生長所需，即使加入基質中的養分數量較多也不致於引起植物燒苗的現象，這就給生產上帶來了一定的方便。但具有緩衝作用的固體基質也有一個弊端，即加入基質中的養分由於被基質所吸附，究竟這些被吸附的養分何時釋放出來供植物吸收、釋放出來的數量究竟有多少，這些都無從瞭解，因此，在定量控制植物營養需求時就造成了一定的困難。但總的來說，具有緩衝作用的固體基質要比無緩衝作用的來得好一些，使用上較為方便，種植過程的管理要來得簡單一些。

二、選用基質的原則

無土栽培基質不僅要有像土壤一樣為植物根系提供良好的營養條件和環境條件的功能，還應該為改善和提高其他管理技術措施創造更便利的條件。因此，應精心選擇栽培基質。

現將栽培基質的選擇條件和原則分述如下。

1. 基質應具有良好的物理性狀

從栽培基質的作用和功能看，它首先要有利於植物根系的伸展和附著，以充分發揮其固持作用；其次要為植物根系創造良好的水、肥、氣等條件。要滿足這些要求，與栽培基質的物理性狀密切相關。具體鑒別栽培基質物理性狀的主要指標有以下4項。

（1）顆粒大小

固體基質顆粒的大小（即粗細程度）是以顆粒直徑（mm）來表示的。顆粒大小應適中，表面應粗糙而不帶尖銳稜角，並且孔隙應多而比例恰當。不同的基質有各自適宜的粒徑，如沙培以0.6～2.0 mm的沙粒直徑為好，就陶礫來說，粒徑在1 cm以內為好。

配製混合基質時，顆粒大小不同的基質混和後，其總體積小於原材料體積的總和。例如，1 m^3沙子和1 m^3樹皮相混合後，因為沙粒充填在樹皮的空隙中，總體積是1.75 m^3，而非2 m^3。

隨著時間的推移，由於樹皮分解，總體積還會減小，這都會削弱透氣性。所以，配製混合基質最好選用抗分解的有機基質。無機基質與有機基質相比，其顆粒大小不易因分解而變細變小。

由於不同的固體基質性質各異，同一種基質顆粒粗細程度不一，其物理性狀也有很大的不同，在具體使用時應根據實際情況來選用。

（2）基質容重（假密度）

基質容重是指一定容積的基質重量，用以測定基質通氣狀況，換算基質含水量所必須的常數，以g/L、g/cm^3或kg/m^3表示，其容重與基質粒徑、總孔隙度有關。

具體測定某一種固體基質的容重時可用一個已知體積的容器（如量筒或帶刻度的燒杯等）裝上待測定的基質，再將基質倒出後稱其重量，以基質的重量除以容器的體積即可得到這種基質的容重。為了比較幾種不同基質的容重，應將這些基質預先放在陰涼通風的地方風乾水分後再測定。

因為含水量不同，基質的容重存在著很大的差異。不同的基質由於其組成不同，因此在容重上有很大的差異（表3-1-1）；同一種基質由於受到顆粒粒徑大小、緊實程度等的影響，其容重也有一定的差別。例如新鮮蔗渣的容重為0.13 g/cm^3，經過9個月堆漚分解，原來粗大的纖維斷裂，容重則增加至0.28 g/cm^3。

表3-1-1　幾種常用固體基質的容重和相對密度

基質種類	容重（g/cm^3）	相對密度（g/cm^3）
土壤	1.10～1.70	2.54
沙	1.30～1.50	2.62
蛭石	0.08～0.13	2.61
珍珠岩	0.03～0.16	2.37
岩棉	0.04～0.11	–
泥炭	0.05～0.20	1.55
蔗渣	0.12～0.28	–

容重大者，則相對密度大，總孔隙則小。這樣的基質操作不方便，透氣性差，吸水性差，不利植物根系伸展，栽培效果也差。容重過小，基質過輕而容易遇水浮起，不利植物根系附著和伸展，影響植物根系生長。通常情況下，小於0.25 g/cm^{3}屬低容重，0.25～0.75 g/cm^{3}屬中容重，大於0.75 g/cm^{3}屬高容重，據研究，基質容重以0.1～0.8 g/cm^{3}效果較好，關鍵在於通氣性和吸水性。

容重對於盆栽植物來說還有一層經濟意義。一個直徑30 cm的容器，若裝填土壤，乾重在28～33 kg，濕重在40

kg左右，從搬運角度看，這是一個不輕的重量。然而，容重過輕，盆栽植物容易被風吹倒。所以，用小盆栽種低矮植物或在室內栽培，基質容重宜在0.1～0.5 g/cm³；用大盆栽種高大植物或在室外栽培，則容重宜在0.5～0.8 g/cm³，否則，應採取輔助措施將植株和盆器加以固定。

值得指出的是，基質容重可分別從乾容重和濕容重兩個角度來衡量。假設珍珠岩和蛭石的乾容重都是0.1 g/cm³，前者吸水後為自身重2倍，後者吸水後為自身重3倍，則濕容重分別為0.2 g/cm³和0.3 g/cm³。

（3）總孔隙度

總孔隙度是指基質中包括通氣孔隙和持水孔隙在內的所有孔隙的總和。它以佔有基質體積的百分數（%）來表示。**總孔隙度＝（1-容重／相對密度）×100%**，孔隙度大，容納空氣與水的量大，反之則小。

由於基質的相對密度測定較為麻煩，可按下列方法進行粗略估測：

取一已知體積（V）的容器，稱其重量（W_1），在此容器中加滿待測的基質，再稱重（W_2），然後將裝有基質的容器放在水中浸泡一晝夜（加水浸泡時要讓水位高於容器頂部，如果基質較輕，可在容器頂部用一塊紗布包紮好，稱重時把包紮的紗布取掉），稱重（W_3），然後由下式來計算這種基質的總孔隙度（重量以g為單位，體積以cm³為單位）。

$$\text{總孔隙度（\%）} = \frac{(W_3 - W_1) - (W_2 - W_1) \times 100}{V}$$

一般空氣與水容納量大的基質，其基質較輕，特別有利於植物根系的生長發育，如岩棉、蛭石等的總孔隙度在95%以上，而沙子為31%。

一般基質的總孔隙度以55%～96%為宜。為了克服某一種單一基質總孔隙度過大或過小所產生的弊病，在實際應用時常將2、3種不同顆粒大小的基質混合製成複合基質來使用。

（4）氣和水的相對值（氣水比）

在一定時間內，基質中容納的氣、水的相對比值，通常以大孔隙與小孔隙之比表示。

大孔隙是指基質中空氣所能夠佔據的空間，也稱通氣孔隙；而小孔隙是指基質中水分所能夠佔據的空間，也稱持水孔隙。通氣孔隙和持水孔隙所佔基質體積的比例（%）的比值稱為大小孔隙比。

用下式表示：

$$\text{大小孔隙比}=\frac{\text{通氣孔隙所佔比例（\%）}}{\text{持水孔隙所佔比例（\%）}}$$

要測定大小孔隙比就要先測定基質中大孔隙和小孔隙在基質中各自所佔的比例，其測定方法如下：

取一已知體積（V）的容器，裝入固體基質後按照上述的方法測定其總孔隙度後，將容器上口用一已知重量的濕潤紗布（W_4）包住，把容器倒置，讓容器中的水分流出，放置2小時左右，直至容器中沒有水分滲出為止，稱其重量（W_5），透過下式計算通氣孔隙和持水孔隙所佔的比例（重量以g為單位，體積以cm^3為單位）。

$$通氣孔隙（\%）= \frac{W_3 + W_4 - W_5 \times 100}{V}$$

$$持水孔隙（\%）= \frac{W_5 + W_2 - W_4 \times 100}{V}$$

一般而言，氣水之比愈小，說明小孔隙的氣水比值越大，基質持水力越強；反之，毛管孔隙愈小，貯氣量愈大，貯水力越弱。如蛭石的氣水比例小，其持水量大，不易乾燥，但由於總孔隙度大，其通氣性是良好的。

據試驗，盆栽時排水後基質中充氣毛管和大孔隙的總體積應在5%～30%，氣、水比以1：2～1：4為宜，這樣，既持水量大，又通氣性好，植物生長良好，管理也很方便。

一些常見基質的特性如表3-1-2所示。

表3-1-2　基質的酸鹼度及物理性狀

基質名稱	容重 (g/cm³)	總孔隙度 (%)	大孔隙(%) (空氣容積)	小孔隙(%) (毛管容積)	氣水比(以大孔隙值為1)	pH值
沙子	1.49	30.5	29.5	1.0	1：0.03	6.5
煤渣	0.70	54.7	21.7	3.0	1：1.51	6.8
蛭石	0.25	133.5	25.0	108.5	1：4.34	6.5
珍珠岩	0.16	60.3	29.5	30.8	1：1.04	6.3
岩棉	0.11	100.0	64.3	35.7	1：0.55	8.3
泥炭	0.21	84.4	7.1	77.3	1：0.09	6.9
鋸木屑	0.19	78.3	34.5	43.8	1：1.26	6.2
炭化稻殼	0.15	82.5	57.5	250.0	1：0.43	6.5
礫石	1.52	47.0	25.3	21.8	1：1.15	6.5
泡沫塑料	--	827.8	101.8	726.0	1：7.13	--

盆栽植物生長不良或死亡，往往是由於基質的總孔隙度和大孔隙值過小，基質中缺乏空氣，植物根系因受到自身釋放出的二氧化碳的毒害，喪失吸收水分和養分的能力而造成的。

儘管灌水可以擠出二氧化碳，引入新鮮空氣，但如果基質沒有足夠的大孔隙，灌水也不會起到預想的效果。

木屑等有機基質分解後因顆粒變細變實，會造成大孔隙減少。容器的底和壁建立了一個保持水分的高表面張力介面後，也會導致大孔隙減少。

植物根系對大孔隙的需求各不相同。杜鵑、蘭花、秋海棠、梔子、大岩桐、觀葉植物等需求大孔隙值多些；山茶、菊花、唐菖蒲、一品紅、百合等需求大孔隙較少；康乃馨、天竺葵、棕櫚、草坪草、松柏等要求大孔隙更少些。

2. 栽培基質應具有穩定純淨的化學性狀

栽培基質的化學性狀包括以下5項。

（1）pH值

pH值表示基質的酸鹼度。

不同化學組成的基質，其酸鹼性可能各不相同，既有酸性的，也有鹼性和中性的。例如石灰質礦物含量高的基質，其pH值較高，泥炭一般為酸性的。

儘管多數觀賞植物比較適應5.5～6.5的pH值範圍，但基質的pH值以6.5（微酸性）～7.0（中性）為宜，這樣較易人為調節，又不會供液後影響營養液某些成分的有效性，導致植物出現生理障礙。

(2) 化學成分和可溶性鹽

即基質本身是否含有可供植物吸收利用的礦質營養物質。

基質既要含有可供植物吸收利用的氮、磷、鉀、鐵、鎂等營養成分，又要所含的成分不會對配製營養液產生干擾以及不會因濃度過高而對植物有害，更不能含有害物質和污染物質，而且化學成分要比較穩定。

(3) 碳氮比

這是指基質中碳和氮的相對比值。

碳氮比高（高碳低氮）的基質，會導致植物缺氮。碳氮比為1000：1的基質，必須加入超過植物生長所需的氮，以補償微生物對氮的需求。

碳氮比很高的基質，即使採用了良好的栽培技術，也不易使植物正常生長發育。因此，要盡可能使用粗顆粒的尤其是碳氮比低的基質。

(4) 陽離子交換量（CEC）

表示出基質保持肥料離子免遭水分淋洗並能緩緩釋放出來供植物吸收利用的能力。

一般來說，有機基質具有高的陽離子交換量，故緩衝能力強，可抵抗養分淋洗和pH值過度升降。

(5) 電導率（電導度，EC值）

表示各種離子的總量（含鹽量）。它和硝態氮之間存在相關性，故可由電導率值推斷基質中氮素含量，判斷是否需要施用氮肥。當電導率值小於0.37～0.5 mS/cm時（相當於自來水的電導率值），表示必須施肥；電導率值達

1.3～2.75 mS/cm時，表示不能施肥，並且最好淋洗鹽分；電導率值在0.5～1.3 mS/cm範圍內時，一般可不施肥。多數植物適應0.4～1.0 mS/cm的電導率範圍。電導率可用專門儀器（電導儀）測量。

3. 栽培基質應就地取材，以降低成本

選用何種材料作為基質，除要考慮無土栽培的形式、生產效益之外，還應考慮基質來源及價格等。各國無土栽培都非常重視這個問題。

如南非以蛭石栽培居多，加拿大則大量採用鋸木屑，西歐的岩棉栽培已基本普及。

4. 理想基質的要求

自然土壤由固相、液相和氣相三者組成。固相具支援植物的功能；液相具有提供植物水分和水溶性養分功能；氣相具為植物根系提供氧氣的功能。土壤孔隙由大孔隙和毛管孔隙組成，前者起通氣排水作用，後者起吸水持水作用。理想的無土栽培用基質，其理化性狀應類似土壤，滿足如下要求：

①適於種植眾多種類植物，適於植物各個生長階段。

②容重輕，便於大中型盆景的搬運。

③總孔隙度大，達到飽和吸水量後，尚能保持大量空氣孔隙，有利於植物根系的貫通和擴展。

④吸水率大，持水力強，有利於減少澆水次數；同時，過多的水分容易疏泄，不致發生濕害。

⑤具有一定的彈性和伸長性，既能支援住植物地上部分，又不妨礙植物地下部分的伸長和膨大。

⑥澆水少時，不會開裂而扯斷植物根系；澆水多時，不會黏成一團而妨礙植物根系呼吸。

⑦絕熱性較好，不會因夏熱冬冷而損傷植物根系。

⑧本身不攜帶土傳性病蟲草害，外來病蟲害也不易在其中滋生。

⑨不會因施加高溫、燻蒸、冷凍而發生變形變質，便於重複使用時進行滅菌滅害。

⑩本身有一定肥力，但又不會與化肥、農藥發生化學作用，不會對營養液的配製和pH值有干擾，也不會改變自身固有理化特性。

⑪沒有令人難聞的氣味和難看的色彩，不會招誘昆蟲和鳥獸。

⑫pH值容易隨意調節。

⑬不會污染土壤，本身就是一種良好的土壤改良劑，並且在土壤中含量達到50%時也不出現有害作用。

⑭沾在手上、衣服上、地面上極容易清洗掉。

⑮不受地區性資源限制，便於工廠化批量生產。

⑯日常管理簡便，基本上與土培差不多。

⑰價格低廉，用戶在經濟上能夠承受。以上要求是選擇優良基質的參考標準。

三、基質種類及性能

在盆景無土栽培中，由於基質性能和設施的形式不同，所採用的基質和基質在栽培中的作用也不盡相同。基質作為無土栽培的重要組成部分，已成為生產應用和研究的重要內容。在一定條件下，它會直接影響栽培效果。用沙、蛭石、泥炭等作為栽培基質在園藝作物的栽培中早有應用，上述材料的理化特性也有許多研究報導。盆景無土栽培中的基質通常利用多種材料的不同特性按比例組合而成。

盆景無土栽培基質種類較多，一般分為：無機基質，如沙、礫石、蛭石、浮石、珍珠岩、爐渣等，人工基質，如岩棉、聚乙烯發泡材料、聚氨酯泡沫、泡沫塑料碎粒等；有機基質，如泥炭、鋸木屑、草炭、稻殼燻炭、樹皮、麥稈、椰殼糠、膨化雞糞、菌糠等；混合基質，如用泥炭：沙：浮石配成2：1：2的混合物。現將有關基質性能分別介紹如下。

1. 沙

主要為河沙，採石場人工粉碎的岩沙和岩石自然風化後的沙粒也都可用。若用於出口盆景，使用採石場人工粉碎的岩沙或岩石自然風化後的沙為好，這種沙不易帶有病蟲害，理化性質等方面各適合盆景無土栽培，但來源不如河沙容易。

沙是最廉價的栽培基質，被世界各國廣泛採用，特別是乾旱地區，如墨西哥和中亞一些國家，常把溫室建在海灘，把海岸的細沙經沖洗鹽分後作為基質，種植各種植物。用沙作基質時不能有直徑小於0.6 mm的顆粒。當然也不宜大於2.4 mm。沙粒過大，保水力差，容易缺水，但通氣良好，對循環式供液設施是非常有利的。沙的相對密度較大，為1.5～1.8（1500 ~ 1800 kg/m^3）。

不要使用鬆軟易碎的沙。在只有石灰質沙可用的地區，使用這種軟的顆粒基質，必須每天加養分和校正pH值。

沙粒的化學性質因沙的種類及來源不同，也有較大的差異。pH值一般為中性或偏酸。大量元素含量較低，惟鈣的含量較高。各種微量元素在沙中含量極少，但也有一些沙中含鐵量較高，而且能被植物吸收和利用。錳和硼含量僅次於鐵，有時可以滿足植物需要。第一次沙培時，要考慮根據這些元素含量調整營養液。

沙培選用的沙子其粒徑以0.6～2.0 mm為宜。使用前要過篩和水洗，有條件的可進行化學分析，以確定有關成分的含量，保持營養液成分的合理用量和有效性。同時，還要確定合理的供液時間，防止因供液不足而造成缺水。

沙碚多用於扦插或培植新採掘的樹樁等。

其優點為：廉價易得；細的沙粒能使水經過毛細管作用下向側面移動，這樣營養液能均勻地分佈到整個根區，每次滴灌都能使植物得到新的完全的營養液，不會發生養分不平衡的問題；由於沙的顆粒小，保水能力強，每天不需多次灌溉。

沙培的缺點是：相對密度大，搬運和更換基質時比較費工。

2. 礫石

礫石，即河邊石子，以直徑1.8 mm左右形狀不規則的花崗岩為最好。因花崗岩礫石顆粒堅硬，結構良好，不易破碎，孔隙度好，能保持水分，且排水良好，利於通氣。

礫石不宜採用石灰質的，以免pH值發生波動。如果需要利用這種基質，則應根據顆粒中釋放到營養液中的鈣、鎂等元素，調整營養液配方。

礫石的粒徑應選在1.6～20 mm的範圍內，其中總體積的一半的礫石直徑為13 mm左右。礫石應較堅硬，不易破碎。選用的礫石最好為稜角不太鋒利的，特別是株型高的植物或在露天風大的地方更應選用稜角較鈍的礫石，否則會使植物莖部受到劃傷。礫石本身不具有陽離子交換量，通氣排水性能良好，但持水能力較差。

礫石相對密度大，為1.5～1.8。無土栽培的發展初期，幾乎都是用礫石做基質。它的缺點是太重，搬運困難。同時還必須有個堅固的水泥槽，否則營養液循環困難。最近10多年來，一些輕型的人工基質和天然基質不斷出現，生產成本逐步降低，很少有人用建築笨重的水泥槽來進行無土栽培。但這種方法在無土栽培發展的初期，曾經起推動作用。且在當今深液流水培技術中，用作定植杯中的固定植株的物體還是很適宜的。

3. 蛭石

蛭石是雲母的次生礦物，由雲母片經850℃處理膨脹而成。它是鋁、鎂、鐵等的複合物，由一層層的薄片疊合構成，經1093℃高溫處理後，膨脹爆裂成多孔體，其體積平均膨大達15倍以上，形成褐紫色有光澤多孔的海綿狀小片（稱為燒脹蛭石），無毒。因其多孔的海綿狀物體，形似水蛭，因而得名蛭石。

蛭石作為無土栽培基質有以下特點：含鈣、鎂、鉀、鐵成分較多，屬於穩定的惰性礦物質；質地很輕（容重為 0.25 g/cm^3 左右），便於運輸及使用；具有良好透氣性、吸水性及一定的保水力；隔熱性能好，能使根際溫度穩定（是建築上的保溫材料）；化學性狀良好，pH值中性或偏酸。中國蛭石資源十分豐富，東北、北京、山東、山西、河北等地均有生產供應。

無土栽培應用的蛭石以粒徑在3 mm以上者較好，使用時應避免擠壓，以免破壞其多孔性。適用於扦插、播種、栽培中小型盆景樹木或以一定比例配製混合基質。

其缺點是：容重偏低，固定性較差，易碎，使通氣性降低，只可使用1～2次。

4. 珍珠岩

珍珠岩為含矽質的礦物在爐中加熱至760～1200℃而形成的直徑為1.5～3 mm的膨脹疏鬆顆粒。珍珠岩容重很小，pH值中性或微酸性，無緩衝作用。

單獨作基質使用時，因質地太輕，易造成根系接觸不良而影響生長發育，故多與其他基質混合使用。

5. 片岩

園藝上用的片岩是在1400℃的高溫爐中加熱膨脹而製成的。容重為0.45～0.85 g/cm^3，孔隙度為50%～70%，持水容積為4%～30%。

片岩的化學組成為：二氧化矽（SiO_2）52%，氧化鋁（Al_2O_3）28%，氧化鐵（Fe_2O_3）5%、其它物質15%。片岩的結構性良好，不易破碎。

6. 火山熔岩

火山熔岩是火山噴發出的熔岩經冷卻凝固而成。外表為灰褐色或黑色，多為多孔蜂窩狀的塊狀物，經打碎之後即可使用。其容重為0.7～1.0 g/cm^3，粒徑為3～15 mm時，其孔隙度為27%，持水容積為19%。

火山熔岩的主要化學組成為：二氧化矽（SiO_2）51.5%、氧化鋁（Al_2O_3）18.6%、氧化鐵（Fe_2O_3）7.2%、氧化鈣（CaO）10.3%、鎂（Mg）9.0%、硫（S）0.2%、其它鹼性物質3.3%。

火山熔岩結構良好、不易破碎，但持水能力較差。

7. 浮石

浮石和珍珠岩的性質基本相似，但它較重，也不容易吸水。常和泥炭及沙配成混合基質種植盆栽植物。

8. 沸石

一種經粉碎的礦石，奶白色，在浙江台州、寧海等地有生產。粉碎後，選用直徑8 mm的顆粒。沸石中礦物元素含量豐富，可作飼料添加劑。用於無土栽培前，可將其在營養液中浸泡1星期，再用作基質。

栽培過程中澆水時，營養元素能慢慢從沸石中釋放出來，1個月內只需澆水而不必另外澆灌營養液。使用方便，但價格較高。

9. 陶粒

由黏土經800℃高溫煅燒而成。外殼硬而較緻密，赭紅色，內芯質地較疏鬆，略呈現海綿狀，色微帶灰褐。顆粒大小以直徑為0.5～1 cm者佔多數。容重較大，透氣性良好。可以單獨用於無土栽培；也可以與其他基質組成混合基質，用量佔總體積的10%～20%。

由於吸水較慢，毛管水不易上升，排水較快，單獨用作盆栽基質時，不能使用底部有排水孔的盆器，應使用排水孔設在盆壁下1/4～1/3處的容器。另外，宜配用螯合程度較高的營養液，以免可能因某些元素蓄積過量而對植物產生傷害。

大孔隙比珍珠岩、蛭石、沙子等基質多，容易使根系纖細的植物如杜鵑花等缺水萎蔫。所以，最好使用大小均一且粒徑較小的產品，避免使用工業用或表面不光滑有刺狀物的陶粒。定植時，要用手壓實陶礫以固定植株，操作時應避免大量傷根，否則易引起根腐爛病。

陶粒本身價格雖高於珍珠岩、蛭石等基質，但因其耐用，故實際價格並不高。陶粒不適宜於播種和扦插，如用於移植栽種僅1～2片葉的小苗則操作養護較為費力。

陶粒具有良好的保水、保肥能力和透氣性，用於無土栽培時，特別是栽培喜透氣乾爽的盆景植物時，常先於盆底或槽底鋪一層粗陶粒，可起到良好排水透氣作用。

10. 膨脹陶粒

膨脹陶粒又稱多孔陶粒、輕質陶粒或海氏礫石（Hydite），它是用陶土在1100℃的陶窯中加熱製成的，容重為1.0 g/cm^3。膨脹陶粒堅硬，不易破碎。陶粒最早是作為隔熱保溫材料來使用的，後由於其通透性好而應用於無土栽培中。

膨脹陶粒在較為長期的連續使用之後，顆粒內部及表面吸收的鹽分會造成通氣和養分供應上的困難，且難以用水洗滌乾淨。另外，由於膨脹陶粒的多孔性，長期使用之後有可能造成病菌在顆粒內部積累，而且在清洗和消毒上較為麻煩。

11. 煤渣

煤渣為燒煤之後的殘渣，來源廣泛，工礦企業的鍋爐、食堂尤其是北方地區冬季取暖，有大量的煤渣。由於顆粒大小相差懸殊以及常混有石塊，使用前須進行粉碎、篩選，把粒徑小於1～2 mm的細末以及大於5 mm的塊團剔去，並且最好用廢酸液中和其鹼性，再用清水淋洗去其所含硫、鈉等元素。

煤渣容重約為0.70 g/cm^3，總孔隙度為55.0%，其中通氣孔隙容積佔基質總體積的22%，持水孔隙容積佔基質總體積的33.0%。含氮0.18%，速效磷23 mg/kg，速效鉀204 mg/kg，pH值為6.8。

煤渣如未受污染，不帶病菌，不易產生病害，含有較多的微量元素，如與其它基質混合使用，種植時可以不加微量元素。

煤渣容重適中，種植作物時不易倒伏，但使用時必須經過適當的粉碎，並過5 mm篩。適宜的煤渣基質應有80%的顆粒在1～5 mm之間。

與土壤或其他基質混合，其用量佔總體積50%或以下，既可改進通氣性，又可改進吸水性。優點是價廉易得、透氣性好，缺點是鹼性大、持水量低、質地不均一、對營養液成分影響大。

12. 泥炭

泥炭又名草炭，由未完全分解的植物殘體、礦物質和腐殖質三者組成。

泥炭全氮含量較高，因多為有機態氮，故轉化成有效氮速度較慢。園藝上選用有機質含量高於40%者與珍珠岩、蛭石、浮石、沙等其他基質組成混合基質（用量按體積佔20%~75%），使用時應注意調節好pH值。

用泥炭做無土栽培基質應用廣泛。缺點是澆水時會從盆底孔滲出泥炭細末。另外，泥炭可能攜帶土傳病蟲草害，用於栽培出口盆景植物的基質時，更要注意做除害處理。

13. 鋸木屑

鋸木屑是木材加工業的副產品，來源廣，價格低，重量輕，使用方便。作為無土栽培基質在世界各地廣為應用。

鋸木屑作為基質不會傳播鐮刀菌和幹枝菌。在栽培過程中，鋸木屑會腐爛成肥，換茬時，應增添新鋸木屑或換新或隔季使用。

鋸木屑培的栽培槽可以設計成「V」字形或「U」字形，內層用打孔的塑膠布，最低處應安裝排水管。最簡便的方法是用廢食品袋盛裝鋸木屑，在底部打幾個孔，下面放上幾層塑膠（防止根長出排水孔進入下面的土壤）。根據袋子的大小，每一袋子可以種一至三棵植物。

鋸木屑品質輕，具有較強的吸水和保水力，可以與其他基質混合使用，用於袋培、槽栽和盆栽。

用做栽培基質以黃衫、鐵杉的鋸木屑為最好。側柏的鋸木屑有毒，應避免使用。針葉樹鋸木屑可能帶有松樹的致命蟲害——松材線蟲，因此，要注意不得使用松材線蟲疫區的鋸木屑，以免引起蟲害傳播。出口盆景應避免使用鋸木屑培。

14. 樹皮

樹皮是木材加工過程的副產品。在盛產木材的地方常用來代替泥炭作為無土栽培的基質。

樹皮首先要粉碎，粒子直徑可以大到1 cm，一般直徑是1.5 mm～6 mm。然後對粒子的大小進行篩選，細小的粒子可作為田間土壤改良劑，粗的粒子最好作為盆栽介質。當作為盆栽介質使用時，樹皮粒子用量可佔總體積的25%～75%，因為過分的通氣，對澆水和施肥不利。

15. 甘蔗渣

甘蔗渣來源於甘蔗製糖業的副產品。多用在熱帶地區，具有很高的持水量，在容器中分解迅速，容易緻密，造成通風和排水不良，因此很少應用在盆栽混合介質中。經過堆腐的甘蔗渣，混入田間土壤，特別對黏土，可起到改良作用。

16. 刨花

刨花在組成上和木屑近似，只是個體較大些，可以提供更高的通氣性，持水量和交換量較低，盆栽截至中含有50%的刨花，植物仍能生長良好。

17. 炭化稻殼、草木灰和礱糠

炭化稻殼又稱為穀殼灰或礱糠灰，是將稻穀殼經加溫炭化（不可用明火）而成的一種基質。炭化稻殼的特點是容重小，品質輕，孔隙度高，通氣性好，其保水力強，不易發生過乾、過濕現象。

使用炭化稻殼栽培時，其栽培槽簡單，變通有「V」字型或「U」字型的小型栽培槽，其上配置管道，營養液從植株基部滴灌或噴液或循環式流灌均可。

炭化稻殼含有植物需要的多種營養成分，含鉀尤為豐富，每100 g炭化稻殼中含可溶性鉀190～300毫g。如果用於育苗，可以基本滿足幼苗需要。由於含有多種養分，可大大簡化營養液配方，降低肥料用量。

在使用過程中應注意基質pH的變化，防止因pH值升高而影響植物的正常生長。通常情況下，可適當拌些過磷酸鈣，將pH降至5.5～6.5左右使用。

草木灰的性質與礱糠灰相近，但較鬆軟，pH值也較高。

礱糠（穀殼），既通氣、排水、抗分解，又不干擾營養液或其他基質的pH值及養分的有效性，可溶性小，加上價格便宜，在產稻區，是一種比較好的基質。但許多國家禁止礱糠進口，故出口盆景不宜使用礱糠。

穀殼在使用前要進行蒸煮，以殺死病原菌，但在蒸汽消毒時能釋放出一定數量的錳，有可能使植物中毒。消毒後要加入約1%左右的氮肥，以補償高碳氮比所造成的氮素缺乏。

四、基質配方實例

無土栽培時，常根據單種基質的特點和不同植物的需求，把兩種或兩種以上基質按不同比例混合，配成更適宜盆景植物生長的基質，稱為混合基質。

應注意的是，基質在上盆前均需在水中或營養中浸泡透後才使用（特別是吸水量大的基質）。否則，上盆很難吸足水分，會直接影響到無土栽培盆景的成活。

下面是一些較實用的混合基質配方。

1. 以沸石、蛭石、珍珠岩為原料的基質配方

【配方1】沸石6份，蛭石（珍珠岩）4份。

【特點】相對密度較大，植物發根，紮根較慢，一般種植樹椿類植物。

【配方2】沸石4份，蛭石6份。

【特點】相對密度適中，植物發根和紮根較好，一般種植中型盆景植物。

【配方3】沸石3份，蛭石7份。

【特點】相對密度較小，植物發根和紮根相當好，一般種植各種小型盆景植物。

因從沸石中釋放出來的營養較少，故在1個月後就需要加施複合肥。

【配方4】蛭石。

【特點】相對密度很小，植物不容易固定。

用單一蛭石作基質，由於相對密度很小，植物直接上盆不容易固定，故一般用蛭石作苗床，把洗好根的植物半成苗栽植到蛭石苗床，等植物根系發達、生長良好、成型後再移栽盆中，這樣盆景植物較易存活。

在苗床種植1月後，就可以用施用1%尿素溶液，以後每隔20天施一次，直到可以上盆。上盆後15天就可以施用營養液或複合肥。

上述4個混合基質配方在使用時應注意：不同盆景品種對基質配比適應性有很大區別。如龜甲冬青、斑葉冬青、杜鵑等喜歡密度低的基質，可採用單一蛭石，因為這類植物根系發達，以毛細根為主，上盆後容易固定。五針松、羅漢松、紅楓等植物一般採用30%沸石混合70%蛭石為好，上盆後較易固定，通氣性好，發根也快。

2. 泥炭、蛭石、沙、浮石、煤渣、珍珠岩、木屑等為原料的基質配方

〔1〕下面先介紹具體基質配方，其後再介紹如何在混合基質中加入營養肥料，使基質配方在實際無土栽培中更具實用性。

【**配方**1】泥炭：珍珠岩：沙＝2：2：1，適用於一般盆景。

【**配方**2】泥炭：浮石：沙＝2：2：1，適於一般盆景。一般來說，浮石的價格低，可用以在大多數的混合基質中代替珍珠岩。

【**配方**3】泥炭：珍珠岩＝1：1，適用於插條繁殖。

【**配方**4】泥炭：沙＝1：1，適用於插條繁殖。

【**配方**5】泥炭：沙＝1：3，適用於花壇植物和容器種植砧木。

【**配方**6】泥炭：蛭石＝1：1，適用於插條繁殖。

【**配方**7】泥炭：沙＝3：1，重量輕，通氣好，適用於喜歡酸性條件的杜鵑花和山茶花。

【**配方**8】蛭石：珍珠岩＝1：1，重量輕，適於插條繁殖。

【**配方**9】泥炭：煤渣：蛭石＝1：1：10，pH值偏高，容重偏低，固定性較差，營養元素含量普遍偏低，適合栽培中小型盆景植物。

【**配方**10】泥炭：沸石：蛭石＝1：1：10，特點同配方9，尤適於龜甲冬青的生長。

【**配方**11】泥炭：蛭石＝1：10，特點同配方9，尤適於小葉女貞的生長。

【**配方**12】煤灰：水泥：石灰：石膏＝10：1：1：1，pH值高，持水能力強，氮素含量很低，但有效磷、有效鉀的含量極高，營養液配方中能滿足氮素需要即可；容重較高，固定性好，適應栽培大中型盆景，如六月雪、雀梅、榆樹和龜甲冬青；另外碳酸鈣含量很高，攜帶病菌很少，對某些有害生物還有一定的拮抗作用。

【**配方**13】木屑：岩沙＝1：1，木屑與尿素混合腐化1年，使木屑腐化，適用於插條繁殖。

表3-1-11列出配方9～12的酸鹼度和物理特性，表3-1-12列出配方9～12中營養元素含量，以供參考。

表3-1-11　部分混合基質的酸度和物理特性

測定項目 基質配方	pH值	最大持水量(%)	毛管持水量(%)	非毛管孔隙(容積%)	毛管孔隙(容積%)	總孔隙度(容積)	容量(g/cm³)
配方9	6.54	2.13	1.91	0.138	1.203	1.341	0.63
配方10	6.58	1.53	1.35	0.142	1.066	1.208	0.79
配方11	7.20	4.12	3.48	0.755	4.106	4.861	1.18
配方12	8.05	5.48	4.07	1.264	2.725	2.854	1.22

表3-1-12　基質配方中營養元素含量的測定結果

基質配方＼測定項目	全N (%)	速N (mg/kg)	全P (P_2O_5%)	速P (mg/kg)	全K (%)	速K (mg/kg)	Ca (me/100 g)	Mg (me/100 g)
配方9	0.448	201.1	0.153	24.79	1.41	185	20.79	1.278
配方10	0.118	58.5	0.042	10.35	2.31	140	12.33	1.589
配方11	0.221	204.6	0.108	16.65	2.94	300	13.44	3.230
配方12	0.092	12.4	0.925	64.63	5.73	487	25.65	3.507

〔2〕在混合基質中加入的營養肥料

上述13種基質混合配方中，較常用的為泥炭與沙按一定比例混合的配方和泥炭與蛭石等比例混合的配方。泥炭與沙配方為25～75%的沙和25～75%的泥炭混合。這種混合物常用以種植盆栽植物和在容器中種植砧木。泥炭與蛭石等比例的混合物，主要用於育苗、移植苗的栽培和種植春季花壇植物及一年生植物。

所有需要的礦質養分可以一部分或全部加進這些混合基質中。加入肥料的混合基質在使用中基本上不需要再施營養液，只要澆水即可。

下面介紹混入基質基本肥料。

（1）泥炭、沙混合物

每立方公尺中可加的基本肥料如下：

1356 g蹄角粉或血粉（含氮13%）、135 g硝酸鉀、135 g硫酸鉀、1356 g過磷酸鈣、4069 g白雲質石灰、1356 g碳酸鈣石灰。

沙、泥炭和肥料必須充分混合。泥炭在混合前要先行濕潤。

（2）泥炭、蛭石混合物

泥炭、蛭石混合物在品質上較泥炭、沙混合物為輕，因為不蛭石較沙輕。有三種泥炭、蛭石與肥料混合物供栽培選擇。

① 混合物A（1 m^3）：500 L泥炭、500 L蛭石、2712 g石灰、542 g過磷酸鈣（20%）。

② 混合物B：基本同A，不同的只是以珍珠岩代替蛭石

③ 混合物C（種子發芽用）：50 L泥炭、50 L蛭石、70 g硝酸銨、70 g過磷酸鈣（20%）、351 g磨碎的石灰石、白雲石。

上面的物質必須充分混合，混合前應將泥炭打濕。

（3）肥料、泥炭和蛭石混合物

它是等量的泥炭和蛭石混合物的改進配方，每立方公尺可加進的如下肥料成分（在栽培植物時需補充氮、磷、鉀等大量元素和錳、銅、鋅、硼、鉬等微量元素）。

500 L泥炭、500 L蛭石、7098 g磨碎石灰石（白雲石）、2958 g硫酸鈣（石膏）、891 g硝酸鈣、1501 g 20%過磷酸鈣、36 g鐵（螯合的如NaFe，138或330）、396 g硫酸鎂。

泥炭與肥料混合，量小時可在水泥地面上用鏟子攪拌，但事先要用5份水和1份次氯酸鈉消毒液（次氯酸鈉含量5.25%）配成的溶液消毒地面，然後在基質上均勻撒布肥料，然後從一堆倒到另一堆，來回攪拌。一次混合60～70 L時，一個桶就夠用了。把混合物裝入桶內，然後

倒在地上，重複幾次即可。

量大時應用混凝土攪拌器，用運輸器餵進各種成分，出來的混合物堆在溫室的裝盆區域。如用塑膠栽培槽，基質可直接在槽中混合，但不要弄破塑膠襯裡。

乾的泥炭一般不易弄濕，每40 L水中加入50 g次氯酸鈉，有助於把1 m^3的混合物弄濕。

微量元素應先溶解於水，再噴灑在基質上。如70 L混合物，可把微量元素溶於4 L溫水中，然後再噴灑到基質上攪拌。

五、基質的消毒處理

無土栽培用的基質，如長期使用也會聚集病菌，尤其是在育苗連作的條件下，聚集的病菌更會增加。最好是每次栽培結束後對基質進行一次消毒，以消滅可能存留的病菌。有些基質在首次使用時也需消毒，如泥炭、鋸木屑等。否則，可能造成苗木致病，如使插穗、種子或幼苗黴爛或軟腐等。常用的消毒方法有：

1. 高溫處理

（1）日光消毒

將配製好的基質放在清潔的混凝土地面、木板或鐵皮上，薄薄平攤，暴曬3～15天，可以殺死大量病菌孢子、菌絲、蟲卵、成蟲和線蟲。

（2）蒸汽消毒

把基質放入蒸籠上鍋，加熱到60℃～100℃，持續30～60分鐘，加熱時間不宜太長，否則會殺滅能夠分解肥料的有益微生物，從而影響植物的正常發育。

還可採用自製消毒櫃的方法消毒，即先將一個大汽油桶或箱子等帶蓋容器改裝成蒸汽消毒櫃，從櫃壁上通入帶孔的管子，並與蒸汽爐（暖氣鍋爐等）接通，把基質放入櫃（桶）內，打開進氣管的閥門，讓蒸汽進入基質的間隙，不要封蓋太嚴，以防爆炸。30分鐘後可殺滅大部分細菌、真菌、線蟲和昆蟲以及大部分雜草種子。

如果溫室用蒸汽鍋爐供熱，用蒸汽消毒很經濟。將蒸汽轉換裝置安裝在鍋爐上，把蒸汽管導入每一個栽培槽，即可為基質消毒。

在進行蒸汽消毒時要注意每次進行消毒的基質體積不可過多，否則可能造成基質內部有部分基質在消毒過程中溫度未能達到殺滅病蟲害所要求的高溫而降低消毒的效果。另外還要注意的是，進行蒸汽消毒時基質不可過於潮濕，也不可太乾燥，一般在基質含水量為35%～45%左右為宜。過濕或過乾都可能降低消毒的效果。蒸汽消毒的方法簡便，但在大規模生產中的消毒過程較麻煩。

（3）火燒消毒

對於保護地苗床或盆插、盆播用的少量基質，即可放入鐵鍋或鐵板上加火燒灼0.5～2小時，可將基質中的病蟲全部消滅。同時還可將基質中的有機物燒成灰分。在露地苗床上，將乾柴草平鋪在表面上點燃，不但可以消滅表基質中的病菌、蟲和蟲卵，還能增加一部分鉀肥。

2. 藥劑處理

利用一些對病原菌和蟲卵有殺滅作用的化學藥劑來進

行基質消毒的方法。一般而言，化學藥劑消毒的效果不及蒸汽消毒的效果好，而且對操作人員有一定的副作用，但由於化學藥劑消毒方法較為簡便，特別是大規模生產上使用較方便，因此使用得很廣泛。

現介紹幾種常用的化學藥劑消毒方法：

（1）甲醛（福馬林）

甲醛是一種良好的殺蟲劑，但殺滅線蟲和昆蟲效果不是太理想。每平方公尺用50 mL甲醛，加水6～12 L，播種前10～12天用細眼噴壺或噴霧器噴灑在基質上，並立即用塑膠薄膜覆蓋，使密不通風。播前一週揭開塑膠薄膜，使藥液揮發風乾。

或每立方公尺基質中均勻撒上40%的福馬林400～500 mL，稀釋50倍，然後把基質堆積。上蓋塑膠薄膜，密閉24～48小時後，去掉覆蓋物並把基質攤開，待氣體完全揮發後便可使用。

也可將0.5%福馬林噴灑基質槽，拌勻後堆置，用薄膜密封5～7天，揭去薄膜，待藥味揮發後使用。沙石類消毒還可以用50～100倍福馬林溶液浸泡2～4小時，用清水沖洗2～3遍。

（2）硫磺粉

在栽培槽上，按每平方公尺25～300 g的劑量撒入硫磺粉並結合耙地進行基質消毒。也可在每立方公尺基質中施入硫磺粉80～90 g混勻後消毒。用硫磺粉進行基質消毒，既可殺死病菌，又能中和一些基質中的鹼性物質，使其呈酸性。

（3）石灰粉

在栽培槽上，按每平方公尺30～40 g的劑量撒入石灰粉進行消毒。或每立方公尺基質中施入石灰粉90～120 g，充分拌勻後消毒。用石灰粉進行基質消毒，既可殺蟲滅菌，又能中和一些基質中的酸性物質，因此，多在南方針葉腐殖質土中使用。

（4）多菌靈

每立方公尺基質施50%多菌靈粉劑40 g，拌勻後用塑膠薄膜覆蓋2～3天，可起到滅菌作用，揭去薄膜待藥味揮發掉後使用。

（5）代森鋅

每立方公尺基質施65%多菌靈粉劑60 g，拌勻後用塑膠薄膜覆蓋2～3天，可起到滅菌作用，揭去薄膜待藥味揮發掉後使用。

（6）敵克松

敵克松對某些水生黴菌、疫黴菌和腐黴菌有較好的殺滅效果。每平方公尺用量為4～6 g。或每平方公尺栽培槽撒施20 g 70%的敵克松粉劑，施後輕耙1次。

（7）硫酸亞鐵（黑礬）

一般可用粉劑，也可用其水溶液進行消毒。雨天用細的乾沙加入2%～3%的硫酸亞鐵製成藥沙按每平方公尺100～220 g撒入基質中，或將硫酸亞鐵配成2%～3%的溶液，每平方公尺施9 L進行栽培槽消毒。

（8）甲霜靈、代森錳鋅

每平方公尺栽培槽用25%甲霜靈可濕性粉劑9 g，加

70%代森錳鋅可濕性粉劑10 g對細沙4～5公斤拌勻，用其中1/3撒在種子下面，即撒即播種，播種後用剩下的2/3蓋在種子上面。

（9）氯化苦

將基質一層層堆放，每層20～30 cm，每堆一層每平方公尺均勻地撒布氯化苦50 mL，最高堆3～4層，快速堆好後，用塑膠薄膜蓋好密閉。氣溫20℃以上保持10天，15℃以上保持15天，然後揭去薄膜，並多次翻動，使氯化苦充分揮發後即可使用。

氯化苦為液體，也可用噴射器噴施。可每隔20～30 cm向基質8～15 cm深處注入2～4 mL藥液，或者每立方公尺基質中施用150 mL藥液。

氯化苦能變成氣體進入基質中。這種氣體可隨水噴灑在基質表面，然後用塑膠薄膜密封覆蓋三天即可。用氯化苦消毒過的基質，種植前要經過幾天風乾。

氯化苦能有效地防治線蟲、昆蟲、幹枝菌和大多數其它有抗性的真菌。氯化苦的氣體對植物組織和人也有毒害作用，施用時要注意安全。在塑膠薄膜的周圍可壓上足量細沙，防止氣體洩漏，保證薰蒸消毒效果和人體安全。在散氣時，人群要遠離處理場所，以免中毒。

（11）溴甲烷

溴甲烷又名甲基溴，在常溫下為氣態，作為消毒用的溴甲烷為貯藏在特製鋼瓶中、經加壓液化了的液體。槽式基質培在許多時可在原種植槽中進行。溴甲烷透入性很強，它能擴散到30 cm的深度。

溴甲烷對基質一般病蟲及線蟲有良好的消毒作用，使用時將基質堆起，將藥劑噴於基質上，邊噴邊調勻基質。每立方公尺基質用藥150克，用塑膠薄膜蓋嚴密閉4天，去掉薄膜，過3天後使用。

同氯化苦一樣，溴甲烷對活的植物組織和人有毒害作用，施用時要注意安全。也可先把基質密閉，再用管子投藥，每立方公尺用溴甲烷280 g薰蒸96小時，基質厚度不超過50 cm。由於先密閉後投藥，安全係數高，不容易對操作人員造成傷害

（12）**百菌清**

每平方公尺用1 g 45%的百菌煙劑薰溫室5小時。

（13）**次氯酸鈣**（鈉）

次氯酸鈣是一種白色固體，俗稱漂白粉。次氯酸鈣在使用時用含有有效氯0.07%的溶液浸泡需消毒的物品（無吸附能力或易用清水沖洗的基質或其它水培設施和設備）4～5小時，浸泡消毒後要用清水沖洗乾淨。

次氯酸鈣也可用於種子消毒，消毒浸泡時間不要超過20分鐘。但不可用於具有較強吸附能力或難以用清水沖洗乾淨的基質上。次氯酸鈉的消毒效果與次氯酸鈣相似，但它的性質不穩定，沒有固體的商品出售，一般可利用大電流電解飽和氯化鈉（食鹽）的次氯酸鈉發生器來制得次氯酸鈉溶液，每次使用前現製現用。使用方法與次氯酸鈣溶液消毒的相似。

在礫培系統中，一般可用漂白劑次氯酸鈣、次氯酸鈉或次氯酸消毒。施用的方法是在水池中製成有效氯為10000

mg/kg濃度的藥液，將栽培槽充分浸潤半小時。種植前，將栽培槽用淡水充分清洗，以消除氯。整個消毒過程可以在很短的時間內完成。

注意消毒時要戴口罩和手套，防止藥物吸入口內和接觸皮膚，工作後要漱口，並用肥皂認真清洗手和臉等裸露部位。

由於大規模消毒的費用昂貴，在消毒前可將基質中的瓦片、碎磚、破礫、陶石、木炭等挑出，用水清洗即可，而將有機物質，特別是易隱藏病菌孢子、蟲卵、草籽的粉粒狀基質給以有效消毒。但水苔是活的植物，只能清洗不可消毒。

（14）高錳酸鉀

高錳酸鉀是一種強氧化劑，只能用在石礫、粗沙等沒有吸附能力且較容易用清水清洗乾淨的惰性基質的消毒上，而不能用於泥炭、木屑、岩棉、蔗渣和陶粒等有較大吸附能力的活性基質或者難以用清水沖洗乾淨的基質上。因為這些有較大的吸附能力或難以用清水沖洗的基質在用高錳酸鉀溶液消毒後，由基質吸附的高錳酸鉀不易被清水沖洗出來而積累在基質中，這樣有可能造成植物的錳中毒，或高錳酸鉀對植物的直接傷害。

用高錳酸鉀進行惰性或易沖洗基質的消毒時，先配製好濃度約為5000分之一的溶液，將要消毒的基質浸泡在此溶液10～30分鐘後，將高錳酸鉀溶液排掉，用大量清水反覆沖洗乾淨即可。

高錳酸鉀溶液也可用於其它易清洗的無土栽培設施、設備的消毒中，如種植槽、管道、定植板和定植杯等。消毒時也是先浸泡，然後用清水沖洗乾淨即可。

用高錳酸鉀浸泡消毒時要注意其濃度不可過高或過低，否則其消毒效果均不好，而且浸泡的時間不要過久，否則會在消毒的物品上留下黑褐色的錳的沉澱物，這些沉澱物再經營養液浸泡之後會逐漸溶解出來而影響植物生長。一般控制在浸泡的時間不超過40分鐘至1小時。

消毒時要注意戴口罩和手套，防止藥物吸入和接觸皮膚，工作後要漱口，並用肥皂認真清洗手和臉等裸露部位。

無土栽培盆景雖不用土壤，但土壤仍是病害傳染的主要來源。如溫室工作人員穿的鞋經常與土壤接觸就將病菌帶進來，營養液池或灌溉水池一般在地平面下，若不加蓋，土壤易落入其中。因此要求無土栽培盆景基地的大環境比較乾淨，病原較少，疫情不複雜。

表3-1-13　不同基質有害生物測定情況

基質＼病原類別	腐黴	疫黴	鐮刀菌	絲核菌	根腐線蟲
泥炭	+	−	+	−	−
蛭石	−	−	−	−	−
煤渣	−	−	−	−	−
珍珠岩	−	+	−	−	−
苔蘚	−	+	−	+	−
鋸木屑	−	−	−	+	+
碎石	−	−	−	−	−
岩棉狀物（由石灰、石膏和煙灰組成）	−	−	−	−	−

注：表中「+」表示有；「−」則表示無。

在做好基質消毒的同時，還要注意盆景場地和基質的維護工作，避免重複感染。不同的基質常帶有不同的菌類，為此我們以一些基質易帶的菌類進行測定，以便對基質做針對性地對基質消毒滅菌。表3–1–13是不同基質有害生物的測定情況。

六、基質的更換

當固體基質使用了一段時間之後，由於各種來源的病菌大量累積、長期種植作物之後根系分泌物和爛根等的積累以及基質使用了一段時間以後基質的物理性狀變差，特別是有機殘體為主體材料的基質，由於微生物的分解作用使得這些有機殘體的纖維斷裂，從而造成基質的通氣性下降、保水性過高等不利因素的產生而影響到作物生長時，要進行基質的更換。

在不能進行連作的作物種植中，如果後作仍種植與前作同一種或同一類作物時，應採取上述的一些消毒措施來進行基質消毒，但這些消毒方法大多數不能徹底殺滅病菌和蟲卵，要防止後作病蟲害的大量發生，可進行輪作或更換基質。

例如前作作物為番茄，後作如要繼續種植番茄或其它茄科作物如辣椒、茄子等，可能會產生大量的病害，這時可進行基質消毒或更換，或者後作種植其它作物，如黃瓜、甜瓜等，但較為保險的做法是把原有的基質更換掉。

更換掉的舊基質要妥善處理以防對環境產生二次污染。難以分解的基質如岩棉、陶粒等可進行填埋處理，而較易分解的基質如泥炭、蔗渣、木屑等，可經消毒處理後，配以一定量的新材料後反覆使用，也可施到農田中作為改良土壤之用。

究竟何時需要更換基質，很難有一個統一的標準。一般在使用一年或一年半至2年左右的基質多數需要更換。

第二節　營養液

營養液是一種人工配成的鹽溶液。這種鹽溶液中必須含有植物所必需的全部營養元素，且各種養分形態必須適合於植物的吸收利用，其數量和比例要能適應植物生長與發育的要求。而且，在植物整個生育期間應保持相應的pH值的生理平衡狀態。營養液是無土栽培的核心，全面掌握營養液的配製方法和技術，瞭解營養液的作用原理和方式，是盆景無土栽培成功的關鍵。

無土栽培不論其基質為何種形式，都是以水溶液作為植物的生長環境，其營養環境全部是液體，植物所需的營養物質都要靠人工供給。因此，營養液中的肥料種類、形態、化學成分、濃度、pH值的變化等均可以人為控制。

營養液栽培除了養分可以由人工控制外，還具有養分分佈比較均勻的特點。因為水溶液中鹽類離子擴散速度較快，盆景植物吸收養分後而造成的營養濃度差異能迅速調整而恢復平衡狀態。同時隨著植物對養分的吸收和利用，沉澱於盆底的難溶性養分，也可能逐漸溶解，使植物能充分利用盆中的營養物質。

當然，營養液栽培也存在一些問題，如營養液中的pH值發生劇烈的變化。在營養液中，植物根呼吸所需的氧氣受到一定限制。因此，必須經常調整營養液的pH值和改善通氣條件。

一、配製營養液的主要化學肥料及其性質

1. 無機鹽類

無土栽培中滿足植物對必需營養元素的需要，是透過把礦質肥料溶解於水製成營養液供給植物的。應將化合物提供的營養元素的相對比例與營養液配方中需要的數量進行比較後再選用。例如一個分子的硝酸鉀能產生一個鉀離子和硝酸根離子，而一個分子的硝酸鈣則能產生一個鈣離子和兩個硝酸根離子。假如需要少量陽離子，而需要供應比較多的硝酸根離子，則應當選用硝酸鈣。

下面介紹常用的無土栽培肥料。

（1）硝酸銨

又名硝銨。分子式為NH_4NO_3，分子量為80.04，無色或白色結晶顆粒或粉末。含氮35%，易溶於水，呈中性。溶解度極高，0℃時為113.8，20℃時為188。總氮含量僅次於液氨和尿素，在氮肥中居第三位。吸濕性很強，暴露空氣中吸濕後呈糊狀。

溶於水時能大量吸熱而降低液溫。具有助燃性和爆炸性，是炸藥原料。加熱過猛、混入有機雜質以及火花均能顯著地增加其爆炸性。外觀白色或微黃色，不許有肉眼可

見的雜質。屬一級無機氧化劑，儲運中要避免與金屬粉末、還原劑、火藥、油脂、易燃物質、有機物質、可燃塑膠、鹼性物質、鹼性肥料（例如石灰氮、草木灰）等接觸，車輛應有篷蓋並徹底打掃乾淨，倉庫應密閉、通風、乾燥、防火、防熱、防雨、防潮、防曬，搬運堆垛時應輕拿輕放，垛與垛、垛與牆之間保持0.76 m間距，垛高低於6 m。對已結塊的硝銨，不得猛烈錘擊，可用水溶化或用木棒輕敲。發生火災時可先用沙土再用水撲救，但要防止水溶液流向易燃物處。

硝銨所含的銨態氮除直接被植物吸收利用外，在有氧氣存在時，還可能經硝化細菌作用而生成硝酸，並隨著植物對硝態氮的吸收，酸性逐漸減弱以至完全消失。因此，硝銨適應的基質的範圍比較廣。

無土栽培時，由於銨態氮佔一半，而它在營養液總氮量中如超過25%，對植物產生不良影響，因此，硝銨作為唯一氮源或主要氮源，用量受到限定。

（2）硝酸鉀

又名火硝、硝石、土硝、鹽硝。分子式為KNO_3，分子量為101.10，含硝態氮13.85%，鉀38.67%，在水中的溶解度隨溫度的上升而增加，0℃時為13%，20℃時為31.5%，100℃時為246。水不溶物0.05～0.10%，氯化鈉0.03～0.60%，商品肥料純度為95%。

屬於中性化合物，氮：鉀約為1：3。無色結晶或白色粉末，粗品帶黃色。無臭，無毒，味鹹，不易吸潮結塊。是強氧化劑，與易燃物、有機物接觸，引起燃燒和爆炸，產生有毒氣體；與碳或硫共同加熱，燃燒和發生強光。搬運時應穿工作服和戴手套。貯運要求與硝酸銨等相同。

硝酸鉀屬於生理鹼性速效肥料。大田栽培，不用它作肥料。但用於無土栽培中是一種很好的鉀源和氮源肥料。

（3）硝酸鈣

又名鈣硝石，分子式為$Ca(NO_3)_2$，分子量為164.1，含鈣24.43%，硝態氮17.07%，也常使用含水硝酸鈣〔$Ca(NO_3)_2 \cdot 4H_2O$〕，分子量為236，含17%的鈣和12%的氮，水不溶物0.2%，為白色細小晶體，易溶於水，溶解度為20℃時127。商品肥料純度90%。在空氣中易吸水潮解液化。屬於氧化劑，遇有機物、硫磺即燃燒和爆炸，並發出紅色火焰，故被用於製造煙火。

硝酸鈣是生理鹼性硝態氮肥，適用於酸性土壤，但大田栽培中極少使用。溶解後，NO_3^-被植物吸收得多些，Ca^{2+}離子吸收得少些，從而使基質呈鹼性反應。在無土栽培中，鈣離子通常可被充分吸收或沉澱，對營養液的酸鹼度影響不大，故是無土栽培中常用的氮源和鈣源肥料，既能提供可溶性的鈣，又能提供豐富的硝態氮。

（4）硫酸銨

又名硫銨、肥田粉。生產上通常稱為標準氮素化肥。分子式$(NH_4)_2SO_4$，分子量為132.13。一般含氮21%，硫24%，水分0.5～2.0%，游離硫酸小於等於0.05～0.30%。白色或淺色結晶，粉狀或粒狀。商品肥料純度為94%。通常用內襯塑膠薄膜的編織袋包裝。不易吸濕結塊，但潮解後對鋼鐵、水泥、麻袋等有腐蝕性，故必須保持通風乾燥，不得雨淋受潮，還必須與鹼性物質（鹼、水泥、鹼性化肥）分開運輸保管。失火時，可用滅火機及水撲救。

溶解度在20℃時為75.4，30℃時為78。化學反應為中性，但因含少量硫酸，水溶液呈弱酸性反應，所以屬於生理酸性速效銨態氮肥。不宜施於鹼性基質或與鹼性肥料混合作用，以免產生氨而揮發。

溶於水中產生2個NH_4^+和1個SO_4^{2-}。NH_4^+可被植物直接吸收，吸收量大於SO_4^{2-}，溶液更呈酸性。也會被細菌硝化成NO^{3-}，肥效不受影響。

無土栽培中較少使用，因為施用氨態氮的效果不如硝態氮好，只有在急需時才使用它。0.3～0.5%濃度的硫銨水溶液可用作葉面肥。

（5）硫酸鉀

分子式K_2SO_4，分子量為174.55，含鉀44.88%，硫18.4%，含氯小於0.25%，游離硫酸小於0.5%，水分小於1%。屬於生理酸性無氯鉀肥，化學反應中性。

商品肥料硫酸鉀含量90～98%，通常以純度90%居多。白色至灰白色堅硬斜方形結晶或粉末，粗製品略帶黃色，味苦鹹，不易吸潮結塊。應貯存在通風、乾燥、防雨、防潮處。溶解度在0℃時為7.35，20℃時為11.1，30℃時為13.0，均低於氯化鉀。若溶液中有其他硫酸鹽存在，溶解度能明顯提高，說明溶液中有絡合物生成。如有其他易溶鉀鹽存在時，溶解度就大大降低，硫酸鉀溶解後，鉀離子被植物吸收，硫酸根離子與基質中或營養液中鈣離子生成溶解度低的硫酸鈣，所以，基質的脫鈣程度和酸化速度均低於氯化鉀。

因含鉀量差不多，肥效與氯化鉀大體相近。對需硫較多或對忌氯植物，其效果優於氯化鉀。從缺氧情況下易產生對植物有害的硫化氫、價格比較貴、溶解度比較低這幾個角度看，它不及氯化鉀。但從整體看，它的優點多而缺點少，當配用的肥料中硫酸鹽用量多時更是如此。在無土栽培中，它是良好的鉀肥。

（6）硫酸鈣

又名石膏、雪花石膏、沉澱硫酸鈣，分子式 $CaSO_4$，分為生石和熟石膏兩類。生石膏為白色半透明柱狀晶塊，含結晶水，分子式為 $CaSO_4 \cdot 2H_2O$。熟石膏為白色粉末，由生石膏經煅燒、磨細制得，又名煅石膏、熟石膏粉、半水硫酸鈣，分子式 $CaSO_4 \cdot 0.5H_2O$。應貯存於陰涼、乾燥庫房中，不使受潮、淋雨，防止結塊變質。

生石膏純度為70%，通常含鈣23.28%，硫18.62%。農業上一般使用生石膏。硫酸鈣的溶解度極低，僅為0.2～0.3。因此，在無土栽培中僅用以調整營養液pH值和作為鈣的補充來源。

（7）硫酸鎂

又名瀉鹽、苦鹽、硫苦、瀉利鹽。分子式為 $MgSO_4 \cdot 7H_2O$，分子量為246.55， 含鎂9.86%，含硫13.01%，通常為無色結晶或白色顆粒或粉末，細小針狀或單斜柱狀，在醫藥上稱為瀉鹽。無臭。有苦鹹味。在乾燥溫暖空氣中易風化失水。商品肥料純度為45%（結晶水視為雜質）。硫酸鎂易溶於水，溶解度為35.6，水溶液呈中性。在無土栽培中是優質且惟一的鎂肥，但如果灌溉水為硬水，因其中已富含鎂，則可以免施。

（8）**硫酸銅**

又稱藍礬、銅礬、膽礬、藍石、孔雀石或結晶硫酸銅。分子式為$CuSO_4 \cdot 5H_2O$，分子量為249.68，含銅25.45%，硫12.84%，為藍色結晶，呈顆粒或粉末狀，雜質多時呈黃色或綠色。有毒，能腐蝕鐵和白鐵。在乾燥空氣中能風化成白色粉末狀的無水硫酸銅，但仍有效，易溶於水，水溶液呈強酸性反應。為無土栽培銅的良好且惟一的來源，在營養液中，其使用濃度為0.05～0.12 mg/kg。葉面噴施使用濃度為0.01%～0.5%。

（9）**硫酸錳**

又名硫酸亞錳。分子式為$MnSO_4 \cdot 4H_2O$，分子量為223，含錳12.5%，硫酸錳由於樣品所含結晶水的數目不同（0、1、2、3、4、5、6、7）而有各種產品。

其標準的硫酸錳為$MnSO_4 \cdot H_2O$，一般呈粉紅色晶體，是無土栽培中錳的主要來源。可用0.05～0.10%濃度在開花期和球根形成期施用。施用於含鈣較多的基質或喜鈣植物，效果也很好。

（10）**硫酸鋅**

又名皓礬、鋅礬。分子式為$ZnSO_4 \cdot 7H_2O$，分子量為287.54，含鋅22.74%，硫11.15%。為無色或白色結晶或粉末，在乾燥的空氣中能風化成白色粉末，易溶於水，是無土栽培中鋅的來源，也可以用氯化鋅。當營養液pH值高於6時，其中鋅的有效性就會降低。可用0.05%～0。2%濃度葉面噴施。

（11）硫酸亞鐵

又名綠礬、鐵礬、黑礬、水綠礬。分子式 $FeSO_4 \cdot 7H_2O$。產品通常應含硫酸亞鐵 90%以上，含錳小於等於 0.35%，含鐵 20.09%，硫 11.53%。為天藍色或綠色結晶。在乾燥空氣中容易風化。

在潮濕空氣中，尤其是遇高溫強光或遇鹼性物質時易氧化成棕黃色的硫酸鐵〔$Fe_2(SO_4)_3$〕。貯運時要防雨防潮，防止風化；由於儲存時間久了會氧化成高鐵，應先進先用。失火時可用水或滅火機撲救。

易溶於水，溶解度為 25，溶液呈酸性。因為是工業副產品，來源廣泛，價格便宜，可以為植物提供鐵營養。在 pH 值高於 6.5 的溶液中容易沉澱失效，故多以螯合鐵代之。葉面施肥時，可用 0.1～0.5%濃度的溶液和 0.05%濃度德檸檬酸溶液混和後，給表觀缺鐵黃化的植株噴霧。

（12）氯化鉀

分子式 KCl，分子量 74.55，含鉀 52.44%，氯 47.56%，用光鹵石和鉀石鹽為原料製得，相對密度為 1.93 g/cm^3，為無色結晶或白色結晶，易溶於水，貯運中應防止受潮和包裝袋破損。

溶解度在 20℃時為 34。水溶液呈中性。溶解後，鉀離子可被植物直接吸收，殘留的氯離子可與鈣反應生成易溶於水的氯化鈣隨澆水而流失，使基質中鈣量減少，酸性增強；如基質富含鈣質，可中和氯化鉀導致的酸性，並釋放出有效鈣離子；如基質原本酸性，可能生成鹽酸，既加劇酸性，又增強活性鐵、活性鋁的毒害作用。

氯化鉀中如含有氯化鈉等雜質，容易加深氯對植物的不良影響，並且使氯化鉀的溶解度下降，施用時應予以注意，並利用澆水將氯離子淋洗去。

無土栽培中施用氯化鉀作為鉀源，但已使用氯化鈉作為鈉源時或營養液中已由別的肥料帶進較多氯化鈉時，則宜少用或不用，即只有氯化鈉很少時才能使用。

（13）氯化鐵

又名三氯化鐵、氯化高鐵。分子式為$FeCl_3 \cdot 6H_2O$（不含結晶水時為$FeCl_3$，紫黑色結晶帶綠色光澤），分子量為270.30，含鐵20.66%，呈黃棕色或橙黃色塊狀結晶，稍有鹽酸氣味，極易潮解，易與水混溶，水溶液酸性，對金屬有氧化腐蝕作用。貯運應注意防雨、防潮、防曬，防止與皮膚、衣服接觸。失火可用水、泡沫滅火器撲救。氯化鐵是營養液中的鐵的一個主要來源，如水中氯化鈉的濃度高，則應避免使用氯化鐵，以防發生氯的毒害作用。

（14）磷酸二氫銨

又名磷酸一銨、酸性磷酸銨。分子式$NH_4H_2PO_4$，分子量為115.03，純品為白色結晶，含氮12.18%，含磷26.93%，生產的肥料有時帶灰色，含氮11～13%，含磷12%～14%，在空氣中性質穩定，具微弱吸濕性，是可溶性肥料吸濕性最小的品種之一。易溶於水，溶解度在20℃時為36.8～41.6。它是一種高效氮磷複合肥料，對微生物也有營養作用。

無土栽培中，因它所含的是銨態氮，所以，施用目的是供磷為主，供氮為輔。

（15）磷酸氫二銨

又名磷酸一銨。分子式$(NH_4)_2HPO_4$，分子量為132.06。白色、灰白色、淡黃色、灰綠色或褐色晶體，粉末或顆粒狀。純品含氮21.21%，含磷23.46%，一般作為肥料者含有16%～21%的氮和20%～21%的磷，溫度達到70℃時，緩慢放出氨而變成磷酸一銨。一般的肥料磷酸銨，係磷酸一銨和磷酸二銨的混合物，中國生產這種肥料其含氮量為18%，含磷20%。20℃時溶解度為72.1。

能與硫銨、硝銨、氯化鉀等混合使用。與過磷酸鈣混合時會釋放出氨而使過磷酸鈣銨化，引起磷酸一鈣的退化。不宜與尿素混合。在無土栽培中，使用磷酸二銨較磷酸一銨多。

（16）磷酸二氫鉀

又名磷鉀複合肥、磷酸一鉀。分子式KH_2PO_4，白色至灰白色結晶，顆粒狀及粉末狀，無臭。應貯存於乾燥處，避免受潮變質，避免與鹼性物質接觸。一般含磷22.8%，鉀28.7%。植物能直接吸收這兩種成分，利用率較高。性質穩定，易溶於水，是一種優質磷鉀複合肥，適合任何植物和基質。可用於葉面施肥或浸種，適宜濃度為0.1%～0.3%。

（17）過磷酸鈣

又稱過磷酸石灰、普通磷酸鈣或普鈣。分子式為$Ca(H_2PO_4)_2 \cdot H_2O+CaSO_4 \cdot H_2O$，一般為灰色顆粒或粉末，微帶酸臭氣味。吸濕性不大，但易結塊。按品質計，磷酸二氫鈣佔2/5，石膏佔3/5。其pH值為3，它含7%～10%的磷，

19～22%的鈣和10%～12%的硫，過磷酸鈣中的磷有三種形式：$H_2PO_4^-$、HPO_4^{2-}和PO_4^{3-}，但主要為$H_2PO_4^-$，佔總量的85%，在無土栽培中與基質混合，為緩效性肥料，起到既供磷又供鈣，兼帶供硫及微量元素的作用。在水中溶解度很低，配製營養液時儘量不用。

（18）重過磷酸鈣

又名重鈣。分子式為$CaH_4(PO_4)_2 \cdot H_2O$。灰棕色或接近白色，呈粉狀或顆粒狀，具有酸味，一般過磷酸鈣約含7%的磷（16%的P_2O_5），而這種肥料含21%的磷（43%左右的P_2O_5），三倍於普通過磷酸鈣，故稱為三倍過磷酸鈣。大部分磷可以溶解，但溶解度仍然較低，使用時可濾去不溶的部分，但混在基質中使用，成為緩效肥料，效果更好。

另有兩種類似產品：氨化重鈣和富過磷酸鈣（富鈣），實質是是普鈣和重鈣的混合物，其有效成分介於兩者之間，與重鈣相比，含有效磷少（28%～32%）而含硫多。

（19）磷酸

分子式為H_3PO_4，分子量為98，含磷31.61%，中國生產的工業用磷酸純度為85%，在無土栽培中要選用純度高的磷酸，其作用是調節營養液的pH值，同時增加營養液中磷的濃度。

（20）尿素

化學名稱為尿素、羰基二銨或碳酸二醯胺。分子式為$CO(NH_2)_2$，分子量為60.03，含氮46%，在固體氮肥中居首位，為硝酸銨的1.3倍、氯化銨的1.8倍、硫酸銨的2.2

倍。氣溫高於20℃時容易揮發，易溶於水。在低溫季節硝化分解較慢，無土栽培中應用較少。

由於pH中性，電離度小、溶解度大、不易灼傷葉片細胞、葉面吸收快和吸收率高、吸濕性好等優點，是很好的葉面肥料，濃度常為0.1～0.3%。

（21）硼酸

分子式H_3BO_3，分子量為61.83，含硼17.48%，為無色或白色結晶粉末或帶光澤鱗片狀結晶，易溶於熱水，水溶液呈弱酸性反應。在營養液中的有效性與pH值有關，偏酸可提高，偏鹼則降低，在營養液中濃度如低於0.5 mg/kg，容易使植物發生缺硼症，但濃度也不宜過高，以免植物硼中毒。硼酸是無土栽培營養液硼的良好來源。

（22）硼砂

又名硼酸鈉、月石粉。分子式$Na_2B_4O_7 \cdot 10H_2O$，分子量為381.37，含硼11.34%，為無色或白色結晶粉末。無臭，味鹹。在乾燥的空氣中能風化，易溶於水而為植物所利用，水溶液呈鹼性反應，可用作硼肥。

（23）過鉬酸銨

又稱七鉬酸銨和仲鉬酸銨，分子式為$(NH_4)_6Mo_7O_{24} \cdot 4H_2O$，分子量為1235.86，含鉬54.34%，也有無水的產品，呈白色、無色、淺黃或淺綠色結晶或粉末，具有很高的水溶性，易溶於水，也能溶於酸或鹼中，在無土栽培中是鉬的良好來源。

（24）鉬酸鈉

分子式$Na_2MoO_4 \cdot 2H_2O$。易溶於水，工業品以Na_2MoO_4

·$2H_2O$計純度達93%～98%，鉬含量39%，也常作為無土栽培配製營養液的鉬來源。

2. 螯合物

螯合物又稱絡合物，它是由金屬離子與有機分子組成的環狀化合物。與絡合物相結合的金屬離子比較穩定，不易發生化學反應但能為植物所吸收。金屬絡合的能力按遞減順序為：Fe^{3+}、Cu^{2+}、Zn^{2+}、Fe^{2+}、Mn^{2+}、Ca^{2+}和Mg^{2+}，高鐵螯合物較植物生長所必需的其他任何金屬的螯合物都穩定，因此在配製營養液時許多國家都用螯合鐵，也可在植物葉面噴施或加入到栽培基質中。

加入營養液中的螯合物應具備以下特點：目的元素不易為其他多價陽離子所置換；必須有抗水解的穩定性能力；易溶於水；必須能被植物的根或葉面所吸收；不易與其他離子發生反應而沉澱；補償缺素症時不能損傷植物。用做無土栽培的絡合物主要有：

〔1〕鐵螯合物（EDTA鐵）

鐵螯合物在無土栽培中使用較多，鐵形成了穩定的化合物，在營養液中呈有效狀態。鐵螯合物通常為淺棕色或暗棕色粉狀物。

（1）三價鐵螯合物（EDTA Fe^{3+}）

用乙二胺四乙酸（EDTA）的鈉鹽作螯合劑，棕黃色結晶粉末，分子量367.05，含鐵15.2%。

（2）二價鐵螯合物（EDTA Fe^{2+}）

用EDTA鈉鹽作螯合劑，棕黃色結晶粉末，分子量390.04，含鐵14.32%。

（3）DTPA鈉鐵（NaFe DTPA）

用二乙三胺五乙酸（DTPA）的鈉鹽作為螯合劑，含鐵7%，適用於含鈣較多的偏鹼性營養液中。

（4）EDDHA鐵

用乙二胺鄰羥苯基乙酸（EDDHA）用為螯合劑。在酸性或鹼性營養液中均可適用。

（5）尿素鐵

用尿素作螯合劑，藍綠色晶體，含氮34%，鐵8.85%。吸濕性較尿素小，比尿素抗分解和硝化。水溶液呈弱酸性。肥效優於等量氮尿素和等量鐵硫酸亞鐵。0.1%溶液葉面噴施喜酸性盆景如杜鵑等，效果顯著。

（6）檸檬酸鐵和草酸亞鐵

也具有螯合鐵的性質，可作為有機鐵在無土栽培中使用。

可以自己製作螯合鐵。以EDTA鐵為例，方法是：第一步， 取純度不低於99%的EDTA二鈉3.77g，溶於純淨溫開水60～80ml中，待自然冷卻後，再在100ml容量瓶中注入純淨冷開水至100ml；第二步，取硫酸亞鐵2.8g，溶於純淨冷開水100ml中；第三步，將兩者混合，加純淨冷開水至1000ml，即得含硫酸亞鐵2800 mg的螯合鐵溶液；第四步，在1000 ml營養液中加入此螯合鐵溶液1 ml，即相當於含硫酸亞鐵2.8 mg；第五步，螯合鐵溶液穩定，在瓶中密封避光保存即可。

〔2〕鋅螯合物（EDTA鋅）

鋅螯合物又稱EDTA鋅，分子量為471.63，含鋅（Zn）

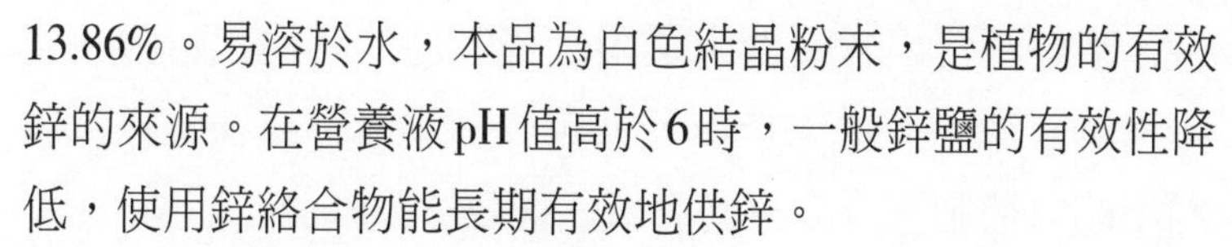

13.86%。易溶於水，本品為白色結晶粉末，是植物的有效鋅的來源。在營養液pH值高於6時，一般鋅鹽的有效性降低，使用鋅絡合物能長期有效地供鋅。

〔3〕錳螯合物（EDTA錳）

錳螯合物又稱EDTA錳，分子量為389.13，含錳14.12%，易溶於水，本品為淺粉紅色結晶或粉末。是營養液中有效錳的來源，營養液中含鈣高時會影響錳的有效性。

3. 長效肥料

長效肥料的種類很多，它的機理是把此種肥料混雜於基質中，使營養緩慢釋放。它在無土栽培中的應用還不普遍，但隨著研究工作的逐步深入，將來在無土栽培中的應用是會擴大的。如：利用矽藻土的多孔性，嵌入肥料，可供銷6個月養分需要。

二、營養液配置原則及注意事項

1. 營養液配置原則

〔1〕營養元素齊全

現已明確的高等植物必需的營養元素有16種，其中碳、氫、氧由空氣和水提供，其餘13種由根部從根際環境中吸收。因此，所配製的營養液要含有這13種營養元素。

〔2〕營養元素可以被植物吸收

即配製營養液的肥料在水中要有良好的溶解性，呈離子態，並能有效地被作物吸收利用。通常都是無機鹽類，也有一些有機螯合物。

某些基質培營養液也選用一些其他的有機化合物，例如用醯胺態氮－尿素作為氮素組成。不能被植物直接吸收利用的有機肥不宜作為營養液的肥源。

（1）營養元素均衡

營養液中各營養元素的數量比例應是符合植物生長發育要求的、生理均衡的，可保證各種營養元素有效性的充分發揮和植物吸收的平衡。在確定營養液組成時，一般在保證植物必需營養元素品種齊全的前提下，所用肥料種類盡可能地少，以防止化合物帶入植物不需要和引起過剩的離子或其他有害雜質。

（2）總鹽度適宜

營養液中總濃度（鹽分濃度）應適宜植物正常生長要求。

（3）營養元素有效期長

營養液中的各種營養元素在栽培過程中應長時間地保持其有效態。其有效性不因營養空氣的氧化、根的吸收以及離子間的相互作用而在短時間內降低。

（4）酸鹼度適宜

營養液的酸鹼度及其總體表現出來的生理酸鹼反應應是較為平穩的，且適宜植物正常生長要求。

2. 營養液的基本配製方法

在配製營養液的許多鹽類中，以硝酸鈣最易和其他化合物起化合作用，如硝酸鈣和硫酸鉀混在一起容易則易產生硫酸鈣沉澱，因此在配製營養液時，硝酸鈣要單獨溶解在一個容器裡，稀釋以後才可以和其他鹽類混合在一起。

在大面積生產時，為了配製方便，一般都是先配製濃營養液（母液），然後再進行稀釋，因此這裡就需要兩個溶液罐，一個盛硝酸鈣溶液，另一個盛其他鹽類的溶液。

此外，為了調整營養液的pH值範圍，還要有一個專門盛酸的溶液罐，酸液一般稀釋到10%的濃度。在自動循環營養液栽培系統中，這三個罐均用pH儀和EC儀自動控制，當栽培槽中的營養液濃度下降到標準濃度以下時，溶液罐會自動將營養液注入營養液槽；當營養液中的pH值超過標準時，酸液罐會自動向營養液槽中注入酸。

在非循環系統中，也需要這三個罐，栽培時從中取出一定數量的母液，按比例進行稀釋後灌溉植物。

濃營養液液罐裡的母液濃度，一般比植物能直接吸收的稀營養液濃度高出100倍，即濃營養液與稀營養液的配比為1：100。也可以根據需要直接配製植物吸收的稀營養液。配製時，將稱好的各種鹽類，混合均勻，放入比例適合的水中，水可用木桶或大缸盛裝，邊加邊攪拌，直至鹽類完全溶解（先溶解微量元素肥料，後溶解大量元素肥料）。

3. 營養液中各元素的濃度控制

植物需要的營養元素中，除硫和鐵以外，一般對植物生命沒有危害，但營養液的總濃度不宜超過千分之四，對絕大多數植物來說，它們需要的養分濃度宜在千分之二左右。在大量元素的混合物中（N、P、K、Ca、Mg、S，還可以有Fe），即使偶爾比例有誤，例如混合物中磷多於氮，或鈣多於鉀，植物也能生活一個時期。但如果某種大量元素的過分缺乏，植物就要受到傷害甚至死亡，所以在營養液栽培中，應經常注意各元素之間的平衡。植物對各營養元素的可接受濃度更是千差萬別。

不同元素間可以相差上百上千倍，同一元素間也可能相差數倍數十倍，但一般說來，植物對營養元素的需要通常有一個平均濃度。因此，栽培者在組配營養元素時，如較難恰如其分地掌握，可以先取其平均值，然後在實際使用過程中再予以調整。表3–2–3供參考。

表3–2–3　植物對營養液中營養元素的可接受濃度(mg/kg水)

元　素	濃度範圍	平　均
氮(N)	650～1000	200～300
鈣(Ca)	60～700	150～400
鉀(K)	70～600	250～300
硫(S)	20～140	60～400
鎂(Mg)	15～100	50～75
磷(P)	20～120	40～80
鐵(Fe)	0.5～10	2～5
錳(Mn)	0.5～5	0.5～2
硼(B)	0.2～5	0.5～1
鋅(Zn)	0.1～1	0.2～0.5
銅(Cu)	0.03～0.5	0.05～0.5
鉬(Mo)	0.001～0.05	0.02～0.05
氯(Cl)	<310	
鈉(Na)	<230	

4. 營養液中各離子濃度的控制

在營養液中，植物對某些離子的吸收利用往往會優先於另一些離子，例如，NH_4^+和NO_3^-同樣提供氮元素，但NO_3^-的吸收利用優於NH_4^+；$CaCl_2$和$Ca(NO_3)$，同樣提供鈣元素，而伴隨鈣離子，植物對NO_3^-的吸收利用優於Cl^-。如果植物吸收的陽離子多於陰離子，營養液pH值就會變酸，反之則變鹼。因此，在滿足植物對營養元素總濃度和各個元素可接受濃度的同時，還必須為植物提供最有利於吸收利用、離子平衡和離子比率適宜的營養液。也就是說，在組配營養元素時，要盡最大可能既使陰陽離子平衡，又使陽離子間、陰離子間保持適宜比率。

有學者提出各離子間的比例應為：

陰離子：

NO_3^- ：　$H_2PO_4^-$ ：SO_4^{2-}

60 ：　5　：35

（50～70）（3–10）（25–45）

陽離子：

K^+ ：　Ca^{2+}　：　Mg^{2+}

35 ：　45　：　20

（30–40）（35–55）（15–30）

對於嫌鈣植物，陽離子比率可改為：

K^+ ：　Ca^{2+} ：　Mg^{2+}

35 ：　20　：　45

氮、磷、鉀向來被認為是植物維持其生命活動必不可缺的三要素。不同植物種類或同一植物不同生長階段要求

的氮、磷、鉀比例不同。對於觀賞植物，N：P：K為（3-4）：1：（3-4）較為合適。

5. 營養液配製注意事項

（1）對水質的要求

最好使用雨水；家庭盆景對水質要求較寬，雨水、井水、河水、自來水都可以，只要溫度與盆中基質相近、不含有毒有害物質就行。

水中多多少少會含有若干種類的營養元素，這些元素可以部分滿足、甚至全部滿足植物的需要。露天栽培的植物，通常比室內栽培的植物生長得好，原因就是經常受到雨露滋潤。雨水雖然最為理想，但是，現在酸雨現象到處可見，而酸雨對植物是有害的。

自來水使用方便，來源有保證，除了含氯高於雨水、井水外，相對來說水質比較純淨，pH值比較適中，而其中氯氣即使不經「曬水」就用來澆花也未見給植物帶來明顯的不良影響，何況氯又是無土栽培中需要給予植物提供的營養元素，較適合家庭盆景栽培。一般認為地下井水攜帶病菌較少，是較為理想的灌溉用水，有條件的盆景場可以採用。

水源是病菌傳播的媒介之一。在基質栽培中，常用的是水庫裡的水和江河等地面水。江水或河水容易攜帶對植物致病的病蟲，要慎用。對於含病原菌的灌溉水，用前應先進行消毒處理。

消毒方法是：先將灌溉水先放入供消毒用的蓄水池中，用0.05%多菌靈＋0.02%敵殺死＋0.01%克線靈乳劑作消毒處理，隔兩天後再使用。用此方法消毒的水，也能達到美國等盆景進口國的要求。

如果水源受到工業廢渣、工業廢液、家畜糞尿、居民生活汙水污染，則不宜使用；含泥沙多的水，用於灌溉後會堵塞基質的孔隙，也不可使用。

水質好壞對無土栽培的影響很大，因此，無土栽培用水必須檢測多種離子含量，測定電導率和酸鹼度，作為配製營養液時的參考。水質要求的主要指標包括用作營養液的水，硬度不能太高，一般以不超過10o為宜，不同作物、不同生育期要求有所不同。

餘氯主要來自自來水消毒和設施消毒所殘存的氯。氯對植物根有害。因此，最好自來水進入設施系統之前放置半天以上，設施消毒後空置半天，以便餘氯散逸。

懸浮物小於10mg/L。以河水、水庫水作水源時要經過澄清之後才可使用。

（2）營養液的酸鹼度

營養液的酸鹼度，通常用pH值表示，農田土壤pH值一般在4.5～8.0。

大多數植物根系在pH為5.5～7.0的弱酸性基質中生長最好。pH值不適宜，則植物的根端發黃和壞死，然後葉子失綠。在循環營養液系統中每天都要測定和調整pH值，非循環系統中，每次配製營養液時應調整pH值，硬水地區常用酸來調整，如果用磷酸，不應加得太多，因為營養液中磷超過50 mg/kg鈣開始沉澱，因此要將硝酸和磷酸配合使用。軟水地區，可加幾滴濃硫酸來降低營養液的pH值。如需調大pH值，則可用氫氧化鉀來調節。部分盆景植物對pH值適應範圍見表3–2–4。

表3–2–4　部分盆景植物適宜的營養液pH值範圍

pH4.5～5.5	pH5.5～6.5	pH6.5～7.4	pH7.0～8.0
蕨　類	五針松	玉　蘭	黃　楊
梔　子	茉　莉	牡　丹	迎　春
米　蘭	君子蘭	香石竹	垂　柳
蘭　科	百　合	水　仙	銀　柳
杜鵑花	仙客來	文　竹	檜　柏
繡球花	大岩桐	天竺葵	石　榴
山茶花	鬱金香	雪　松	榆葉梅
	蒲包花	薔　薇	仙人掌
	一品紅	白蘭花	桂　花
	秋海棠	石刁柏	
	吊鐘海棠	月　季	

測定pH值最簡單的方法是用pH試紙比色，但只能測出大概的範圍。中國已經生產了多種手持pH儀，測試方法簡單、快帶、準確，是無土栽培的必備儀器。

（3）營養液的電導率

電導率（EC），又稱電導度、EC值，是根據溶液中含鹽量的多少、導電能力的不同測定的，無土栽培用的營養液濃度很低，因此常用其千分之一的濃度來表示，如毫西門子（mS/cm），現在市場上銷售的輕便電導儀，可以在田間直接測定營養液的濃度。就多數植物來說，比較事業的EC值是0.5～3.0 mS/cm。營養液用了一段時間後，由於營養元素被植物吸收而使總濃度下降，各成分間的比例也有所變動，當測得的EC值不符要求時（通常都是變小），就要向營養液中添加濃營養液，使其恢復到原來的初始濃度水準。

值得注意的是，當EC值不適宜而需調整時，應逐步逐級進行，不可一下子改變太大。如果EC值和元素含量偏離植物需求的適宜值太大，應徹底更換營養液。

規模化、工廠化無土栽培，由於栽培物件僅限少數幾種甚至一種植物，為了可靠、方便起見，一般採取定期排去已用過的營養液，全部更換新配的營養液。或者對營養液採取一次性使用，舊的從一端流出，新的從另一端流進。這樣，肥料成本會增加不少，但較安全可靠，傳染病菌機會也可減少。

（4）按有關資料配製營養液

儘管配製營養液要求使用純度較高的工業級化工商品，但因其並非是真正100%純品，多少含有一些雜質，在配製營養液之前，應先仔細閱讀有關說明書或包裝說明，注意鹽類的分子式、含結晶水數和純度等。

三、營養液的種類

營養液的種類有以下幾種提法：原液、濃縮液、稀釋液、栽培液和工作液。

1. 原液

是指按配方配成的一個劑量標準液。

2. 濃縮液

又稱濃縮貯備液、母液，是為了貯存和方便使用而把原液濃縮多少倍的營養液。

濃縮倍數是根據營養液配方規定的用量、各鹽類在水中的溶解度及貯存需要配製的，以不致過飽和而析出為準。其倍數以配成整數值為好，方便操作。

3. 稀釋液

是將濃縮液按各種作物生長需要加水稀釋後的營養液。一般稀釋液是指稀釋到原液的濃度，如濃縮 100 倍的濃縮液，再稀釋 100 倍又回到原液，如果只稀釋 50 倍時，濃度比原液大 50%。有時是根據作物種類、生育期所需要的濃度稀釋的稀釋液，所以稀釋液不能認為就是原液。

4. 培養液或工作液

是指直接為作物提供營養的人工營養液，一般用濃縮液稀釋而成。可以說稀釋液就是栽培液，因為稀釋的目的就是為了栽培。

四、營養液濃度的表示方法

營養液濃度的表示方法很多，常用一定體積的溶液中含有多少數量的溶質來表示其濃度。

1. 化合物重量／升

即每升溶液中含有某化合物的重量數，重量單位可以用克（g）或毫克（mg）表示。例如，KNO_3–0.81 g/l 是指每升營養液中含有 0.81g 的硝酸鉀。這種標記法通常稱為工作濃度或操作濃度。就是說具體配製營養液時是按照這種單位來進行操作的。

2. 元素重量／升

即每升溶液含有某營養元素的重量數，重量單位通常用毫克（mg）表示。例如，N–210 mg/l是指每升營養液中含有氮元素210 mg。用元素重量表示濃度是科研比較上的需要。但這種用元素重量表示濃度的方法不能用來直接進行操作，實際上不可能稱取多少毫克的氮元素放進溶液中，只能換算為一種實際的化合物重量才能操作。

換算方法為：用要轉換成的化合物含該元素的百分數去除該元素的重量。例如，NH_4NO_3含N為35%，要將氮素175mg轉換成NH_4NO_3，則175／0.35＝500mg，即175mgN相當於500mg的NH_4NO_3。

3. 摩爾／升（mol/l）

即每升溶液含有某物質的摩爾（mol）數。某物質可以是元素、分子或離子。由於營養液的濃度都是很稀的，因此常用毫摩爾／升（mmol/1）表示濃度。

（一）營養液的管理

1. 加氧管理

植物根系需從營養液中吸取溶解氧以滿足其生理需要。氧氣足，則根系生長旺盛，吸取水分和養分能力強；氧氣不足，輕者影響生長發育，重者窒息死亡。為了補充和豐富營養液中的氧氣含量，通常採取如下幾種辦法。

①用充氣機往營養液中打氣。

②利用落差，讓營養液從高處落下，把氧氣帶入。

③增加供液次數。供液次數多，根系經常接觸新鮮營

養液獲取氧氣的機會就增加。

④使用多孔隙基質，如礫石、爐渣、泥炭、珍珠岩等，讓空氣透過孔隙溶入營養液中。

⑤往營養液表面噴霧。

⑥如營養液量不大，可攪拌營養液以加氧（如圖3–1）。

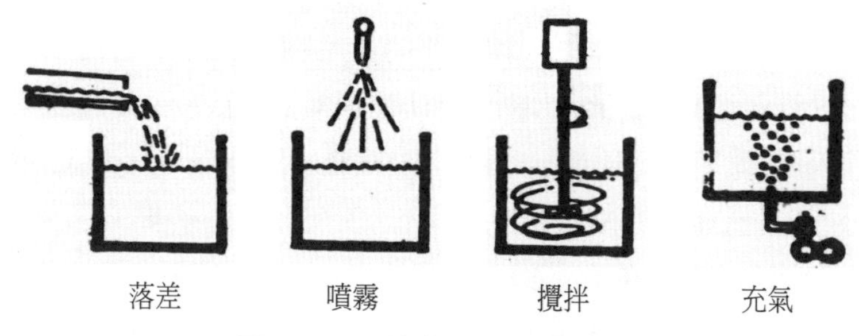

圖3–2–1　營養液中加氧方法

2. 酸鹼度管理

栽培中有時能觀察到一種矛盾現象：營養液中儘管有適量的鐵化合物，但植物卻表現缺鐵症狀。這種情況主要發生在營養液呈鹼性反應的條件下，這時大部分鐵生成不溶性沉澱，植物不能利用；當營養液過酸時，又有另一種危害出現——酸性愈高，溶解鐵的量愈大，營養液中溶解的鐵過多，也對植物有害。因此，應隨時測定和調整營養液的pH值，使經常處於適宜範圍內。

3. 光、溫管理

營養液或者栽培槽上有陽光照射時，也會使鐵在溶液中沉澱。另外在陽光下的營養液表面會生長藻類，發生藻類與盆景植物爭氧爭鐵的現象，對植物生長不利。

一般來說，溫度是較難管理的。溫度波動容易引起各種植物疾病，必須控制營養液溫度，使之適合於各種盆景植物的生長。

4. 消毒管理

營養液放置一段時間後，易產生或感染病原菌，需消毒，可減少植物根系感病。方法是將配製好的營養液置於100 W紫外光燈下，照射24小時使用。

5. 配方管理

營養液配方經過實地應用後，可透過實驗室化學分析判定其優劣，並有針對性地予以調整。

如果營養液中某種或某些元素的吸收量按原配比基礎計算過高或過低，說明此配方不盡合適，不符合該種植物的需求，下次組配營養元素和配製營養液時，應酌情增減這些元素的用量。

如果營養液中鈉、氯、銅、鐵、碳酸根等危害性大的離子過量存在，除減少用量外，還要檢查水質和化肥中是否含雜質太多，必要時應更換水源和化肥種類。

對植物組織進行元素含量分析，可以判知造成植物生理紊亂的原因，從而調整配方，使植物在最適宜的礦質營養條件下生長。

不過，想做到這幾點，需要專業技術人員和昂貴的設備，規模不大的單位可請有關科研單位去做。對於槽式栽培及植物品種不多的盆景種植場，這樣做很有必要，因為只有這樣，才能提高效益。

6. 保存時間

營養液應在陰涼、避光處密閉保存。在此條件下，配製好的營養液母液一般可保持1年或更長時間，稀釋液則可保存2～6個月。

（二）營養液配方實例

下面列舉一些實用的營養液配方。栽培時，可根據所栽培植物的品種、基質特性、當地水質情況、肥料來源等因素，選用以下配方。在使用過程中，還可根據實際情況適當調整，使之更趨合理實用。

1. 格里克的營養液

溶於1000 L水中的1 kg鹽類混合物的組成。

表3-2-5　格里克的營養液配方

無機鹽	化學式	重量（克）
硝酸鉀	KNO_3	542
硝酸鈣	$Ca(NO_3)_2$	96
過磷酸鈣	$Ca(H_2PO_4)_2 + CaSO_4$	135
硫酸鎂	$MgSO_4$	135
硫酸	H_2SO_4	73
硫酸鐵	$Fe_2(SO_4)_3 \cdot nH_2O$	14
硫酸錳	$MnSO_4$	2
硼砂	$Na_2B_4O_7$	1.7
硫酸鋅	$ZnSO_4$	0.8
硫酸銅	$CuSO_4$	0.8
合計		1000.3

良好的營養液也可以用其它鹽類配出。根據格里克營養液的組成，還可有下表中6種不同配方。

表3-2-6　格里克的其它六種配方

1	2	3	4	5	6
KH_2PO_4	K_2SO_4	KNO_3	K_2SO_4	K_2NO_3	KH_2PO_4
$Ca(NO_3)_2$	$Ca(NO_3)_2$	$Ca(H_2PO_4)_2$	$Ca(H_2PO_4)_2$	$CaSO_4$	$CaSO_4$
$MgSO_4$	$MgHPO_4$	$MgSO_4$	$MgHPO_4$	$MgHPO_4$	$Mg(NO_3)_2$

格里克在每升水中稱入上述一種配方混合物1g，加以適當劑量的微量元素。按6種配方中的任一種配製營養液時，每種鹽類的用量，可按格里克營養液中各種鹽類的分子量的比例計算出來。如果配成的營養液鹼性較大，可加硫酸；如果酸性太大，則加磷酸鈣。格里克根據這6種配方，試驗了120種不同營養液，其結果促進了無土栽培的進一步發展。

2. 特魯法特—漢普營養液

這種營養液又稱凡爾賽營養液，組成如表3-2-7所示。

表3-2-7　凡爾賽營養液配方（每升水中的克數）

無機鹽（大量元素）	用　量	微量元素	用　量
硝酸鉀 KNO_3	0.568	碘化鉀 KI	0.00284
硝酸鈣 $Ca(NO_3)_2$	0.710	硼酸 H_3BO_3	0.00056
磷酸銨 $NH_4H_2PO_4$	0.142	硫酸鋅 $ZnSO_4$	0.00056
硫酸鎂 $MgSO_4$	0.284	硫酸錳 $MnSO_4$	0.00056
氯化鐵 $FeCl_3$	0.112		
合　計	1.816	合　計	0.00452
總　計	1.82052		

這種營養液幾乎兩倍於格里克營養的濃度。不僅濃度不同，組成也不同，它的磷的來源為磷酸銨，而不是格里克營養液中的過磷酸鈣。這此營養液的硝酸鉀和硝酸鈣的含量也不同。特魯法特和漢普還不採用銅而把碘化鉀用於微量元素中。

3. 道格拉斯的孟加拉營養液

道格拉斯在1959年的書中敘述28種營養液，其中有五種在印度和其它國家使用效果比較好。

下面列出這5種配方。

表3-2-8　第一配方（每升水中的克數）

無　機　鹽	用　量	供應元素
硝酸鈣 $Ca(NO_3)_2$	0.06	Ca，N
硫酸銨 $(NH_4)_2SO_4$	0.22	N，S
過磷酸鈣 $Ca(H_2OP_4)_2+CaSO_4$	0.25	Ca，P
硫酸鉀 K_2SO_4	0.09	K，S
硫酸鎂 $MgSO_4$	0.18	Mg，S
合　計	0.80	

表3-2-9　第二配方（每升水中的克數）

無　機　鹽	用　量	供應元素
硝酸鈉 $NaNO_3$	0.52	N
硫酸銨 $(NH_4)_2SO_4$	0.16	N，S
過磷酸鈣 $Ca(H_2OP_4)_2+CaSO_4$	0.43	Ca，P
硫酸鉀 K_2SO_4	0.21	K，S
硫酸鎂 $MgSO_4$	0.25	Mg，S
合　計	1.57	

表3-2-10　第三配方（每升水中的克數）

無　機　鹽	用　量	供應元素
硝酸鈉 $NaNO_3$	1.74	N
硫酸銨 $(NH_4)_2SO_4$	0.12	N，S
過磷酸鈣 $Ca(H_2OP_4)_2+CaSO_4$	0.93	Ca，P
碳酸鉀 K_2CO_3	0.16	K
硫酸鎂 $MgSO_4$	0.53	Mg，S
合　計	3.48	

表3-2-11　第四配方（每升水中的克數）

無　機　鹽	用　量	供應元素
硝酸鈣 $Ca(NO_3)_2$	0.16	Ca，N
硫酸銨 $(NH_4)_2SO_4$	0.06	N，S
磷酸二氫鉀 KH_2PO_4	0.56	K，P
硫酸鎂 $MgSO_4$	0.25	Mg，S
合　計	1.03	

表3-2-12　第五配方（每升水中的克數）

無　機　鹽	用　量	供應元素
磷酸銨 $(NH_4)_2HPO_4+NH_4H_2PO_4$	0.19	N，P
硝酸鈣 $Ca(NO_3)_2$	0.31	N，S
硝酸鉀 KNO_3	0.70	N
過磷酸鈣 $Ca(H_2OP_4)_2+CaSO_4$	0.46	Ca，P
硫酸鎂 $MgSO_4$	0.40	Mg，S
合計	2.06	

當水質為硬水， 即鈣和鎂在水中的含量多，達到營養液中該元素的濃度時，可用下面的配方：

磷酸銨$(NH_4)_2HPO_4$+ $NH_4H_2PO_4$ 0.22 g/L

硝酸鉀KNO_3 1.05 g/L

硫酸銨$(NH_4)_2SO_4$ 0.16 g/L

硝酸銨NH_4NO_3 0.16 g/L

當水質為軟水， 即水中鈣鎂不足或完全沒有時，可用下面的配方：

磷酸銨$(NH_4)_2HPO_4$ + $NH_4H_2PO_4$ 0.22 g/L

硝酸鉀KNO_3 1.04 g/L

硝酸鈣$Ca(NO_3)_2$ 0.16 g/L

硝酸銨NH_4NO_3 0.17 g/L

硫酸鎂$MgSO_4$ 0.65 g/L

當水質為軟水， 即水中鈣、鎂不足或完全沒有時，也可用下面的配方：

過磷酸鈣$Ca(H_2OP_4)_2$ + $CaSO_4$ 0.37 g/L

硝酸鉀KNO_3 0.70 g/L

硝酸鈣$Ca(NO_3)_2$ 0.56 g/L

硫酸鎂$MgSO_4$ 0.40 g/L

上面3種配方的微量元素的組成為：

硫酸鋅$ZnSO_4$ 3 g

硫酸錳$MnSO_4$ 9 g

硼酸粉H_3BO_3 7 g

硫酸銅$CuSO_4$ 3 g

硫酸亞鐵$FeSO_4$ 10 g

或硫酸鐵$Fe_2(SO_4)_3$ 32 g

把微量元素按配方配好後，分成一克一份，便於配製營養液時使用。用量1000 L水中2～3 g

4. 古明斯卡的營養液

古明斯卡實驗了大量營養液配方，認為最適用的為表3-2-13所列經過改進的營養液配方最適用。

表3-2-13 古明斯卡的營養液配方（每升水中的克數）

大量元素（大量元素）	用量	無機鹽（微量元素）	用量
硝酸鉀KNO_3	0.70	硼酸H_3BO_3	0.0006
硝酸鈣$Ca(NO_3)_2$	0.70	硫酸錳$MnSO_4$	0.0006
過磷酸鈣20%P_2O_5	0.80	硫酸鋅$ZnSO_4$	0.0006
硫酸鎂$MgSO_4$	0.28	硫酸銅$CuSO_4$	0.0006
硫酸鐵$Fe_2(SO_4)_3 \cdot nH_2O$	0.12	鉬酸銨$(NH_4)_6Mo_7O_{24} \cdot 4H_2O$	0.0006
合計	2.60	合計	0.0030

5. 斯泰納的營養液

斯泰納的營養液適合大多數植物，在國際上使用較多，他的營養液配方如表3-2-14所示。

表3-2-14 斯泰納的營養液（每1000升水中的克數）

無 機 鹽	蒸餾水	井 水
磷酸二氫鉀KH_2PO_4	135	134
硫酸鉀K_2SO_4	251	154
硫酸鎂$MgSO_4 \cdot 7H_2O$	497	473
硝酸鈣$Ca(NO_3)_2 \cdot 4H_2O$	1059	882
硝酸鉀KNO_3	292	444
氫氧化鉀KOH	22.9	–

續表

無　機　鹽	蒸餾水	井　水
硫酸 H_2SO_4	–	125 ml
EDTA 鐵鉀鈉 FeNaK-EDTA(5 mgFe/ml)	400 ml	400 ml
硫酸錳 $MnSO_4 \cdot H_2O$	2.0	2.0
硼酸 H_3BO_3	2.7	2.7
硫酸鋅 $MgSO_4 \cdot 7H_2O$	0.5	0.5
硫酸銅 $CuSO_4 \cdot 5H_2O$	0.08	0.08
鉬酸鈉 $Na_2M_0O_4 \cdot 2H_2O$	0.13	0.13

6. 莫拉德的營養液

表 3-2-15　莫拉德的營養液配方（每 1000 升水中的克數）

無機鹽（大量元素）	用量	無機鹽（微量元素）	用量
硝酸鈣 $Ca(NO_3)_2 \cdot 4H_2O$	1250	鐵 EDTA　Fe-EDTA	60.00
硝酸鉀 KNO_3	410	硼酸 H_3BO_3	6.00
磷酸二氫鉀 KH_2PO_4	280	硫酸錳 $MnSO_4$	4.00
硫酸鎂 $MgSO_4 \cdot 7H_2O$	370	硫酸銅 $CuSO_4$	0.04
		硫酸鋅 $MgSO_4$	0.04
		鉬酸鉀 K_2MoO_4	0.03

7. 諾普（Knop）營養液

表 3-2-16　諾普（Knop）營養液配方（每升水中的克數）

無　機　鹽	用　量
硝酸鈣 $Ca(NO_3)_2 \cdot 4H_2O$	0.8
硫酸鎂 $MgSO_4 \cdot 7H_2O$	0.2
硝酸鉀 KNO_3	0.2
硫酸鐵 $FeSO_4$	微量
磷酸二氫鉀 KH_2PO_4	0.2

8. 霍格蘭（Hoagland）營養液

表3-2-17　霍格蘭（Hoagland）營養液（第一配方）（每升水中的克數）

無　機　鹽	用　量
硝酸鈣 $Ca(NO_3)_2 \cdot 4H_2O$	1.18
硝酸鉀 KNO_3	0.51
硫酸鎂 $MgSO_4 \cdot 7H_2O$	0.49
磷酸二氫鉀 KH_2PO_4	0.14
螯合鐵 $FeC_4H_4O_6$	0.005

表3-2-18　霍格蘭（Hoagland）營養液（第二配方）（每升水中的克數）

無　機　鹽	用　量
硝酸鈣 $Ca(NO_3)_2 \cdot 4H_2O$	0.95
硝酸鉀 KNO_3	0.61
硫酸鎂 $MgSO_4 \cdot 7H_2O$	0.49
磷酸二氫銨 $NH_4\ H_2PO_4$	0.12
螯合鐵 $FeC_4H_4O_6$	0.005

9. 日本園試通用營養液

表3-2-19　日本園試通用營養液配方（每1000升水中的克數）

無　機　鹽	用　量
硝酸鈣 $Ca(NO_3)_2 \cdot 4H_2O$	950
硝酸鉀 KNO_3	810
磷酸二氫銨 $NH_4\ H_2PO_4$	155
硫酸鎂 $MgSO_4 \cdot 7H_2O$	500
螯合鐵 Fe-EDTA	25
硫酸錳 $MnSO_4 \cdot 4H_2O$	2

續表

無　機　鹽	用　量
硼酸 H_3BO_3	3
硫酸鋅 $MnSO_4 \cdot 4H_2O$	0.22
硫酸銅 $CuSO_4 \cdot 5H_2O$	0.05
鉬酸銨 $(NH_4)2MoO_4$	0.02

10. 觀花類盆景營養液配方

表3-2-20　觀花類盆景營養液配方（每1000升水中的克數）

無　機　鹽	用　量
氯化銨 NH_4Cl	950
磷酸二氫鉀 KH_2PO_4	395
氯化鈣 $CaCl_2$	490
硫酸鎂 $MgSO_4 \cdot 7H_2O$	500
硼酸 H_3BO_3	0.0098
硫酸鋅 $MnSO_4 \cdot 4H_2O$	0.0095
硫酸錳 $MnSO_4 \cdot 4H_2O$	0.0245
硫酸銅 $CuSO_4 \cdot 5H_2O$	0.0001
鉬酸鈉 Na_2MoO_4	0.0002
硫酸亞鐵 $Fe\ SO_4 \cdot nH_2O$	0.0298
螯合鐵 Fe-EDTA	0.0375

第三節　環境因素

植物的生長與發育是其生命活動中極為重要的現象。生長與發育是兩個不同的概念，一般認為植物的生長表現為植株體積的增大，而發育則表現為有順序的內在的質變過程。任何植物的生長和發育與周圍環境條件都有著不可分割的聯繫，在環境條件中最重要的是溫度、光線、水分、空氣成分和基質的營養條件，在這些環境條件下不管哪個因素發生變化都會影響植物的生長與發育。

當然，這些環境條件之間也存在著互相聯繫、互相制約的關係，盆景植物也不例外。

盆景無土栽培的特徵是透過向盆景植物直接提供營養液的方式滿足植物生長發育過程對營養元素的需要。但植物生長發育過程不僅需要水和無機營養元素，還需要一定的溫度、光照、空氣等環境條件的密切配合。

無土栽培既然是一種人工控制的設施農藝，就應全面滿足植物對各種環境條件的需要，獲得良好的栽培效果。而各種環境條件的滿足又必須依照植物生長發育的規律。因此，必須瞭解植物生長發育的規律及其與環境條件的關係，有的放矢地適時適量提供各種條件。

在盆景的生長發育過程中，為了改善盆景生長環境條件，常需要進行一些操作，如上盆和翻盆。上盆和翻盆是盆景管理中重要的技術環節，這些操作對環境條件有一些特殊的要求。

如在盆景植物上盆時要注意三個基本環境條件要求：適合的溫濕度、恰當的澆水方式、正確的遮蔭措施。在樹樁盆景上盆時，還要根據樹種對基質土的適應要求加以配製。一般松柏類喜沙質壤土，在配製時可摻入適量的菌根土做培養基；梅花、紫薇、石榴等喜含腐殖質較高的基質土；杜鵑、梔子和山茶花則喜歡酸性基質，並需含一定的鐵元素。上盆時間一般宜在盆景植物的休眠期進行，大多在早春或晚秋。上盆後第一次澆水，一定要澆透，待基質乾後再澆第二次，剛上盆的植物要注意遮蔭，放在避風、無陽光直射、環境較濕潤的場所養護。松柏類盆景必須經過地養或盆養2～3年後再上盆、換盆，柏樹換盆要保濕度，松樹換盆要留根菌。松柏類盆景的上盆季節很關鍵，一般宜在松柏類盆景的休眠期進行。

又如翻盆可改善基質的通氣透水性，增加養分，有利於盆景植物健壯生長，提高其觀賞效果。為了更好地適應環境條件，翻盆一般在春季新芽萌發前進行，有利於生根發芽。木本海棠等盆景也可在秋季10月進行。一些早春開花的觀花類樹樁（如梅椿等）應在花後及時翻盆。一般在夏季盆景植物生長旺盛期不可進行翻盆。除遇特殊情況不得已時才在生長旺季翻盆，但必須做好遮蔭保濕工作。

盆景植物放置與養護的位置，也應據樹種的特性來選擇合適的環境條件，一般應放置在通風透光處，要有一定的空間、濕度，如果陽光不充足，通風不暢，無一定空間、濕度，易使植株發黃、發乾，導致病蟲害發生，甚至死亡。但有的盆景喜蔭，有的盆景喜陽，要採取適當地遮蔭或遮光措施。常綠的一些闊葉或非闊葉盆景植物如黃楊、杜鵑、山茶花等大多喜蔭，而紫薇、銀杏、海棠等喜陽，因此要根據具體情況來定。有的盆景植物還有耐寒或非耐寒性，對非耐寒性的植物一般冬天還要將其放入溫室維護管理，如榕樹、福建茶等。

總之，不同的盆景植物有不同的特性，對環境條件的要求也不同，應根據不同盆景的特性來提供不同的環境條件，滿足盆景的生長需求，才能保證盆景的健壯良好生長。

一、溫度對無土栽培盆景植物生長發育的影響

無土栽培盆景的生長發育需要水和無機營養元素，還需要一定的溫度、光照、空氣等環境條件，其中溫度是重要的一個環境因素。

植物生長過程中要求的溫度，一般有三個基點，即最低溫、最適溫和最高溫。一般情況下，植物各個部分生長的最適溫度為25℃左右。隨著植物生長變老，其所需的最適溫度降低，有時可降至20℃以下。不同植物所需的生長溫度也有差異，這主要與其原來所處的自然環境的溫度有密切關係。一般情況下，原產於熱帶地區的植物生長溫度較高，原產於寒帶地區的植物生長溫度較低；而溫帶植物的生長溫度介於前二者之間。

盆景植物種類豐富，原產於世界各地，所以，對溫度的適應程度也不相同。因此，在盆景植物的無土栽培管理中應根據它們的生物學特性採取不同措施。原產於熱帶及亞熱帶的盆景植物生長溫度較高，在北方栽培時冬季需放在溫室或塑膠大棚中越冬，如變葉木、鳳梨等的生長溫度要高於15℃。原產於溫帶的盆景植物可根據對溫度的適應範圍分別放置在溫室、大棚、陽臺、庭院屋內或露地越

冬。原產於寒帶地區的盆景植物能耐受-5℃～-10℃的低溫，如紫薇、貼梗海棠、迎春等。因此，瞭解盆景植物的原產地，掌握各種盆景的生長溫度範圍，這樣在進行無土栽培時，就可以透過人為管理和科學調控來促進盆景植物的生長。

在盆景無土栽培過程中不但要掌握氣溫變化對植物生長發育的影響，同時還要瞭解基質溫度變化對植物的影響。在無土栽培中基質的溫度比氣溫更為重要。因為在溫度或某些設施下，氣溫很容易升高，而基質的溫度在一段時間內是很難升高的。一般情況下，最適的基質溫度是晝夜氣溫的平均數，氣溫升高基質溫度也隨之升高，但在溫度很低的情況下，基質溫度比氣溫高5以上為最好。

溫度是植物主要的生長條件之一，植物的生長發育以及一切生命活動都需要一定的熱量，如果沒有適合的溫度條件，植物就不可能生存。植物一般在4℃～36℃的範圍內都能生長，在一定的範圍內，溫度越高，光合作用越旺盛，在10℃～35℃之間，每增加10℃，呼吸作用增加三倍，適當降低溫度可推遲植物生長。但是高於或低於一定的溫度，植物就不能正常生長。在高溫季節，植物蒸發量大，若供水不足，會使值物細胞大量失水而枯萎。氣溫升高，基質溫度也相應升高，直接阻礙根系生長，也是造成植物枯萎的原因之一。若溫度超過50℃，植物會因體內所含的蛋白質發生凝固而喪失生命力。當溫度降低到冰點或冰點以下，植物體內組織也會結冰，此時植物細胞失水，蛋白質沉澱，植物因停止新陳代謝而死亡。這種現象有時從受凍植物的外表上也可以看出來，如葉變得堅硬，樹皮凍裂，樹皮與木質部分離等。

二、光照對無土栽培盆景植物生長發育的影響

光照分為人工光照和自然光照，燈光照明為人工光照，日照為自然光照。太陽光可分為直射光和散射光，晴天的光照由直射光和散射光組成，陰天時只有散射光。太陽光是由各種不同波長的光和射線組成的，也可分為可見光與不可見光，可見光包括紅、橙、黃、綠、青、藍、紫等七種不同波長的光，此外，還有紫外光和紅外光等不可見光。

光照強度對植物的生長發育及形態結構的形成有重要作用，綠色植物的重要特性之一是利用陽光進行光合作用，透過光合作用製造其生長發育所需的物質。不同植物或同一植物的不同生長發育階段對光照強度的要求不同，這是由於植物原產地不同或長期人工栽培所形成的。

根據植物對光需求程度的不同，可將植物分為陽性植物、陰性植物和耐陰植物。在強光環境中生長發育良好，在蔭蔽和弱光條件下生長發育不良的植物為陽性植物。這類植物要求全日照，並且在水分、溫度等條件適合的情況下，不會因光照過強而生長不良。

陽性植物多生長在曠野、路邊，草原和沙漠植物以及先葉後花植物和一般的農作物都是陽性植物，陽性盆景植物有石榴、紫薇、仙人掌科、蘇鐵、棕櫚、橡皮樹等。陰

性植物是在較弱光照下比在強光照下生長良好的植物。它可以在低於全光照的1/50下生長，光補償點平均不超過全光照的1%。體內含鹽分較少，含水分較多。這類植物枝葉茂盛，角質層很薄或沒有，氣孔與葉綠體較少。

陰性植物多生長在潮濕、背陰的地方，陰性盆景植物有蘭科、鳳梨科、秋海棠科、文竹、茶花、杜鵑、常青藤、仙客來等。

有的植物在光照充足條件下生長發育良好，但也能耐受適當的蔭蔽，或者在生長期間需要較輕度遮蔭的植物，為耐陰植物。對光的需要介於陽性植物和陰性植物之間，對光照要求不嚴，在光照充足和沒有光照的條件下都能正常生長。但是夏季光照太強時，需要稍加遮蔭，耐陰盆景植物有桂花、白蘭、茉莉、棕竹等。

瞭解不同盆景植物的光照需求，在栽培中可以靈活調節，保障盆景植物的良好生長。室內種植盆景植物時，更應注意光照條件。室內光照數量比室外少，或者說光照強度比室外弱。同時，更重要的是室內光的品質與室外不相同。室內散射光、輻射光比例比室外大。室內光光譜中的藍紫光成分大大減弱，而紅橙光成分減弱較輕，這對植物生長發育不利。

長期擺放在室內的盆景常因光質條件不利而導致光合作用減弱，光合產物積累少，容易出現黃化現象，呈現葉色淡綠、莖葉細長、花蕾減少、機械組織不堅等虛弱症狀。應在溫度適宜時，將盆景經常移到室外見見直射光，或靠近窗臺擺放，使之盡可能多地接受光照。

另外，夏季日照過強時可對盆景遮蔭保護，一般用普通竹簾即可，有條件的也可用遮陽網。其餘時間應將簾、網捲起，以免影響盆景對光線的需求。另外，遇上暴風雨天氣，也可用竹簾等遮擋，以防基質沖失等情況出現，影響盆景的生長。

三、水分對無土栽培盆景植物生長發育的影響

水分是植物生長發育不可缺少的物質，水分狀況對於植物的生命活動有著重要作用。植物所需要的水分，大部分來源於栽培基質，但空氣濕度對植物的生長發育也有很大的影響。

一般植物的含水量約佔植物體鮮重的70%～90%，少數作物植株或者器官的含水量超過90%。不同植物的含水量不同，同一植物的不同器官，或同一器官的不同組織，以及同一植物的不同發育階段，其含水量都有很大差別。一般情況下，幼年階段或生長旺盛部分的含水量較高，隨著器官衰老，新陳代謝逐漸減弱，含水量也相應降低。植物各器官的細胞只有在含水量比較充足的情況下，才能保持植株挺立，葉片伸展，有利於接受陽光，有利於與環境進行氣體交換，以保持正常的生理活動。

水分的供應狀況會直接影響植物的生長發育，稱為「生理需水」，同時也影響植物的生態狀況，稱為「生態需水」。這是因為水有調節無土栽培基質溫度、影響營養液吸收、改善小氣候等作用。因此無土栽培中當考慮水分

供應時，不僅要考慮植物的「生理需水」，也要考慮到植物的「生態需水」。

水分對植物生長發育固然重要，但也不可過量澆水，澆水過多導致植物缺氧，停止呼吸，嚴重時導致植株死亡。反過來如果澆水過少會造成植物失水萎焉，植物萎蔫有三種情況：

一是由於無土栽培基質缺水而造成的萎蔫叫做永久萎蔫，一般很難恢復；

二是營養液濃度過高，超過了生理所需正常鹽分濃度，由於反滲透作用，產生生理枯萎，如果發現及時，一般能恢復；

三是由於空氣缺水造成的萎蔫現象，叫做暫時萎蔫。

一般基質水分狀況用含水量表示，而空氣中水分狀況（即空氣濕度）則用相對濕度表示。隨地區、季節、基質等不同，一般相對濕度也不一樣。北方旱季一般在50%左右，南方雨季可達80%以上。設施栽培中的濕度應根據植物的需要來進行控制。

由於原產地不同，不同植物的抗旱性不同，同一植物的不同發育階段其抗旱性也不同。根據植物與水分的關係，可以將植物分為三類：

1. 旱生植物

這類植物大多原產於炎熱的乾旱地區，由形態或生理上的適應，可以在乾旱地區保持體內水分以維持生存，一般具有抗旱植物的形態特徵，如根系發達，葉片細胞較小，葉片表皮角質層厚、氣孔小、葉脈密等，旱生盆景植物如仙人掌、龍舌蘭、蘆薈等。

2. 濕生植物

這類植物多生活在潮濕地區或淺水中，根系不發達，莖葉大都是通氣組織，蒸騰作用較弱。如巴西木、棕竹、鳳梨、南洋杉、富貴竹等。

3. 中生植物

形態結構和適應性均介於濕生植物和旱生植物之間，是種類最多、分佈最廣、數量最大的陸生植物。不能忍受嚴重乾旱或長期水澇，只能在水分條件適中的環境中生長，陸地上絕大部分植物皆屬此類。葉片上通常有角質層，柵欄組織排列較整齊，根系和輸導組織都比濕生植物的發達，能抗禦短期的乾旱。葉片中有細胞間隙，沒有完整的通氣系統，不能長期在水澇環境中生活。如楊樹、馬尾松、桉樹、樟樹等。

一般而言，樹木盆景最忌夏季出現脫水現象，所以夏季要經常注意盆中基質水分狀況，以及樹葉是否有捲縮現象，如發現這種情況，一定要及時澆水，且要澆透。在日照強時可對樹葉、樹幹噴些水霧，增加濕度，以滿足樹木對水分的需求。

四、空氣對無土栽培盆景植物生長發育的影響

空氣中含有植物生長發育不可缺少的氮氧和二氧化碳，然而佔空氣總容量78.09%的氮氣不能被植物直接利用，必須透過固氮菌的固氮作用才能轉變為植物可利用的

氮素來源。佔空氣總容量21%的氧是植物呼吸和生存的必要條件，0.03%的二氧化碳是光合作用的原料。

氧和二氧化碳含量在大氣中是較穩定的，一般不會因嚴重缺乏而影響植物生長。只有在基質板結或水分過多時才會導致氧氣不足、二氧化碳濃度過高而抑制根的生長。然而0.03%的二氧化碳含量遠遠不能滿足光合作用的需要。尤其在光照強度較大的中午，室外二氧化碳濃度常在0.03%以下，從而導致光合強度下降。光合作用的最適二氧化碳濃度多在0.1%左右，所以提高大氣中二氧化碳的濃度，就能提高植物光合作用的速率。在最適宜的高光強度下，隨著二氧化碳濃度的增加，植物光合作用速率也相應提高，直至二氧化碳含量達到0.16%（比正常空氣中二氧化碳的含量增加了近五倍）時，二氧化碳的濃度過高，也會抑制光合作用。在生產中大規模施用二氧化碳是不現實的，然而，在溫室等設施栽培中增施二氧化碳卻是可行的，有良好效果。特別是鹽分濃度較高的條件下，增施二氧化碳還能提高植物對養分的利用效率。

植物的呼吸作用是植物全部生命活動的能量來源，是一種氧化過程，和光合作用相反，是體內的有機質氧化成二氧化碳和水，同時釋放出能量以供其本身各種生理活動需要的過程。另外，呼吸作用還產生許多中間化合物，這些中間化合物能轉變為植物生長所需要的其它物質，如脂肪，蛋白質和核酸。但是，呼吸作用太強也會消耗掉植物體內積累的有機質，從而降低植物的產量。在氧氣缺乏的情況下，植物可以進行無氧呼吸，其產物不是二氧化碳和水，而是二氧化碳和未徹底氧化的有機物（如乙醇等），同對釋放出能量。不過，這樣產生的能量比有氧呼吸時少得多，不能滿足植物進行各種生理活動的需要。因此，一般所說的呼吸作用是指有氧呼吸。

植物只有在空氣流通的環境中才能正常生長，室內種的盆景植物與室外種的相比，其通氣條件差異較大。植物白天接受日照進行光合作用，吸入二氧化碳，放出氧氣。晚上則進行呼吸作用，消耗氧氣，放出二氧化碳。所以在室內栽培盆景植物應經常通風換氣，保證盆景植物正常生長。

第四節　盆景無土栽培設施與用具

一、盆景無土栽培設施

任何一種形式的無土栽培，都必須在溫室、塑膠大棚等環境保護設施條件下進行，而且需要建造無土栽培裝置（系統）。無土栽培的基本設施或裝置一般由栽培床、貯液池、供液系統和控制系統四部分組成。

（一）栽培床

栽培床是代替土地和土壤種植作物，具有固定根群和支撐植株的作用，同時保證營養液和水分的供應，並為作物根系的生長創造優越的根際環境。栽培床可用適當的材料如塑膠等加工成定型槽，或者用塑膠薄膜包裝適宜的固體基質材料或用水泥磚砌成永久性結構和磚壘砌而成的臨

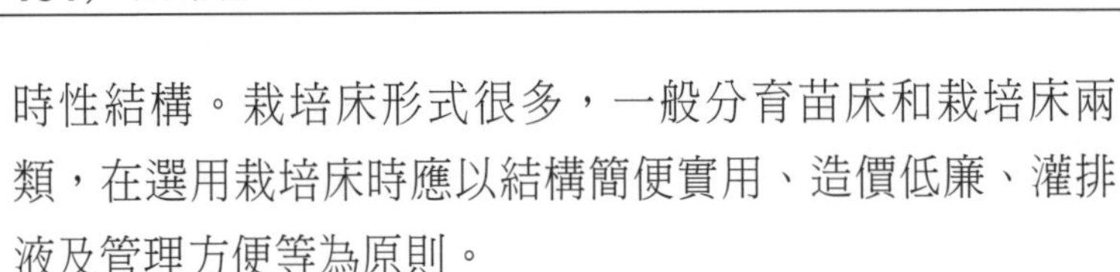

時性結構。栽培床形式很多，一般分育苗床和栽培床兩類，在選用栽培床時應以結構簡便實用、造價低廉、灌排液及管理方便等為原則。

（二）貯液池（槽）

貯液池是貯存和供應營養液的容器，是作為增大營養液的緩衝能力，為根系創造一個較穩定的生存環境而設的。其功能主要有：

①增大每株佔有營養液量而又不致使種植槽的深度建得太深，使營養液的濃度、pH值、溶存氧、溫度等較長期地保持穩定。

②便於調節營養液的狀況，例如調節液溫等。根據營養液的供液方式不同，設置營養液貯液池（槽）。採取循環式供液方式時，在供液系統的最低點，建地下、半地下貯液池。採用開放式供液系統時，可在地面1.5 m～3.0 m高度處設置貯液槽或桶。貯液池（槽）的容積，根據栽培形式、栽培作物的種類和面積來確定。

（三）供液系統

供液系統是將貯液池（槽）中的營養液輸送到栽培床，以供作物需要。無土栽培的營養液供應方式，一般有循環式供液系統和滴灌系統兩種，主要由水泵、管道、篩檢程式、壓力錶、閥門組成。管道分為供液主管、支管、毛管及出水龍頭與滴頭管或微噴頭。不同的栽培形式在供液系統設計和安裝上也不同。

（四）控制系統

先進的控制裝置採用智慧控制系統，實現對營養液品質、環境因素、供液等的自動全方位監控。或不採用智慧控制的自動控制系統如NFT水培的自動控制裝置包括電導率自控裝置、pH自控裝置、液溫控制裝置、供液計時器控制裝置等，同樣可以實現對營養液品質和供液的有效監控。

盆景無土栽培的設施因人力、物力、財力、環境條件等不同而有多種形式。下面簡要介紹幾種。

1. 簡單無土栽培設施

（1）吊針式

吊針式設施由三部分組成：高位部分——營養液；中位部分——栽培植物；低位部分——回收營養液。吊針式的具體裝置如圖3–5–1所示。

圖3–5–1　吊針式

因條件不同，高位部分可以用桶、盆、缸等容器代替，操作時，人工將營養液倒入容器，按照植物的種類、生育季節調節營養液量即可。裝過濃酸、濃鹼、鹽或油的容器不能用來裝營養液，因為酸、鹼、鹽都和營養液中的元素起反應，干擾配方，而油脂對根系吸收水分和養分有影響。中位部分，可以並排擺若干盆景，用連通營養液的多個輸液管進行輸液。栽培盆景植物可以用盆缽，也可用箱式、槽式等擴大種植面積。栽培基質一般用礫石或礫、沙混用（上沙下礫）。低位部分可以用桶、盆、缸等容器接收中位部分滲漏的營養液。回收營養液視情況決定能否繼續使用。回收營養液使用到一定的時候應注意調節各種營養元素和pH值的變化。也可用新鮮營養液摻著用或徹底更換。

（2）沙礫盆缽式

用釉瓷缽、普通陶製花缽、塑膠缽等盆缽作容器，填入基質，營養液以澆灌的方式滿足植物的需要。這裡應注意，金屬容器不能用於無土栽培，因為金屬容器中的離子容易干擾配方中的元素。缽為釉瓷缽時，其高為40 cm，直徑30 cm，缽體下部設排水、排氣孔。底部裝入鴿卵大的石礫厚約10 cm，起通氣和排水作用。其上裝入5 cm厚的小礫石，再裝入23 cm厚的河沙。河沙用於固定植物，

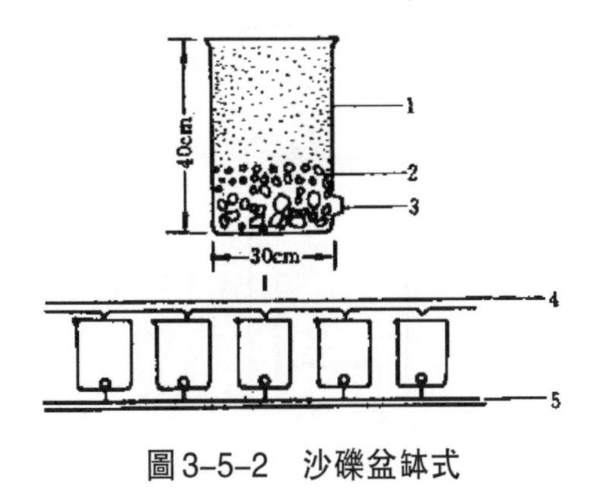

上：釉磁缽
下：栽培缽排列
1. 沙
2. 小石礫
3. 大石礫
4. 供液管
5. 排液口

圖3-5-2　沙礫盆缽式

保持水分和養分。在盆缽的上部可安裝供液管以便供液，也可用勺澆供液。不論用什麼方式供液，都要使沙面供液均勻。在盆缽的下部排液口處，安裝排液管，回收營養液，以便下次再用，如圖3-5-2所示。

在栽培過程中，每天要及時澆灌營養液2～3次（夏天適當多澆，冬天適當少澆）。用蛭石代替河沙栽培盆景植物效果也很好。

（3）**簡易栽培槽式**

用木板、塑膠或磚等物構建栽培槽栽培盆景植物效果也很好，主要用於上盆前盆景植物或上盆後盆景植物的集中栽培。槽池可用磚砌成，一般長15 m，寬1.2 m，高25～40 cm，厚度與磚的寬度相同（通常10～15 cm），槽池內壁抹水泥，槽底鋪塑膠薄膜，上面再鋪一層磚，然後抹水泥，以免營養液滲漏。槽池所鋪基質由上至下依次為蛭石、沙和礫石。也可以不鋪基質，直接把盆景植物放置於槽池中。槽池一端上方擱置容量為50～200 L的桶1～3只，用於貯存營養液。槽池另一端下方，也放置1～2只

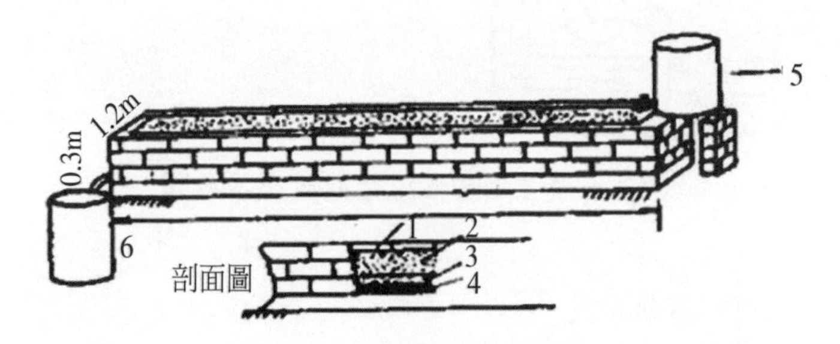

1. 空間　2. 蛭石　3. 沙　4. 礫石　5. 貯液桶　6. 營養液回收桶

圖3-5-3　簡易栽培槽式

桶，桶口低於排液口，用於回收營養液。仿照沙礫盆缽式，安裝1～3根供液管連通貯液桶，供液時打開閥門，營養渡便可從供液管上的孔洞溢出，噴灑於槽池中的基質上。其構造和設計方法如圖3-5-3所示。

2. 一定規模的無土栽培設施

〔1〕上盆前盆景植物的栽培槽

這種設施可用於上盆前盆景植物的栽培。其裝置一般由栽培槽、貯液罐、電泵和管道等構成。按供液方式可以分為美國系統和荷蘭系統。

（1）美國系統

美國系統的特點是使營養液從底部進入栽培槽，再回流到貯液池內，整個營養液都處於一個封閉系統中，由電泵進行循環，回流時間由繼電器控制（如圖3-5-4所示）。

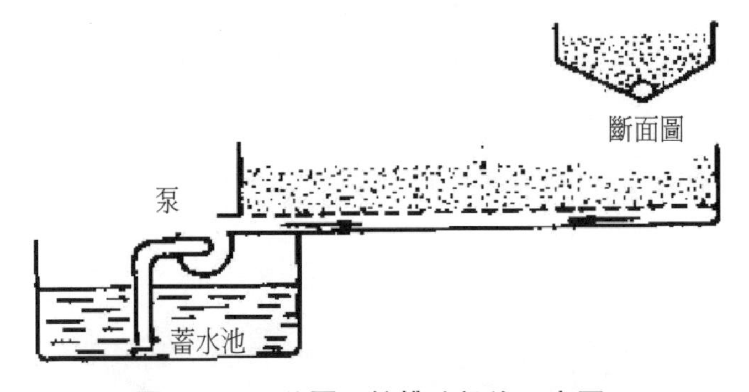

圖3-5-4　美國系統槽池設施示意圖

（2）荷蘭系統

荷蘭系統則採用使營養液懸空落入栽培槽的方法，在栽培槽末端底部設有營養液流出口（直徑為注入口直徑的

1/2），經流出口流入貯液池的營養液與注入時 一樣，採取懸空落入的方法，其目的是為了增加營養液中的空氣含量。營養液經電泵再次注入而循環使用（如圖3－5－5所示）。

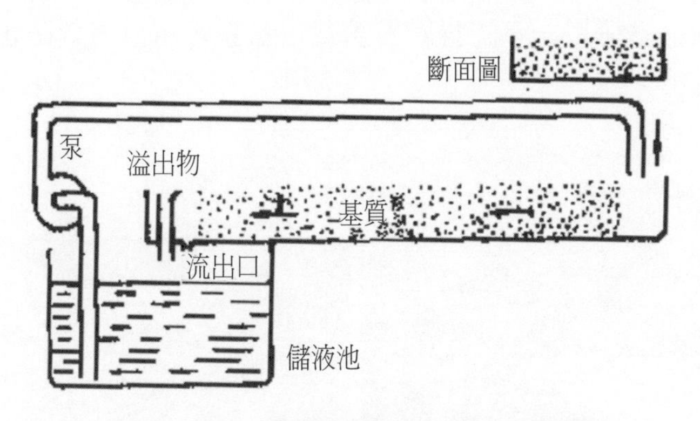

圖3–5–5　荷蘭系統槽池設施示意圖

〔2〕上盆後盆景栽培設施

上盆後盆景集中擺放，適時噴施營養液和水。這類設施大體可分為二種：槽和平臺。槽有傳統的水泥栽培槽和較先進的金屬活動槽。每個活動槽均可活動，操作人員推動活動槽進入槽間操作。這種設施優點在於：節省空間，便於操作（如圖3－5－6所示）。

左：平臺　　中：水泥栽培槽　　右：金屬活動槽

圖3–5–6　上盆後盆景的栽培設施

3. 網室

為防治病蟲害或營造適合植物生長的人工環境，在實際盆景栽培中，常建造溫室或網室（如圖3–5–7所示）。這種網室使用一定防蟲網覆蓋栽培盆景，可以有效防止害蟲為害。

溫室　　圖3–5–7　溫室及網室圖　　網室

二、盆景無土栽培用具

常用的盆景無土栽培用具主要有下列幾種：

1. **營養罐、桶、量杯等：**用於配製營養液或貯存營養液原液。

2. **pH計或pH精密試紙：**用於測營養液pH值。

3. **電導儀：**用於測量營養液電導率。

4. **溫度計：**用於測液溫。

5. **天平：**用於稱量肥料等。

6. **鐵鍋：**用於蒸煮基質進行消毒。

7. **篩子：**有大、中、小三種，以金屬做的最耐用。按需要篩取基質。

8. **剪刀**：盆栽用的剪刀有好幾種，一般有彈簧剪和桑剪，以堅固而銳利的為佳，用來剪除根枝。

9. **鋸和小刀**：小形的鋼鋸，用於去除粗枝粗根；小刀用於削平枝幹。

10. **鉗子**：包括老虎鉗和鯉魚鉗。主要用於金屬絲綁紮。

11. **攀紮用具**：用來彎曲枝幹，通常用燒過的銅絲，軟硬適度，纏繞枝上，可以隨心所欲；也有用鐵絲的，但易損傷枝幹表皮。若不宜用金屬絲來攀紮，可以用桑皮紙包在金屬絲的外面使用。

12. **小鏟**：用於鏟挖、填滿基質。

13. **竹扦**：用於換盆時剔除根上的基質，或上盆時弄實根間的基質。

14. **羽毛筆**：用於清除盆景植株上的蛛絲和盆邊上的塵土。

15. **小噴霧器**：用於在葉上噴水或撒布殺滅病蟲的藥液。

16. **噴水壺**：備大小2～3個，因每天都需用，宜選購堅固而輕便的噴水壺。

17. **施肥器**：施營養液用的水壺。

18. **雜具**：其他像洗清汙盆的抹布、塗抹藥液驅除害蟲的毛筆、擦拭枝葉的海綿、刷清枝幹上污點的刷子等，都是不可不備的用具。

部分盆景無土栽培用具如圖3–5–8所示。

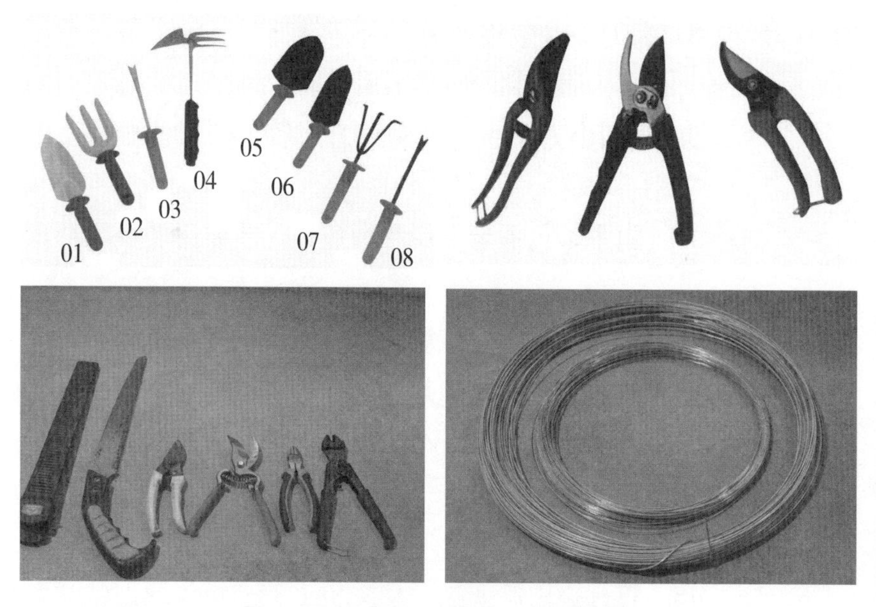

圖3-5-8　部分盆景無土栽培用具

三、無土栽培盆景的用盆

無土栽培盆景離不開用盆的選擇，用盆選擇恰當，不僅能促進盆景植物的良好生長，而且也增加了盆景植物的觀賞效果。

無土栽培盆景用的盆一般下面有洞眼，便於排水，盆的式樣、規格、質地和色彩等均有很多種類，可根據不同需要進行選擇。盆的式樣有長方形、橢圓形、船形、正方形、圓形、六角形、海棠形、菱形、腰形、袋形、扇形等多種。其中又有深淺不一，最淺的近於平板；最深的形如長筒。一般直幹式樹木盆景宜用較淺的盆，懸崖式宜用最深的盆（一般稱千筒盆），斜幹式宜用中等深淺的盆，合栽式宜用最淺的盆，多幹式宜用長方形或橢圓形盆等。當然，這些僅是一般而言，並不都是如此，應根據樹木盆景的不同形態，選擇式樣恰當的盆。

盆的規格也有多種，最小的微型盆，一手可放數個，最大的長方盆有2 m長。一般根據樹木盆景的大小來選擇不同規格的盆。根據不同質地來分，有紫沙陶盆、釉陶盆、瓷盆、石盆、水泥盆、瓦盆、木盆和塑膠盆等，盆的種類如圖3–5–9所示。

圖3–5–9　陶盆、瓷盆、紫砂盆、木盆等盆器示意圖

無土栽培盆景的用盆不僅有實用價值，又有欣賞價值，用盆是整個盆景造型中不可分割的一部分。配盆時，應根據不同的盆景植物選擇大小、深淺、形狀、色澤和質地等合適的盆。如紫荊一般選用較深的釉陶盆或紫沙陶盆，以正方形、圓形和橢圓形較為常見，有時也用較淺的長方形盆，盆的色彩以淺黃或青色為佳，以映襯滿枝紫紅花朵。下面簡要介紹無土栽培盆景用盆的一些基本原則：

1. 大小適中

栽培盆景植物時，若用盆過大，會使盆內植物顯得空曠，蓄水過多，輕則易導致植物徒長，影響造型，重則造成爛根；若用盆過小，會使植物缺乏穩定感，而且水分、養分供應不足，影響植物的生長。

2. 深淺恰當

盆景植物用盆太深，會使植物顯得低矮，不利於植物的生長，若用盆太淺，又會使主幹粗壯的植物缺乏穩定感，難以栽培。值得一提的是山水盆景用的水底盆都應很淺，表現出不同山水的特點和美感。

3. 款式相配

盆的款式與植物盆景在格調上應該一致。如樹木盆景高大挺拔，宜選用棱形、四方形等直線形的盆；若植物盆景蚪曲婉轉，則應選擇橢圓形、圓形等曲線條的盆；山水盆景一直選用長方形或橢圓形的水底盆，看上去才比較協調。

4. 質地相宜

如種植松柏類盆景宜選用紫沙陶盆，雜木類盆景一般用釉陶盆，較大的盆景可用水泥盆，微型盆景用紫陶盆等。

5. 色彩搭配

盆與植物的色彩要既有對比又能協調，盆為了襯托植物，一般以色彩素雅為好，以免喧賓奪主。如對綠葉類盆景植物，可配以紅色、紫色等深色盆；而對於花果類盆景植物，宜配以白色、淡色盆，使得花果的色彩更加美麗；觀葉類盆景如紅楓宜配淺色盆，銀杏宜配深色盆。

第五節　盆景無土栽培基本操作

一、育苗及盆景植物繁殖

目前，無土育苗有播種育苗、扦插育苗和組織培養育苗三種形式，生產上一般以播種育苗為主。

（一）播種育苗

播種育苗根據育苗的規模和技術水準，又分為普通無土育苗和工廠化無土育苗兩種。

普通無土育苗一般規模小，育苗成本較低，但育苗條件差，主要靠人工作業管理，影響秧苗的品質和整齊度；工廠化穴盤育苗是在完全或基本上人工控制的環境條件下，按照一定的工藝流程和標準化技術進行秧苗的規模化生產，具有效率高、規模大，育苗條件好，秧苗品質和規格化程度高等特點，但育苗成本較高。播種育苗可以分為以下一些步驟；

1. 播前準備

（1）選擇育苗設備

育苗設備可根據育苗要求、目的以及自身條件綜合考慮。如工廠化穴盤育苗要求具有完善的育苗設施、設備和儀器以及現代化的測控技術，一般在連棟溫室內進行。而局部小面積的普通無土育苗，可因地制宜地選擇育苗設備，主要在日光溫室、塑膠大棚等設施內進行。

（2）選用育苗基質

選用適宜的基質是無土育苗的重要環節和培育壯苗的基礎。無土育苗基質要求具有較大的孔隙度，適宜的氣水比，穩定的化學性質，且對盆景用苗無毒害。為了降低育苗成本，選擇基質還應注重就地取材、經濟實用的原則，充分利用當地資源。

無土育苗常用的基質種類很多，主要有泥炭、蛭石、岩棉、珍珠岩、炭化稻殼、爐渣、木屑、沙子等。這些基質可以單獨使用，也可以按比例混合使用，一般混合基質育苗的效果更好。

有些基質如草炭和蛭石本身含有一定量的大量及微量元素，可被幼苗吸收利用，但對苗期較長的作物，基質中的營養並不能完全滿足幼苗生育的需要。因此，除了澆灌營養液之外，常常在配製基質時添加不同的肥料（如無機化肥、沼渣、沼液、消毒雞糞等），並在生長後期適當追肥，平時只澆水，操作方便。

（3）營養液配製

無土育苗過程中養分的供應，除將肥料先行加入育苗基質外，還要定期澆灌營養液。對營養液的總體要求是養分齊全、均衡，使用安全，配製方便。

2. 種子處理

（1）種子消毒

許多病害潛伏在種子內部或附著在種子表面，進行種子消毒是防病的有效措施。消毒的方法主要有藥物消毒、溫湯浸種和熱水燙種等。

(2) 浸種催芽

浸種催芽是為了縮短種子萌發的時間，達到出苗整齊和健壯的目的。

3. 播種

播種要選在無風、晴朗的天氣午前播種。無土育苗的播種工作是在事先準備好的苗床內進行，播前用清水噴透基質。將精選過的飽滿種子均勻撒播，然後覆蓋一層薄基質，防止雨水沖刷，以利出苗全。

播種後根據細苗長勢長相，看苗施肥，以薄肥勤施為原則。當苗株達到一定高度時，即可起苗移植進行分苗培育。起苗時應先澆透水，以防起苗傷根。選用塑膠營養袋單株分苗培育，以利細苗根系生長和育壯枝幹。當所育苗株達到一定高度時，便可移植大田培育，這樣可大大加快盆景植物的成型速度，提高種植經濟效益。

（二）扦插育苗

扦插是植物快速繁殖的手段之一，盆景植物用扦插育苗的極多。扦插是利用植物營養器官的一部分，在一定的條件下，使成為獨立的新植株的方法。扦插有插枝和插根等。

因扦插的時間不同，插枝又可分為硬枝扦插和軟枝扦插兩種（如圖3-6-1和圖3-6-2）。

硬枝扦插多在樹木落葉以後發芽前進行。插條要選擇1～2年生的木質化枝條，長度一般灌木2～15 cm，喬木15～20 cm，插條插入基質約3/4左右，插條露出基質的高度及頂芽的方向必須一致，最好頂芽一律朝南。插時要注

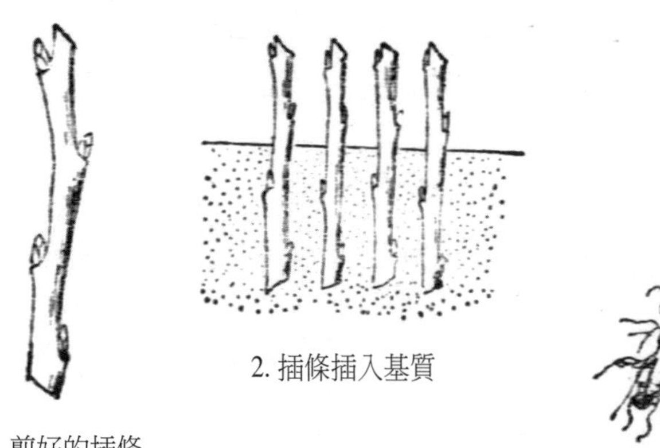

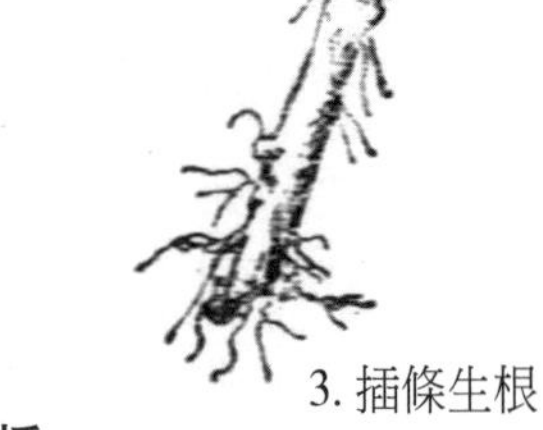

1. 剪好的插條　2. 插條插入基質　3. 插條生根

圖3-6-1　硬枝扦插

意不使芽受傷，並將基質撳實，一定要使插條與基質密切接合（如圖3-6-1）。

軟枝扦插最適宜的時期在樹木第一次生長終了、枝條相當充實的時候，大多在春夏之交。用當年生還未木質化或半木質化的枝條，最好在當年生的嫩枝和老枝交接處稍下2～3 mm處剪下，去除下端葉片。軟枝扦插要隨剪隨插，以保證插條新鮮，並宜在早晨枝條內含水最多時剪取。插入後將基質撳實，澆透水並遮陰，空氣乾燥時，常

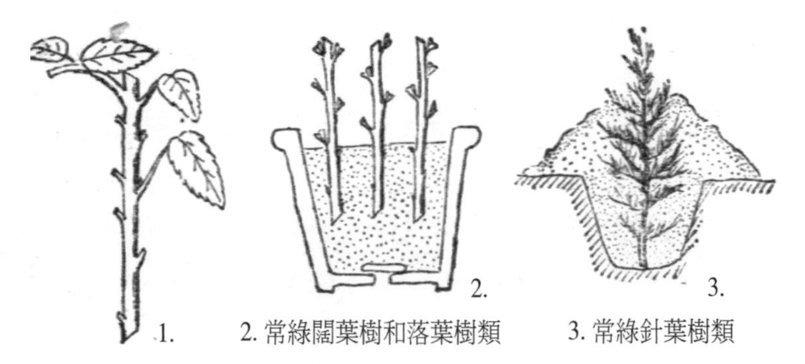

1.　2. 常綠闊葉樹和落葉樹類　3. 常綠針葉樹類

圖3-6-2　軟枝扦插

需噴水，等發根成活後，可除去遮陰物，如圖3-6-2。

扦插成活率的高低與環境條件和扦插的內在因素有密切關係。扦條的發芽、生根都要求一定的溫度、濕度和空氣。因此扦插用的枝條，最好先行催根，使插條先生根，後發葉，這樣容易成活。否則，先發葉，後生根，往往因葉片蒸騰過大而枯萎。在冬季和早春扦插時常因基質溫度不夠生根困難，採用加溫處理，如用溫床陽畦或炕床等進行加溫催根，效果良好。扦插用的扦條，一般來講，實生樹比嫁接樹的再生能力強，幼年樹比老年樹的再生能力強，因此用幼齡實生苗的枝條扦插最易成活。同一株樹上不同年齡的枝條，再生能力也不同。新梢比老枝再生力強，同齡的枝條，其營養物質累積多的比營養物質累積少的再生力強。因此，在冬季落葉後枝條內部積累養分最多時，採取幼年樹新梢作插條，最易成活。

有些盆景植物用插枝不易生根，但插根極易成活，如榆等，可採用根插（如圖3-6-3）。有些植物用兩種方法均可，需要根據材料決定。

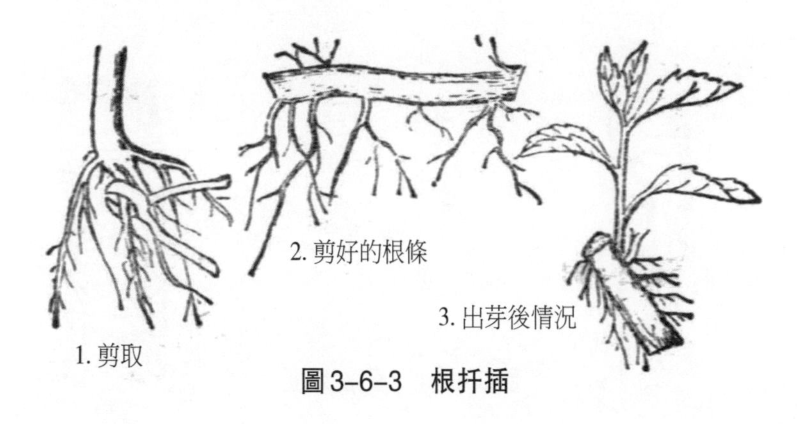

圖3-6-3　根扦插

扦插多用大口淺盆或木箱，便於管理，也可用苗床。宜採用基質配方有：①泥炭1份，珍珠岩1份；②泥炭1份，蛭石1份；③蛭石1份，珍珠岩1份。也可用沙和土各半混合的沙土。

（三）嫁　接

嫁接也是植物快速繁殖的方法之一。嫁接就是把一株植物的枝或芽接在另一株植物的適當部位上，使它們癒合，成為一個新植株的方法。用來嫁接的枝或芽稱為接穗或接芽，下面承受接穗或接芽的植株稱為砧木。用嫁接的方法可以保持母本的優良品質，而且能夠提早開花結果。

在嫁接操作上，應認真掌握「刀要磨得快，削面要削得平，形成層對準形成層」三個主要關鍵。

嫁接的方法有很多種，常用的有芽接、枝接、靠接和根接等。

（1）芽接

芽接因操作方法不同，又可分為盾形芽接（如圖3-6-4）、嵌芽接（如圖3-6-5）和套芽接（如圖3-6-6）。

1. 切開的T形砧木

2. 芽片

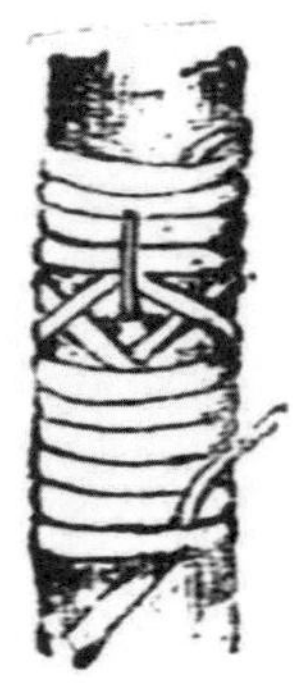

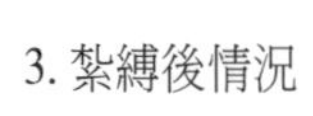

3. 紮縛後情況

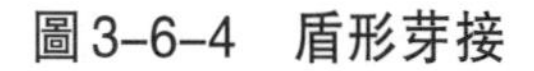

圖3-6-4　盾形芽接

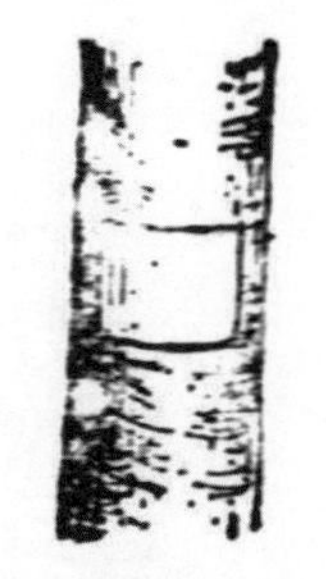

1. 切開的砧木皮層

2. 芽片

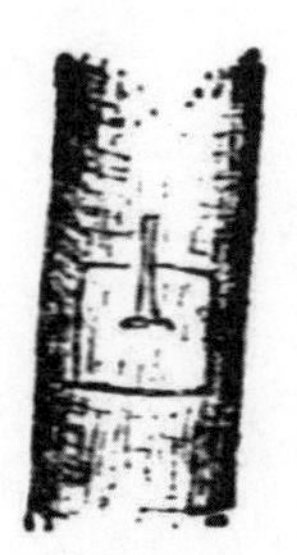

3. 接合狀

圖3-6-5　嵌芽接

1. 芽套

2. 砧木

3. 接合狀

圖3-6-6　套芽接

芽接時期在葉芽發生成熟後至夏末秋初。由於其生長遲緩，故一般僅用於繁殖盆景樹木的名貴種類。

（2）枝接

枝接是利用母樹枝條的一段作接穗進行嫁接的方法。枝接的時期在春季砧木開始萌發，接穗樹液初動尚未發芽前。因操作方法不同而分為切接（如圖3-6-7）、劈接（如圖3-6-8）、腹接（如圖3-6-9）和皮下接（如圖3-6-10和圖3-6-11）。

切接時，先將砧木在距地面約5 cm處剪斷，選擇較平滑的一面，在木質部與樹皮之間垂直削下，長約3 cm，在接穗下端的一側，斜削成長3 cm的平面，在其對面亦斜削

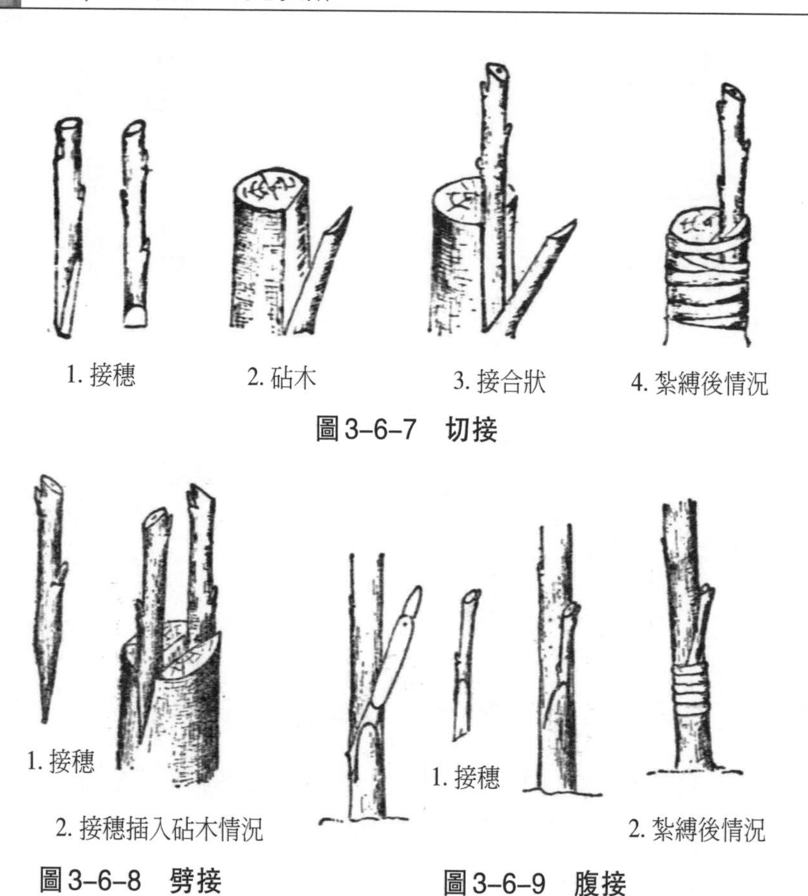

圖 3–6–7　切接

圖 3–6–8　劈接

圖 3–6–9　腹接

去 1 cm 許，再在其上端保留 1～3 個芽處剪斷。然後將長的削面向著砧木木質部，插在砧木垂直切口中，使形成層緊密結合，這是關鍵。

劈接時，先將砧木鋸斷，削平，再在鋸斷面的中間或 2/3 處，垂直劈一裂口，深 2～3 cm，然後在接穗的下端削成楔形，削面比砧木裂口深度稍長 1～2 mm，削好後即插入砧木裂口中，如果砧木很粗，可同時插入兩個，甚至更多的接穗。

腹接時，接穗帶有1～2個芽，接穗下端兩側削成一側稍厚、一側稍薄的斜楔形面。砧木上的斜形切口，以靠近地面為宜，並與砧木縱軸呈30°左右，其深度應為腹接部位砧木的1/3～1/2。然後將接穗插入砧木的斜形切口內，使兩者的形成層對正完全結合，接合後的紮縛方法與切接法相同。

落葉樹和常綠闊葉樹類的接穗，按8～10 cm剪取，先在接穗基部正面過心斜削一刀，削口長4～5 cm，成馬耳形，然後再在削口反面兩側淺削去表皮。將砧木距地面適當高度鋸斷，截斷面要平整不裂。選樹皮平滑的一側，先用嫁接刀在截斷面斜削一刀，同時切一深達木質部的豎口，切口長度稍短於接穗的斜削面。隨後用竹扦將豎口頂端皮層稍稍拔開，把削好的接穗從砧木豎口頂端慢慢插入切口中，深度以不見接穗切削面或微露為佳。

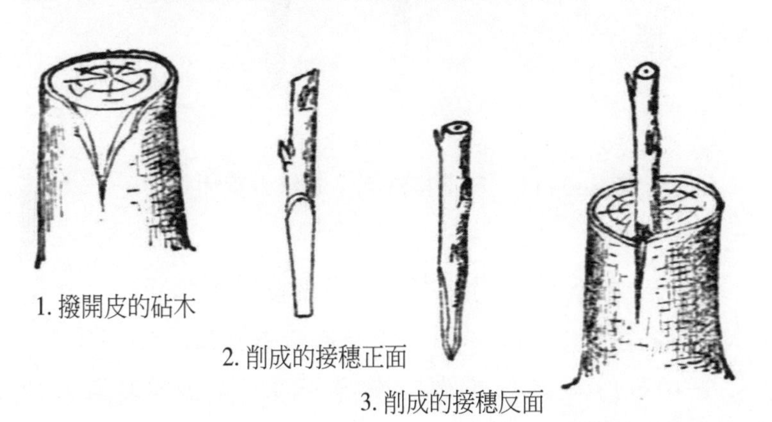

圖3-6-10　皮下接(1)（落葉樹和常綠闊葉樹類）

常綠針葉樹類的接穗，選取10～12 cm、1～3年生帶有頂梢的枝條。松類保留頂端6～8束針葉，其餘的針葉一概去掉。杉或柏剪除接穗下部針葉2/3，接穗切削法同上。砧木要保留樹冠枝梢，先把嫁接部位的老皮刮掉，切一深達木質部的「T」字形切口，並在橫口上切一半圓形斜面，隨後用竹扦按以上方法將切口頂端皮層拔開，把削好的接穗插入。紮縛後用塑膠薄膜包紮以保濕。待接穗成活後分數次剪去砧冠（如圖3-6-11）。

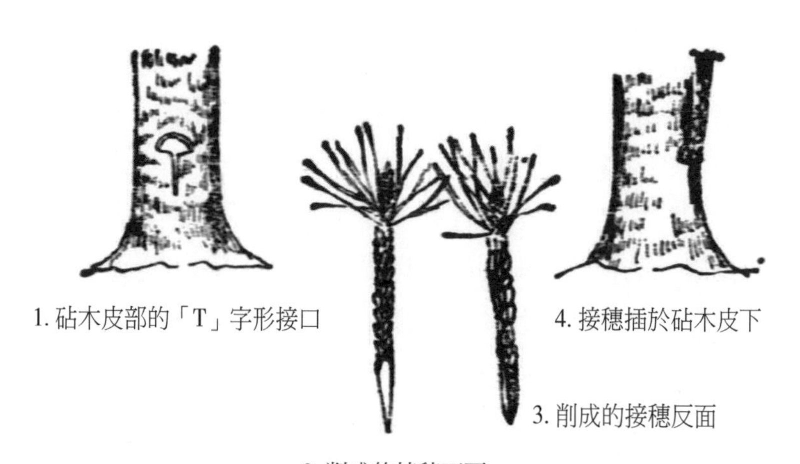

圖3-6-11　皮下接法(2)（常綠針葉樹類）

（3）靠接時，使砧木和接穗相互接近，將接穗和砧木枝條各削去一部分木質部（一般削去直徑的1/3～1/2，長5-10 cm），使雙方傷口密接，用尼龍帶或麻繩紮縛好。癒合後，將接穗自接合部以下剪去，砧木自接合部以上剪去，即成一獨立的新植株（如圖3-6-12）。

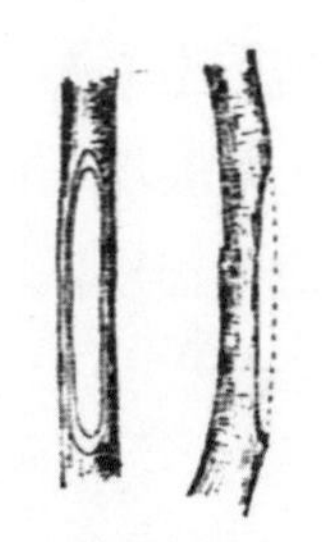

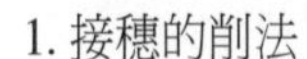

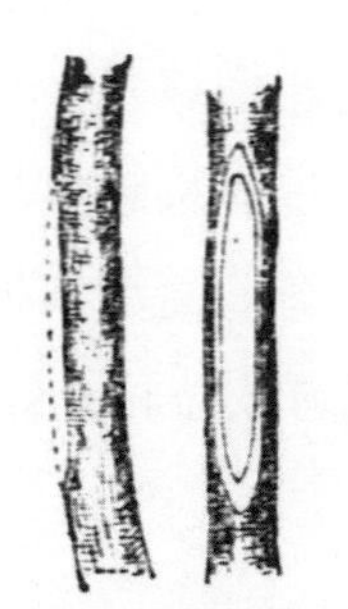

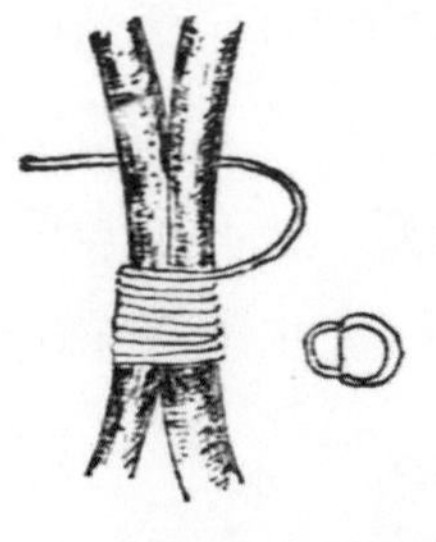

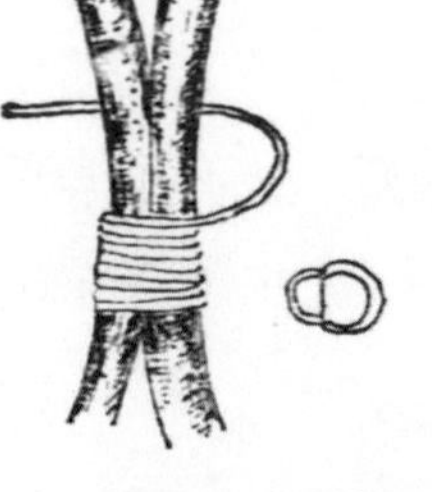

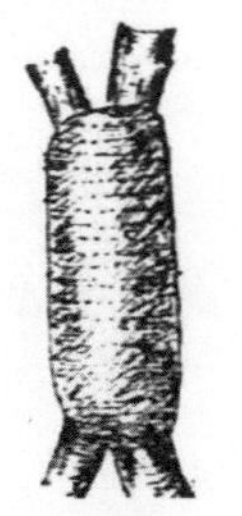

圖3–6–12　靠接法

（4）根接時，把樹根作砧木，上接接穗，栽在基質中，使其結合，可按切接法或腹接法進行。扦插不易生根的盆景植物，也可用此法繁殖（如圖3–6–13和圖3–6– 14）。

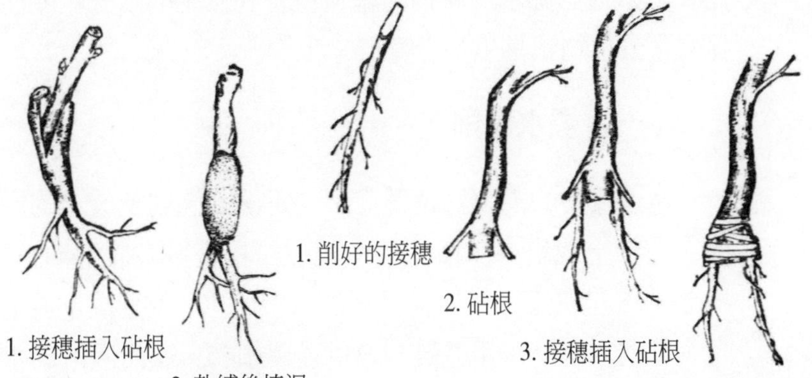

圖3–6–13　根接法(1)

圖3–6–14　根接法(2)

（四）組織培養

將植物的器官、組織、細胞，接種到人工配製的培養基上，在人工控制的環境條件下，進行離體培養，使其產生完整植株的過程，稱為植物組織培養，也稱微型繁殖。這種方法適宜於優良的苗木品種、稀缺良種、新發現、瀕危植物的繁殖。已有很多種觀賞的喬灌木植物，經組織培養獲得成功，產生了良好的經濟效益和社會效益。

二、澆　水

植物生長離不開水分。澆水是盆景管理中的一個最基本也是最主要的技術。由於營養液主要成分是水，澆灌營養液可部分代替澆水。盆景植物栽種在盆中，基品質有限，經日曬風吹，基質較易乾燥，如不及時補充水，植物就會因缺水而枯萎，如缺水過久則會導致植株死亡。因此，必須透過澆水及時補充基質或營養液中的水分，才能保證盆景植物正常生長發育。

（一）澆水原則

盆景植物的澆水應遵循「不乾不澆，澆則澆透」的原則。在無土栽培中，所謂的「乾」是指基質表面1 cm～3 cm發乾，但其下面基質仍具濕氣，所以「不乾不澆」並不是「乾透才澆」。用基質栽培的盆景植物，其所吸附的水大多甚至全部能被植物吸收利用，不能等到植物已經出現缺水失水現象了才澆水，也不能只澆「半截子水」，即每次澆水量不多，僅僅能夠潤濕盆內上半部基質，下半部基質仍是乾的，而植物根系的吸收功能是下部比上部旺盛，這樣容易導致植物下部根系萎縮，生長不良。應該「澆則澆透」，「透」是指所澆的水量足以濕透至底層基質，並有少量水從盆底孔流出。但也不能澆水過多，基質過濕，會導致植物根系缺氧而萎縮，影響正常生長。

（二）澆水依據

澆水的時間與次數應根據盆景植物種類、植物生長發育階段、季節及天氣情況而定。

1. 植物種類

對濕生植物如水仙、海宇、馬蹄蓮等，應多澆水使基質偏濕，而對旱生

植物如仙人掌、垂盆草等，應少澆水使基質偏乾燥一些，否則容易爛根。

2. 植物生長發育階段和季節

就季節而言，初冬至早春為一年中澆水量最少的時期，這期間氣溫低多數植物進入休眠期或半休眠期；早春至初夏，澆水量需逐漸增加，這期間氣溫開始升高植物進入生長季節；初夏至立秋為一年中澆水量最多的時期，因為此期間氣溫高而植株生長旺盛、蒸騰作用強；立秋至初冬，澆水量應逐漸較少，因氣溫下降植物生長緩慢需水量較少。

每天的澆水時間在不同的季節也不同。早春植物未完全萌動，氣溫較低需水量少，可1～2天澆一次，在中午前後澆；春季及夏季氣溫高、蒸發量大，植物又處於生長旺季，需水量大，應每天澆水1～2次，宜早晚澆水；秋季植物生長緩慢，可1～2天澆一次；冬季植物進入休眠期，可3～5天或十幾天澆水一次，保持基質適當濕潤即可，對花

果類盆景在花芽分化期間應控制澆水以抑制新梢生長，促進花芽分化。

3. 天氣情況

天氣乾旱少雨，宜多澆水，南方梅雨季節要少澆或不澆水，如遇連續陰雨天氣，應及時排除盆內積水或把盆放倒。

（三）澆水技術

1. 水質要求

澆水最好選用未被污染的河水、湖水、池塘水，城市自來水中含漂白粉（氯），可以提前貯水1～2天待氯氣散發後再使用。

2. 澆水方法

（1）根部澆灌法

即將水直接澆到根部基質中，這是最常見的澆水方法。澆水時，除為了提根需要而用水沖刷根部外，在一般情況下，澆水壺嘴不應離盆面太高，以免把基質沖掉。根部澆灌法應注意不澆則已，澆則澆透。

（2）葉片噴灑法

即用細孔噴水壺往整個植株灑水。剛上盆或換盆的植物，為彌補根系吸收水分不足，應每日向葉面噴清水1～2次，可提高成活率和加快復壯。常綠落葉樹或針葉樹，宜多噴水以使其生長繁茂，落葉樹一般不宜多噴葉水，以防枝條徒長，破壞樹形及抑制花芽形成。

（3）浸水法

微型盆景以及淺盆植物盆景常用此法。先把盆景放入較大空盆內，然後加水到盆景的盆口下沿，使水從盆景底部排水孔滲入，待基質表面由乾變濕時即為浸透。

無論哪種方法，澆水時要注意避開正在盛開的花朵，以防花內積水導致花朵腐爛，還應該注意保持盆底排水孔通暢，以防盆底積水引起爛根。

三、澆灌營養液

採用栽培槽栽培時，營養液的供給，既要恰到好處地滿足植物營養需要，又要達到節省能源、經濟用肥和減少機械磨損的目的。因此，通常採用定時開泵，間歇供液。

無土栽培的供液次數，取決於基質的表面積、植物的生長階段和氣候因素。對光滑的、形狀規則的粗基質，供液次數應比具有大表面積、多孔、形狀不規則的細基質多；對大的植物應比較小的植物供液次數多。

栽培槽栽培一般每天供液1～3次即可，每次供液約5分鐘。基質層厚的，次數少些，薄的則多些。基質粗的，白天每2～4小時供液一次，而對同樣條件下的細基質如沙或鋸末，每天供液1～2次即可。白天、晴天、氣溫高、光線強的，次數多些，反之則次數少些。不同生長期，植物對營養液的需求量也不同。為了間歇供液，最好裝配計時器，若能與電子電腦結合使用則更為理想。

在家庭盆景栽培中，盆景植物依靠基質中十分有限的養分是不能正常生長的，所以必須不斷補充營養液。營養液澆灌的頻率應視盆的大小、深淺，盆景植物的種類、生長階段、栽培環境、氣候條件等因素而定。中、小盆或淺盆每週澆灌一次，每次50～100 ml，也可加施無土栽培專用複合肥8～10粒；對於大盆或特大盆則每半個月澆一次，每次500～1500 ml。不同植物對肥料的要求不同，應選擇合適營養液，正確施肥。觀葉類樹樁盆景一般不需要施肥太多，多施易使枝葉長得過密，影響造型；但缺肥又會造成樹木瘦黃，並易生病。需肥量大的觀花、觀果盆景可只澆營養液而基本上不澆水。從花前期至開花期，可增加供液次數，也可直接向葉面噴施磷肥。室外養護的盆景在雨水多的季節，可適當補充營養液。夏季，澆水次數多了，營養液澆灌次數也應相應增加，一般認為增加1倍為宜。在冬季，由於很多盆景植物處於休眠狀態，營養液澆灌次數可減半或更少。

栽培者可以自己配製營養液，也可以去花鳥市場、肥料公司或化學藥劑商店購買化肥原料、營養液或無土栽培專用複合肥。複合肥施用後，每次澆水時逐漸溶解，起到與營養液相類似的效果，但不及營養液均勻、效果好。

對於沸石、蛭石等基質，在上盆前可將其浸泡在擬栽培植物用的營養液中，浸泡1星期後，基質可吸收一定量的營養元素。上盆後，每次澆水時營養元素可從基質中釋放出來，1～3個月內不必再施營養液。

營養液澆灌時間一般以早、晚為宜。應避免中午澆灌（因為中午植物蒸騰作用強烈），也不要在強光照射下澆灌。另外，在中午或強光照射下供液澆水，容易在基質表層產生藻類和白色鹽分粉末（即鹽析），從而對植物莖基部和根部產生灼傷。若產生鹽析，應把表層基質取出用清水洗淨後再放回。

總之，在澆灌營養液時應注意以下幾點：

（1）澆灌營養液的次數可根據盆的大小、深淺，植物的喜肥程度等因素決定。

（2）每次澆灌營養液與澆水一樣，要澆勻、澆足。若無爛根，盆底流出的營養液收集後，可再倒回盆中。

（3）在任何情況下，都不能將營養液原液直接施於盆中，一定要經過稀釋後，才可使用。否則，不但收不到肥效，還會造成肥害，損傷甚至燒死植物。

（4）儘量在早、晚或陰天澆灌營養液。

（5）室外養護的盆景，在梅雨季節和秋天雨期，營養元素易流失，應補施營養液，以保證營養元素供應。

（6）在植物生長旺盛期，營養液澆灌次數較多，可較平時加倍；在休眠期則較少。

（7）施無土栽培複合肥後就需要澆水，澆水使複合肥溶解，可促進根部吸收肥料。

（8）營養液施用一段時間後，基質表面可能會析出白色鹽層，要及時清洗，以免傷害植物莖基部及根部。

四、上　盆

將原先土壤栽培的盆景植物改為用基質盆栽，稱為上盆。上盆的時期一般為春、秋兩季。對此，不同植物有不同的要求。大多數植物宜早春上盆，不耐寒的南方植物可在初夏進行。

（1）使用過的盆應刷洗乾淨，甚至要進行消毒滅菌。吸水性強的新盆要用清水浸透。盆底排水孔要用塑膠紗窗蓋住，以防小蟲鑽入、粗根穿出和基質流失；若盆的深度允許，上面再用兩塊瓦片、碗片等物斜搭成拱橋形，保持排水孔的面積不致減小，形成「蓋而不堵，擋而不死」的狀態，以利充分通氣和泄水（如圖3-6-15）。

最深的千筒盆需用很多瓦片將盆下層墊空，以利排水。用淺盆栽種較大的樹木時，須用金屬絲將樹根與盆底紮牢。可先在盆底放一木棒，用耐腐蝕的尼龍繩或金屬絲穿過盆孔使樹木與木棒紮牢。這樣栽種時根便可以固定下來，不會因基質輕等原因影響萌發新根。

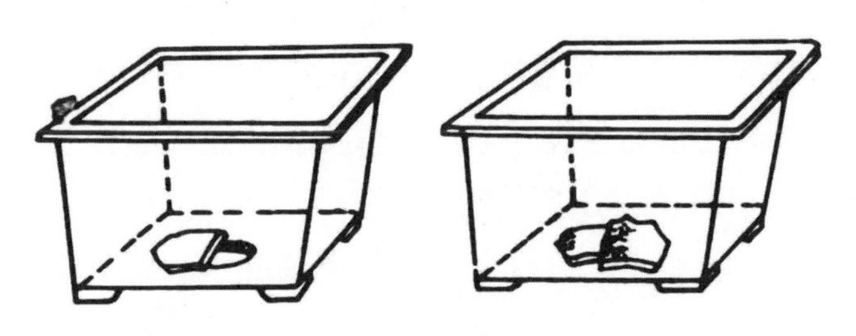

圖3-6-15　盆器底孔用瓦片覆蓋示意圖

（2）對植物枝葉和根系進行修削，剪去病弱、過密、過長部分，使株形緊湊，對萌發力強且過分衰弱或在當年生枝條上開花的植株，甚至可將距莖基10 cm以上部位全部剪去，以減少水分蒸騰，便於根部納入容器，促發新根。

（3）基質在使用前，一般都需在水中浸透，特別是吸水性強的基質尤需如此。對於能吸收營養液元素的基質，如沸石等，則可先將其在營養液中浸泡，使之吸收營養元素。這樣，上盆後1～3個月內，營養液能從基質中緩慢釋放出來，不需另外澆灌營養液。

上盆時，盆底先鋪墊一層1～4 cm厚而通氣排水性能好的大顆粒基質，如陶粒。厚薄和顆粒大小依植物種類、盆器種類、植株大小、容器深淺和基質性能等而定（如圖3−6−16）。

圖3−6−16　上盆過程示意圖

將植株放在容器中央，用手扶正，四周添加較細基質，一邊加基質，一邊輕搖容器並用竹扦將基質與根壓實，一般不要壓得太緊，只要沒有大的空隙即可，這樣便於透氣透水。基質快填充完畢時，緩緩地提升植株和搖動基質，使其根系呈45°角舒展伸直，再將基質稍稍壓實。基質放到接近盆口處，稍留一點水口，以利於澆水。基質加到八分滿時，也可以在基質表面再鋪一層2～3 cm厚的陶粒，目的是防止澆水時沖走表面較細的基質和由於日曬而在細基質表面產生藻類。如係淺盆，則不留水口，有時還要堆高栽種。樹木栽種的深淺也要根據造型的需要，一般將根部稍露出基質表面即可。

（4）植物栽好後，當即或過4～48小時澆以透水或營養液（對傷根多，耐乾旱或水多易爛根的植株不宜過早澆水），新栽的基質較鬆，最好用細噴壺噴水。第一次澆水或營養液，務必均勻、澆足。可用小噴壺向基質表面均勻噴灑，或在礦泉水瓶瓶蓋上打十幾個小眼，當做小噴壺用。澆好後，將其置於避風、遮陰處10～15天，必要時還可套上塑膠袋，以利減少枝葉的水分蒸騰，如天氣乾燥，可酌情噴水。等植株根系恢復吸收能力（俗稱「服盆」）後，方可逐漸照射陽光，喜陰植物則放半陰處，轉入常規養護。

五、翻　盆

將植株從容器中倒出，去掉一部分舊土（基質），對枝葉、根系進行適當修剪，仍栽植於原容器或另一相似大小容器中，添加新土（基質），稱為翻盆。

翻盆一般根據植物生長速度、根系充塞程度以及基質的理化情況而定。盆景植物在盆中生長多年後，鬚根密佈盆底，基質板結，透氣滲水性差，肥料也不易吸收，會影響植物的正常生長，這時就應翻盆。可分以下3種情況來考慮：

（1）一般小盆景每隔1～2年翻盆一次，中盆景2～3年翻盆一次，大盆景3～5年翻盆一次。

（2）生長旺盛且喜肥的樹種，翻盆次數要多些，間隔年限要短些；生長緩慢、需肥較少的樹種，翻盆次數可少些，間隔年限可長些。松柏類老樁景就不宜多翻盆。

（3）枝葉茂盛，根系發達的盆景植物要勤翻盆。翻盆可用原盆或換稍大一號的盆，根據盆景植物的大小來定。翻盆可改善基質的通氣透水性，增加養分，有利盆景植物健壯生長，提高觀賞效果。

翻盆的具體步驟是：

1. 脫盆

脫盆前1～2日澆水，便於脫盆。脫盆時，先用手拍打盆四周，以一隻手托住容器和植物，用另一隻手的手指或用木棍捅人容器底部排水孔將植株連基質頂出。

2. 修根

去掉基質後，觀察根系情況，進行短剪或疏剪，根系發達的可多剪除些，根系不發達的可少剪或不剪。如黑松、金錢松等盆景植物的主根要剪除，而黃楊、羅漢松等只要剪除一些老根即可。

3. 上盆

選合適大小的盆，盆底墊碎盆片，大而深的盆多墊些，有利於排水，微型盆可墊塑膠網或葉片。將盆景植物栽入，注意造型，再填入基質，邊填邊壓實。

4. 澆水

翻好盆，宜在基質上覆蓋一些碎盆片，淺盆可覆蓋苔蘚，以防澆水沖失基質。第一次澆水要澆透，以後基質不乾不澆。常綠樹可多噴葉水，待新根萌發後再正常澆水。

翻盆的時期同上盆的時期大體相同，大多在春、秋二季進行，以春季3～4月間最為適宜，這時植株生長代謝活動弱且耗水量小，便於翻盆。當然也有例外，如春天開花的樹木，應在開花後翻盆，原生於南方而不耐寒的樹木，最好在初夏翻盆等等。六月雪、南天竹、梔子等常綠闊葉樹，可在梅雨時期翻盆，梅、桃、迎春等春花樹椿，則開花後翻盆為宜。

用基質栽種的盆景植物，裸根移栽上盆受天氣季節的影響較小，而翻盆對植株的影響要大大小於裸根移栽上盆，所以，翻盆時受天氣季節的影響也較小。

栽種在基質中的盆景植物，基本上不必要鬆土操作，而隨著長年累月的澆水，基質可能下沉變緊實。尤其是根系生長旺盛的盆景植物，根系過密容易穿出容器底孔，導致容納空氣的空隙減少，影響根系呼吸。

當看到植株原先生長發育良好，沒有受到其他不良因素刺激，卻逐漸變得萎靡不振，甚至出現焦葉、黃葉、縮根時，應考慮隨時翻盆，以改善根系周圍環境，不必拘泥於一兩年、兩三年或三四年翻盆一次，不必拘泥於在翻盆季節才換盆。如果是種植在軟質塑膠容器中的，可先試用手撳捏器壁，使容器內基質有所鬆動變位，觀察植株是否轉為生長發育良好，然後再決定是否翻盆。

1. 脫盆頂出基質

2. 根系修剪完畢

圖3-6-17　翻盆換基質和修根示意圖

六、造 型

盆景是一門造型藝術，植物栽種在盆中，要使植物保持原有造型，並且展現出一定的藝術性和觀賞性，需要對植物進行一定的牽引、矯正或控形，使其能夠正常生長並保持較好的觀賞狀態。

對盆景的造型應提倡「三個結合」和「三個為主」，即人工與自然結合、紮片與剪片結合、棕絲與金屬結合；以自然為主，以修剪為主，以金屬絲為主。

隨著盆景植株旺盛生長的開始，要及時用金屬絲或非金屬絲，不斷進行蟠紮牽引和矯正，使其能始終保持較好的觀賞狀態。下面以樹椿盆景為例詳細介紹造型的手法和技術。

1. 蟠紮

樹椿枝條的彎曲度、走勢在自然情況下大多不盡人意，需要透過蟠紮的手法，進行必要的調整。棕絲蟠紮需要一定的基本功，不易掌握，用金屬絲蟠紮則非常方便。具體過程包括：

（1）選擇粗細適宜的金屬絲，以要蟠紮枝條基部粗度的1/3為好。過粗不靈活，用力大了易折斷或損傷樹枝樹皮，過細不能定型。

（2）先固定好金屬絲在起點，固定的好壞很重要，不牢會在枝條上旋轉，損傷樹皮，彎曲力度也不夠固定，方法因人而異，具體情況靈活掌握，便於應用為原則。

（3）掌握好密度和方向，金屬絲與枝幹成45°角，緊貼樹枝，疏密適當，過疏過密或不均勻，效果都不理想。有時遇到枝條較粗，一根金屬絲達不到彎曲效果時，可用雙絲纏繞，加強彎曲力度。

（4）金屬絲的方向應一致，先樹幹後樹枝，先下部後上部，循序漸進，不能用力過猛，以免折斷枝條。

（5）根據盆景植物的形狀，遠觀近瞧，對不滿意的進一步調整。

金屬絲蟠紮易於掌握，只要把起點固定好，蟠紮密度、方向、彎曲受力點等幾個方面掌握好，基本上便可以隨意彎曲造型，工效高，一次蟠紮到位，成型快。

2. 摘葉

觀葉類樹木最適宜的觀賞期是新葉剛出的時候。摘葉能使一年發芽一次的樹木，變成一年發芽二至三次，並且這樣形成的枝條細而密，比較美觀。榆、槭、枸杞、石榴、銀杏等許多樹種均可進行摘葉。

摘葉時可將葉全部摘除，約半個月後又生新芽，摘葉的同時要注意施肥。摘葉的時期宜在生長旺盛時，要根據不同植物的觀賞需要，確定摘葉時間。有些樹木如槭，在伏天摘葉，至秋末便更為紅豔；再如枸杞，在初夏和初秋進行兩次摘葉，到秋天時，綠葉紅果，相互掩映，更加美觀。

3. 摘芽

摘芽和摘心是樹樁盆景造型與保持樹姿的主要手段之一，可改變樹形，減少不必要的營養消耗，使樹葉疏密得當，通風透光好，樹形更加美觀。

摘芽就是把新萌發出來的多餘的嫩芽從杆枝上抹掉。萌芽力強的樹種，常常在主幹或主枝上長出許多不定芽，不但白白消耗營養，而且由於枝葉密集，通風透光差，破壞了樹形，影響花蕾生長。

有些對生枝在剛萌芽時摘掉其中一個，注意腋芽的角度，留芽角度不當以後就會影響樹形。

4. 摘心

摘心就是除去新枝頂端的芽，促進腋芽生長與坐果，摘心可控制枝條長度，縮短節距，使葉片密集。

不同的盆景植物，摘心的時間也不同，松柏宜在4～5月，雜木在嫩枝長到預想設計時摘心，花果類盆景應避免在花蕾形成期摘心，關鍵要根據不同盆景植物的不同需求來進行。

不同的盆景植物有不同的造型技術，應該根據不同的盆景植物分別對待。

如檜柏松類盆景植物，可經由綁、紮、扭、捏、拉、疏、剪等製作過程，使一株平淡的植物，成為一尊生機盎然的造型，如獅、虎等動物造型，亭、樓等建築造型，或栩栩如生或雄偉挺拔；如富貴竹多製成「開運塔」形，層次錯落有致，造型高貴典雅、節節升高，又有催人奮進之寓意；盆景菊多以仿迎客松、高原懸岸造型為主，在此不一一列舉。

無論何種造型形式，目的均是使盆景植物呈現良好美觀的生長姿態，為觀賞者愉悅身心的同時，也能帶來美的感受，這樣無形中也增加了盆景植物的觀賞價值。

七、修　剪

盆景植物，如任其自然生長，不加抑制，勢必影響樹姿造型而降低其觀賞價值。所以要及時修剪，長枝短剪，密枝疏剪，以保持優美的姿態和適當的比例。針對不同種類的盆景植物，一般分為以下4種情況來考慮修剪。

1. 及時修剪掉無用枝條

一般凡是交叉枝、平行枝、車輪枝（即樹幹某一處四面輪生的枝條）、病蟲枝和一切有礙美觀的枝條一經發現應隨時剪除，這樣不但能保持盆景原有的姿態，而且有利於調解水分和養分的合理供應，使觀花、觀果類盆景年年花開不斷，果實累累。

2. 闊葉類盆景植物的修剪

一般闊葉類盆景植物如雀梅、火棘等的萌發力較強，造型後如任其自然生長，樹冠頂端會冒出許多新梢，應隨時採用摘心的方法把它們剪平剪齊，這樣才能保持盆景原有的層次和姿態。這種摘心短截工作每年需進行3～4次。對於根蘗枝、枝條和主幹上的側芽和不定芽萌發後，應及時剪除或抹掉。

3. 針葉類盆景植物的修剪

對五針松、華山松、黑松、黃山松等植物，主要是由短截和摘芽來控制枝條的加長生長並防止葉叢過密。頂芽萌發後所長出的新梢一般都生長很快，常常突出於根冠之外，使樹形遭到破壞。因此在每年4月份把側枝上的主芽用手摘掉2/3或全部抹掉；兩週以後，在抹去頂芽的部位能同時萌發出2～5個副芽，這些副芽使體內的營養分散，長勢減弱，因此能保持較平整稠密的樹冠。對二年生側枝也應適當短截，在剪口附近能同時萌發幾個新芽，既保持了樹冠的原有層次，又能創造豐厚圓渾自然的樹形。

4. 觀花、觀果類盆景植物的修剪

修剪前，首先要掌握該種植物的開花和結果習性。凡是在短枝上開花的植物，對營養枝應進行重剪，促使腋芽多萌發而形成短枝；凡是由頂芽分化花芽的植物，對花枝不要進行短截，以免把花芽剪掉；早春開花的植物，枝條上的花芽是在去年分化完成的，因此不能在春季短剪，正確的修剪時間應在花謝以後。如迎春、月季、一品紅、石榴、金桔、紫薇等在當年生枝條上開花，因此這些盆景要在休眠期採用重剪，可促使蔭發新枝增加開花。而對於春季開花的梅花、碧桃、貼梗海棠等在第二年生的枝條上開花的觀花盆景要在花謝後修剪，促使萌發新梢、多形成第二年的花枝，切忌在休眠期重剪。

對樹木類盆景在立夏前後進行一次整形修剪非常必要，有助於保持盆景的優美形態，也可減少養分的損耗，提高樹木忍受乾熱氣候的能力。同時盆景在修剪悶頭後，可使樹木重長新芽，增加其觀賞價值，修剪常用的有以下一些方法：

摘葉、摘芽和摘心：可參見造型部分的介紹，不再贅述。

修枝：樹木盆景常生出許多新枝條，為保持其造型美觀，須經常修枝。修枝方式應根據樹形來決定，如為雲片

狀造型，則將枝條修剪成平整狀。一般有礙美觀的枯枝、平行枝、交叉枝等，均應及時剪去。

修根：翻盆時結合修根，根系太密太長的應予修剪，可根據以下情況來考慮。樹木新根發育不良，根系未密佈基質底面，則翻盆可仍用原盆，不需修剪根系。根系發達的樹種，鬚根密佈基質底面，則應換稍大的盆，疏剪密集的根系，去掉老根，保留少數新根進行翻盆。一些老樁盆景，在翻盆時，可適當提根以增加其觀賞價值。並修剪去老根和根端部分，培以疏鬆基質，以促發新根。

八、越　冬

越冬是盆景栽培管理中的重要技術環節，盆景植物受到凍害後，植物細胞間隙或細胞內結冰，原生質脫水，傷害生物膜，破壞葉綠體，植物體內的各種生理機能發生障礙，呼吸作用減弱，凍害嚴重時導致盆景植物失水或缺水死亡。所以，天氣轉冷後，盆景植物應分類進行越冬的管理。

對比較耐寒的盆景植物種類，如蠟梅、海棠、映山紅、石榴、雀梅、紫薇、黃楊、羅漢松等，在不低於-10°C時，一般不會受凍，可以放在背風向陽的地方安全越冬。遇到特別寒冷的天氣，需加蓋地膜或軟草防寒。

對需要防寒的盆景植物如天門冬、蒲葵、棕竹、含笑、富貴竹、茶花、鳳尾竹、蘇鐵等，可放在溫度不低於0°C的塑膠大棚內或溫室內，即可防止凍害。

對溫度要求較高的盆景植物如橡皮樹、茉莉、馬蹄蓮、龜背竹、建蘭、仙客來、天竺葵、扶桑、富貴竹等，應放置在密封性加熱性較好的雙層塑膠大棚或溫室內，天氣特別寒冷時給予適當加溫，並在大棚或溫室頂上加蓋草簾，待到氣溫轉暖後在掀去。

無論是放在大棚、溫室內，還是擺在居室中的盆景植物，除必須保持與之相適應的室內溫度外，還應注意通風透氣，可於一天中溫度最高的中午前後開窗通風換氣，以防落葉、落花、落果的發生。

另外，在越冬期間還要注意盆景植物的養護管理：

水是盆景植物的生命基礎，特別是越冬的盆景植物，不特別乾，不要澆水。基質經常過濕，會引起盆景植物爛根死亡。盆景植物越冬澆水的原則：不乾透不澆，澆則澆透，澆透泄透，不留積水。澆水最好用噴壺淋澆，清洗葉面灰塵，以利常綠盆景樹葉進行光合作用，給植株提供養分，常綠盆景保持盆土微濕即可。

耐寒盆景越冬時，應少施或暫停施肥。四季常青的盆景植物及冬春開花的盆景植物，應在秋末冬初施些腐熟好的有機肥蓋在盆面上，一是腐熟有機肥不時散發出熱氣，對基質起到保暖作用；二是肥效期長，足夠盆景植物越冬所需之營養。一般越冬需要休眠的盆景植物，越冬時可暫停施肥，待度過寒冬休眠期後，再加強肥水等項的管理。

整形修剪：一般耐寒的常青與落葉盆景植物，一年四季均可修剪，但以入冬前修剪最為關鍵。因為盆景植物已長了一年，枝葉稠密混雜，不但影響了樹體內部的通風採光，而且有礙觀賞。進行冬季修剪，不僅能保持樹形優美，而且對盆景植物生理保健也有著舉足輕重的作用，更重要的是為第二年生長和造型創造有利條件。一些耐寒的落葉盆景樹木如銀杏、梅花、貼梗海棠等，入冬後應首先將內部的櫱生枝及基幹枝上的細弱枝、病枝全部剪除，對徒長枝可適當短截，確保新枝從來年粗壯枝上抽生。

對四季常青的盆景樹木應疏剪密生枝。修剪時要考慮到局部服從整體，不僅保持樹形優美，而且使常綠盆景樹冬季有觀賞價值，使常綠盆景樹永葆青春。要從整體出發，對常綠盆景樹進行造型，講求層與層、片與片的輕重、疏密、聚散、馳張、藏露等關係，達到整體均衡和諧，分枝有序，層次分明，過渡自然，將整個樹體的氣勢和神韻充分顯現出來。

透過冬剪，對沒有成型的盆景小樹，可使其來年樹條粗壯有力，縮短成型週期；對成型的樹樁，可促使造型更加完美，枝幹更加健美粗壯，更具有觀賞價值。

九、無土栽培盆景注意事項

1. 轉盆

植物具有向光性，有些種類非常明顯。為了使植株長得勻稱端莊和形態美觀，需根據植物種類經常轉換盆器的擺放方向。一般來說，每隔3～10天轉向一次。掌握尺度是，植株出現向光徵兆，說明需轉盆和勤於轉盆，反之則不需轉盆和疏於轉盆。有些植物種類，如蟹爪蘭等，轉盆可能會影響生長開花，應謹慎對待，儘量安排擺放在可四面見光或三面見光的位置上。

2. 盆景植物的放置

盆景植物放置的地方，必須空氣流通，陽光充足，管理方便和觀賞適宜。如將樹樁盆景放置在叢木樹蔭下面，既不通風，又無陽光，雖然悉心培養，終究生長不良，抵抗力差，病蟲隨之發生，以致死亡。再如放在廊下庭隅的地方，陽光和空氣都不充分，樹勢漸漸衰弱，雖不致死，也生長不好。相反放在陽光充足、空氣流通的地方，盆景植物的枝葉強健，葉色蒼翠，生氣蓬勃，展現出盆景植物的美姿。

不同盆景植物放置的地方也有不同的要求，有的植物喜陽，有的植物喜陰，有些則喜半陰半陽。盆景植物為陽性還是陰性，可從以下幾點來分別：

（1）針葉類盆景植物中，葉片呈針狀的大多是陽性植物，如黑松、五針松等；葉片呈扁平狀和鱗狀的，大多是陰性植物，如羅漢松、檜柏等。

（2）常綠闊葉類盆景植物中大多是喜陰的，如黃楊，杜鵑等。而落葉闊葉類盆景植物大多是喜陽的，如梅、石榴和紫薇等。

（3）枝葉生長茂密的，多是陰性植物；枝葉伸展很廣的，則多為陽性植物。

（4）闊葉樹中葉面扁平且葉質堅厚的，多為陰性植物，相反則為陽性植物。

（5）原生在大樹下面的小灌木，如虎刺、六月雪等，多為陰性植物。

另外，盆景植物放置還需注意的有，剛栽種或翻盆的盆景，不要立刻放在光照或風吹的地方，宜放在無風半陰之處，放置半個月左右，檢查葉片，如恢復原狀，才可放在陽光下。

懸崖式盆景植物，不宜放在風力過大之處，以免被吹倒。原生於高山或寒地的盆景植物，如五針松、杜鵑等，夏天宜放在朝北的場所培養，或放在半陰半陽處，可以使葉色經常保持翠綠，不致被曬焦。

3. 盆景植物的防寒小竅門

盆景植物的防寒工作，還可從其它方面著手。如將怕寒的植物在春季栽種，到冬季時根部已很發達，不易凍壞。越冬前，營養液中適當增加鉀肥含量，可使植物根系發達，從而增加抗寒能力。再如冬季注意使盆中經常保持濕潤，也可使植物避免因乾凍而死。

第四章
無土栽培盆景主要病蟲害

無土栽培雖可大大減輕病蟲害的發生，但在槽式栽培中由於營養液流動，仍可能發生病害，且其抗病能力較一般地栽植物低，一旦受到各種病蟲害的危害，植株的正常生長和觀賞效果必然會受到影響。因此，無土栽培盆景也要注意病蟲害的防治。

第一節　無土栽培盆景主要病害

一、根部病害

在營養液循環系統中，根部病害的寄主比較一致，大多為真菌病害，細菌病害較少。

（1）根腐病是一種典型的根部真菌病害，受害根系呈褐色腐爛狀。病菌在土壤中或病殘體上過冬，一般多在3月下旬至4月上旬發病，5月進入發病盛期，其發生與氣候條件關係很大。低溫高濕和光照不足，是引發此病的主要環境條件。主要防治方法是改善環境條件，如調節光照和溫濕度，增強植物抗病力。也可在翻盆時剪去受害根，放在500倍的托布津溶液中，浸泡半小時再上盆，並注意營養液的使用和控制澆水量。危害嚴重時可施用化學藥劑（硫酸亞鐵、福馬林、多菌靈）來進行防治。

（2）根結線蟲病，線蟲不是細菌，也不是真菌，是一種軟體動物，其為害症狀表現為植株根部腫大。線蟲以成蟲、卵在病組織內，或以幼蟲在土壤中越冬，第二年，越冬的幼蟲及越冬卵孵化出的幼蟲，由根部侵入，引起田間的初侵染，以後循環反覆，不斷產生再侵染，由於線蟲存活在土壤中，具有很大防治難度。盆景植物根結線蟲的種類在中國主要為南方根結線蟲（Metoidogyne incognila）和花生根結線蟲（M. arenaria）。

二、葉面病害

葉面病害的種類很多，和土壤栽培的盆景沒有多大差別。但無土栽培環境相對比較乾淨，避免了許多病菌的迅速蔓延。葉面病害的病原多為真菌，少數為細菌、病毒或類菌質體。常見的盆景植物葉面病害有白粉病、葉斑病、鏽病和煤煙病等。

1. 白粉病

是由子囊菌中白粉菌科的真菌所引起，危害植物的葉片、枝條和嫩梢。發病時葉片、枝條、嫩芽上出現一層白色粉狀物，影響光合作用，導致葉片凹凸不平，萎縮乾枯，新梢畸形，嚴重時造成植株死亡。紫薇、三角楓中較為多見。白粉菌以菌絲在寄主的病芽、病枝條或落葉上越冬，春天溫度適合時生長發育，產生分生孢子進行傳播和侵染。6～8月高溫時期產生大量的分生孢子，擴大再侵染。防治方法是消滅越冬病源，增施磷鉀肥，控制氮肥；發病初期噴施波美0.3～0.5度石硫合劑，生長季節發現白粉病，及時噴灑殺菌劑，可選用：

①50%代森銨1000倍液；②70%甲基托布津可濕性粉劑700～1000倍液；③50%多菌靈可濕性粉劑800倍液；④25%粉鏽寧乳油1500倍液。

2. 葉斑病

初發病時，葉片上出現紫色斑點，逐漸擴大，中央呈淡黃褐色，周圍呈紫褐色，病斑上有明顯的輪紋，大小為6 mm～15 mm，潮濕時背面有褐色黴狀物，發病後期很多病斑集合成大斑，造成大量焦葉。

防治方法主要是消滅初次侵染，摘去病葉；其次是加強管理，通風透光；再次是噴藥保護。發病初期可噴施70%托布津1000倍液，嚴重時噴施①1：1：140的波爾多液，每半月一次；②50%多菌靈1000倍液3～4次；③70%托布津加80%炭疽福美可濕性粉劑混合液1000倍；④杜邦科露可濕性粉劑2000倍液等。

3. 鏽病

由真菌中的鏽菌所引起，是盆景植物的常見病害，主要為害葉片。初期在葉片背面或正面產生黃褐色或淡黃色小點，後期病斑中央突起呈暗褐色，整張葉片佈滿鏽褐色病斑，嚴重時葉片捲曲，甚至引起落葉。如檜柏梨鏽病、貼梗海棠鏽病、松針鏽病等，危害嚴重時引起落葉落果。

防治方法是注意通風和透光，及時摘除病葉銷毀；消滅越冬病原，發病期噴藥保護，可用代森鋅500～600倍液、1%～2%的波爾多液或25%粉鏽寧可濕性粉劑1000～1500倍液噴灑植株。

4. 煤煙病

病原為子囊菌亞門煤炱菌屬和新煤炱菌屬等多種，其無性階段為半知菌亞門的散播煙黴菌。病菌以表生的菌絲體在病部或病殘體上越冬。發病初期，葉片上出現少量煤煙狀黴層，以後逐漸擴大並增厚，嚴重時在葉表面及枝條上形成一層很厚的黑色覆蓋層，遮蔽陽光，影響光合作用，使盆景樹長勢衰弱，降低觀賞價值。煤煙病多在高溫高濕條件下伴隨蚜蟲、介殼蟲而發生，從蚜蟲和介殼蟲的排泄物中吸取營養，同時也隨蚜蟲、介殼蟲傳播。

防治方法是：改善通風透光條件，遏制刺吸式口器害蟲的繁殖活動，惡化煤煙病的營養條件，有助減輕危害；發生嚴重時可噴藥防蟲控病，根據盆景上刺吸式口器害蟲的種類和發生情況，定期或不定期噴施①40%速撲殺乳油1000～3000倍液；②40%樂斯本乳油1000～1500倍液；③25%優得樂（撲虱靈）乳油2000倍液（對介殼蟲若蟲期噴稀液）；④50%抗蚜威乳油2000～3000倍液，可收到防蟲控病的效果。

第二節　無土栽培盆景主要蟲害

危害盆景植物的害蟲主要有三類：食葉害蟲、刺吸汁液害蟲和蛀幹害蟲。食葉害蟲取食葉片，為害嚴重時將葉片吃光，造成植株營養不良，長勢衰弱；吸食汁液的害蟲導致枝葉扭曲變形；蛀幹害蟲蛀食植物樹幹，輕則長勢衰弱，為害嚴重時可導致植株死亡。

一、食葉害蟲

主要有刺蛾、蓑蛾、毒蛾等，幼蟲取食葉肉，留下葉脈，長大後將葉面咬成不規則的孔洞，為害嚴重時能將葉片全部吃光。

防治時，首先應仔細觀察盆景植物枝葉表面有無卵塊、缺刻、孔洞或蟲繭，葉面有無新鮮蟲糞等，若發現可及時除去，也可以人工捕捉。化學防治可用50%辛硫磷乳油1000倍液，或90%敵百蟲1000～1500倍液噴殺。

二、刺吸汁液的害蟲

1. 蚜蟲

蚜蟲種類很多，體形小，繁殖力極強，一年可繁殖15～30代，每年3～10月為繁殖期。蚜蟲以刺吸式口器吸取植物汁液，危害植物新梢、嫩葉、花等部位，使新梢萎蔫，嫩葉捲曲，為害嚴重時造成葉片皺縮，捲曲枯黃，脫落甚至死亡，蚜蟲是病毒病的媒介昆蟲，分泌的蜜露能誘發煤煙病。

防治蚜蟲可用80%敵敵畏2000～3000倍液，40%氧化樂果1000倍液，或4.5%高效氯氰菊酯1000倍液噴施。如榆樹、樸樹、石榴等可用魚藤精1000倍液噴灑。

2. 介殼蟲

介殼蟲的種類很多，形態各異，幾乎所有盆景植物均被危害。介殼蟲群集於樹枝、葉片上吸取汁液，使植株枯萎，樹勢衰弱，為害嚴重時甚至整株枯死，排泄的分泌物堵塞葉面氣孔，往往引起煤煙病。

對介殼蟲的防治，若發生數量較少，可用毛刷刷除，或用濕抹布擦去。另外要注意適當修剪，通風透光。發生嚴重時可用化學防治，一般在若蟲期介殼尚未形成前及時噴藥，用80%敵敵畏1000倍液，或50%氧化樂果1000倍液噴殺。對於已經形成蠟層介殼的成蟲，化學防治效果有限，主要以人工刮剔、洗刷清除。

3. 紅蜘蛛

體小，常為紅色。繁殖力很強，在高溫乾燥的環境下，繁殖很快，每年可繁殖14～18代，幾乎所有的盆景植物都易受其害。它喜歡在植株上結網，在網下吸取汁液，破壞葉綠素，被害葉片呈灰黑色，嚴重時葉片呈紅褐色，並引起葉片枯黃脫落，影響植株的正常生長，危害嚴重時導致植株死亡。

防治可用20%蟎克乳油1000～1500倍液，或20%三氯殺蟎醇800～1000倍液。用3°～4°的石硫合劑在冬季噴施2～3次，可以殺死越冬的雌成蟲和卵，噴灑時溫度要在4℃以上。

三、蛀幹害蟲

蛀幹害蟲主要是天牛，吉丁蟲等。天牛的種類很多，有桑天牛、光肩星天牛、星天牛、雲斑天牛等數十種。天牛成蟲取食樹皮、嫩枝、葉和樹汁，咬傷枝條產卵，幼蟲孵化後沿枝條向下蛀食，蛀入植株木質部，被害植物輕則枝梢枯折，重則整株死亡。

天牛的生活習性各異，有的一年一代，有的二年或三年一代。成蟲的發生期有的在4月上旬，有的在5月、6月，產卵和危害的部位也各不相同。防治成蟲可用人工捕捉的方法，若發現卵粒可及時清除，若幼蟲侵入木質部，可向蛀孔注射80%敵敵畏300～500倍液，或塞入蘸80%敵敵畏的棉花球後，用粘泥封閉洞口。

第三節　主要病蟲害常見症狀

植物受病蟲為害後，會出現各種症狀，憑藉這些症狀可初步判斷，並及時採取有效措施。現將盆景上不同病蟲害症狀加以總結，以供參考。

一、病害的常見症狀

（1）**斑點**：葉斑病、炭疽病、灰黴病等葉部病害發生時，葉片上出現黃褐色或黑褐色不同形狀、大小的病斑。

（2）**粉狀物**：白粉病、鏽病發生到某一階段，在病部能產生粉狀物，這些粉狀物就是病菌的孢子。

（3）**畸形**：葉腫病（餅病）發生時，可使葉片上產生餅狀膨大；帶病發生時，可使枝條變成扁帶狀。

（4）**落葉**：松落針病等病害發生時，可使葉片早落，長勢衰弱。

（5）**穿孔**：桃細菌性穿孔病、櫻花穿孔褐斑病等病害發生時，可使葉片形成褐斑，然後斑部脫落，形成穿孔。

（6）**縮葉**：桃縮葉病發生時，可使桃葉腫大、皺縮；某些植物發生病毒病時，可使嫩葉變小、硬化、皺縮。

（7）**變色**：茶花等發生病毒病時，葉片上出現黃色不規則的條或斑；其它植物也有類似症狀。

（8）**叢枝**：竹、杜鵑等植物發生叢枝病（雀巢病）時，可使枝節條節間縮短，產生叢枝，形似雀巢狀。

（9）**腫瘤**：植物發生根癌病、根結線蟲病時，根部會出現腫瘤狀突起。

（10）**枯萎、腐爛、死亡**：青枯病、白絹病、白紋羽病、苗木猝倒病、根腐線蟲病等根部病害或全株性病害發生後，可使植物逐漸枯萎，爛根，甚至全株枯死。

二、蟲害常見症狀

（1）**蟲糞及排泄物**：害蟲取食後，會排出蟲糞或分泌出排泄物。一般刺蛾、蓑蛾等食葉害蟲和天牛、蝙蝠蛾等蛀幹害蟲，能排出大量顆粒狀蟲糞或木屑；而蚜蟲、介殼蟲能分泌白色透明的蜜露；網蝽、薊馬的排泄物呈褐色斑塊狀；白蟻的排泄物呈泥線或泥被狀。

（2）**缺刻或穿孔**：這是食葉害蟲為害留下的痕跡。

一般刺蛾、天蛾、尺蛾、葉蜂等害蟲取食後，葉緣形成缺刻；而蓑蛾和部分葉甲幼蟲取食後，葉片出現穿孔。低齡幼蟲常常只啃食葉肉而殘留表皮。

（3）**斑點**：這是刺吸式口器害蟲為害葉片後留下的為害痕跡。一般介殼蟲為害後，形成黃色或紅色的塊狀斑；網蝽、葉蟎、薊馬為害後，形成黃褐色的點狀斑；葉蟬為害後，形成黃白色的小方塊狀斑。

（4）**捲葉**：某些害蟲，如捲葉蚜、捲葉蛾、捲葉象為害後，可把葉片捲起，有的使葉片縱捲或反捲，有的把葉片包捲成各種形狀。

（5）**織葉**：巢螟、織葉蛾等害蟲幼蟲有吐絲織葉為害的習性。為害後，有的數葉粘織，有的結成大小不等的巢球。

（6）**畸形或腫瘤**：如榆四脈綿蚜、癭蟎等可使葉部形成膨大的蟲癭，薔薇癭蠅和有些木虱可使葉部出現偽蟲癭，癭蜂可在枝、葉上形成蟲癭等。

（7）**潛痕**：潛葉蛾、潛葉蠅等害蟲為害葉片後，可出現各種形狀的潛痕，如一幅圖畫。所以這類害蟲又被稱為畫圖蟲。

（8）**枯梢**：為害枝梢的害蟲，如毀梢象蟲、莖蜂、蛀螟、食心蟲等為害後，可形成枯梢。

（9）**落葉、枯死**：天牛、蝙蝠蛾、白蟻、松幹蚧等為害枝幹的害蟲為害後，可使盆景的營養生理受到破壞，長勢衰弱，葉片早落，局部枯枝，甚至全株枯死。

（10）**附生煤病**：蚜蟲、介殼蟲等害蟲的排泄物中含有大量糖類，可引起煤病菌的寄生。在這些害蟲為害盛期，植株附近枝葉可見一片煤黑。

第四節　病蟲害的防治方法

病蟲害的防治，應本著預防為主，綜合治理的原則。一方面要正確掌握時機，在病蟲為害初期進行防治；另一方面，應針對各種病蟲的生活習性和發生規律，根據當時、當地的具體條件，因時因地制宜，積極採取行之有效的防治措施。防治無土栽培盆景植物的病蟲害，一般有化學防治、物理防治、生物防治、栽培措施等方法。

一、化學防治

（一）防治原則

即採取施用化學農藥來控制病蟲害的發生蔓延。這種方法只要處理得當，能取得良好的防治效果。但噴施化學藥劑時，必須掌握對症下藥、適時防治、用量適當、交替用藥、安全使用等原則。

1. 對症下藥

也就是要針對病蟲害的種類和發生的時期來選用農藥。殺蟲要用殺蟲劑，殺咀嚼式口器的害蟲，可選用胃毒劑和觸殺劑；殺刺吸式口器的害蟲，用胃毒劑就無效，應選用觸殺劑和內吸劑；對蟎類，應使用殺蟎劑，對白蟻，則應使用傳遞殺滅性的藥劑；對病菌引起的病害，則應使用殺菌劑。發病前，應選用防護性強的表面殺菌劑；發病早期，則應使用具有內吸性殺菌劑；基質殺菌則可用薰蒸劑等。

2. 適時防治

也就是要掌握病蟲發生規律，抓住最適宜的時期進行防治。不能過早、過遲，更不能盲目亂噴。如能一次噴藥，防治多種病蟲害，則可以收到更高的效益。

3. 用量適當

就是使用的濃度、劑量要合理、適當。噴施的藥液濃度過低會降低藥效；過濃則不僅會增加成本，同時還會促使病蟲產生抗性，對植物造成藥害。

4. 交替用藥

就是輪流選用不同作用機理的農藥品種。因長期使用單一品種的農藥，病蟲能加速產生抗性，影響藥效。

5. 安全使用

就是施用農藥時，要嚴格遵照安全操作規程，既要保證施藥人員的安全，又要儘量減少農藥對環境的污染。盆景植物應嚴格禁用高毒和高殘留的農藥。

（二）幾種常見盆景病蟲的化學防治方法

1. 病害

上盆前先用水將植株根部土壤洗淨，然後放入0.05%氮磷鉀複合肥＋0.05%托布津＋0.02%敵殺死消毒液中浸泡1～2分鐘，即可提高存活率，又能防治根系病害。

用苯萊特、甲基托布津、百菌清和多菌靈等殺菌劑按說明書的劑量對發現的葉斑病害作防治處理。

2. 線蟲

為保證有效地控制線蟲，特別是對於出口盆景，上盆前應將盆景植株根部原來附著的泥土去掉，將根部沖洗乾淨，然後用下列方法之一處理植株根部：

①10%硫氰基甲烷乳油稀釋500倍液，浸泡植株根部3分鐘；②10%克線丹或10%鐵滅克等殺線劑以1:（600～800）倍加水攪拌溶解，泡浸植株根部2分鐘；③1%次氯酸鈉＋40%氧化樂果乳油1500倍＋2.5%敵殺死乳油3000倍製成混合液，加熱至50℃，浸泡植株根部25分鐘，用以處理植物根結線蟲；④3000倍2.5%敵殺死乳油＋3000倍20%克線丹顆粒劑（或浸種靈）製成混合液，加熱至50℃，浸泡植株根部25分鐘。

對已上盆盆景，控制基質水分在20%左右（即表面乾燥、手按下去鬆軟有彈性），用有效成分為3%～5%的敵殺死1000～1500倍液、連續澆施兩次，間隔時間5天為宜，效果可達100%。也可用10%克線丹、10%鐵滅克拌細沙或蛭石灑於基質表面，保證克線丹或鐵滅克每盆施藥2～3 g（以20 cm規格的盆器計，其他規格的盆器按此劑量增減藥量），1～2個月後殺蟲率可達100%。

3. 介殼蟲

①用40%氧化樂果乳油1000倍或25%馬拉硫磷1500倍液噴霧防治；②40%的速撲殺乳油1500～2500倍液對草履蚧、吹綿蚧、褐軟蚧、桑白盾蚧的防治效果較好；對褐軟蚧的防治：1500倍液施藥7天或2500倍液施藥12天，防治效果達100%；③用25%馬拉硫磷1000倍＋90%敵百蟲晶

體混合水溶液澆灌盆景植物根部，可殺死根粉蚧。

4. 蝸牛、蛞蝓

8%滅蝸靈顆粒劑（四聚乙醛）對蝸牛、蛞蝓有強烈的誘食作用。使用方法是：每平方公尺40 g拌入蛭石均勻撒在盆景基質上，防治效果可達95%，但不能與鹼性農藥混用。另外，10%的茶鹼對蝸牛、蛞蝓的防治效果更好，可高達98%。在實際應用中，介殼蟲、蝸牛、蛞蝓和田螺的防治應結合人工捕捉。

5. 紅蜘蛛

用20%蟎克乳油2000倍、73%克蟎特乳油3500倍噴霧防治。

6. 蚜蟲

蚜蟲以桃蚜、蘿蔔蚜、四脈綿蚜、棉蚜、甘藍蚜為主，採用化學藥劑防治，大部分有機磷農藥對蚜蟲都有良好的防治效果。40%樂果乳油或氧化樂果1000～1500倍液，防效可達100%；50%馬拉硫磷乳劑1000～1500倍液，不但效果好，而且使用安全。

7. 茶黃蟎

茶黃蟎分佈遍及40多個國家，以熱帶分佈最廣，而在溫帶主要在溫室中為害，近年來已向溫室外蔓延。用20%三氯殺蟎醇防治效果最好，用1000倍液噴霧效果可達90%以上，最高可達98%。

8. 白粉虱

用江蘇農藥研究所研製的10%撲虱靈乳劑殺滅，效果較好，使用濃度為150～250 mg/kg噴霧，對初齡到四齡中期若蟲的校正防效在92%～100%之間，比氧化樂果、敵殺死和速滅殺丁的常見濃度效果都好。

二、物理防治

就是採用物理、機械的手段，來消滅或控制病蟲的發生和蔓延。當病蟲少量發生時，可人工捕捉蝸牛、介殼蟲、尺蠖等害蟲的成蟲、幼蟲、蛹和卵等，或點燈誘殺害蟲成蟲；在發病早期或越冬期，剪除、銷毀蟲體和有病枝葉、花果，往往是減少受害的行之有效的方法。

特別對於家庭種養盆景，盆景數量有限，病蟲害也有限，人工捕捉害蟲、摘除有病枝葉，可起到良好的防治效果，又可避免環境污染，簡單易行，防效顯著。家庭種養盆景只有在物理方法無法控制病蟲害時，才採用化學防治方法，也就是說物理防治是首選的方法。

三、生物防治

自然界的害蟲，常常有與它相制約的生物，如昆蟲、鳥類、兩棲類、蟎類、真菌、細菌、病毒等，這些有益生物，我們稱之為害蟲的天敵。保護並利用天敵，甚至有意識地引進或繁殖天敵，以達到有效地抑制害蟲發生的目的，這種防治方法，我們稱之為生物防治。生物防治不會像化學防治那樣對環境造成污染，從而可避免生態平衡被破壞。

四、栽培措施

就是透過合理、科學的養護管理，創造對盆景生長發育有利而對病害發生蔓延不利的生態環境，從而增強盆景植物的抵抗力，減少病蟲害的發生。如改善栽培槽通風透光；避免暴風雨直接侵襲；合理施肥；及時清除雜草和枯枝落葉；防凍、防日灼、防機械創傷；及時灌溉排水；選擇無病苗木，提高盆景植物抗病抗蟲能力，等等。

1. 清潔衛生

清除所有的植物殘株，以及帶病菌的各種用具，儘量保持無菌的栽培環境。基質使用前或重複利用時要進行消毒。工作人員進行無土栽培操作時，手腳要洗淨，避免經常與土壤接觸而將病害帶入栽培槽，保持環境衛生，可大大減少病菌為害。營養液池上部應做得比地面高一點，並加蓋，防止泥土掉入，這是很必要的。

盆和山石可用高溫或高壓法來滅菌消毒，也可用40%甲醛原液稀釋300倍浸泡半小時消毒，風乾1天後使用。

2. 種子消毒

①乾熱消毒，將種子在70℃～73℃處理3～4天；

②溫湯消毒，將種子於53℃～55℃水中處理20～30分鐘；

③中性次氯酸鈣消毒，將種子在7000 mg/kg中性次氯酸鈣中處理1小時，消毒後不用水洗，風乾後播種，如處理後不風乾立即播種，就會產生藥害。採用熱處理時需事先對被處理種子進行耐熱試驗，以確保處理過的種子的發芽率不會降低。

上述幾種防治方法各有利弊，不宜偏廢，只有根據具體情況，合理搭配使用，才能取得較為滿意的效果。

第五節　常用化學藥劑的性能、使用

一、殺蟲劑

1. 敵百蟲

是具有強胃毒作用，並兼具觸殺作用的有機磷殺蟲劑。常用商品為含有效成分90%以上的白色或淡黃色固體。它對蓑蛾類害蟲有特效，用敵百蟲800～1500倍液，可噴殺刺蛾、蓑蛾、尺蛾等鱗翅目害蟲；如加水20～40倍溶解後拌種，可防地下害蟲。

該農藥對人、畜毒性低，但遇鹼性溶液易分解為敵敵畏，毒性增大，且藥效很快降低。

2. 敵敵畏

又稱二氯松，是具有強觸殺、薰蒸作用，並具有一定胃毒作用的有機磷殺蟲劑。常用商品為50%或80%的乳油。用80%敵敵畏乳油1000～2000倍液噴殺蚜蟲、葉蟎、葉蟬、薊馬、蚧蟲、刺蛾、蓑蛾、捲葉蛾等多種盆景害蟲，都有良好的效果，但殘效期短。

該農藥毒性較大，應注意安全操作。梅花等對它較敏感，易引起藥害，應忌用。

3. 樂果

是具有強內吸作用和觸殺作用的有機磷殺蟲劑。常用商品為40%乳油。用樂果乳劑1000～2500倍液噴殺葉蟎、蚜蟲等刺吸式口器害蟲，有較好的效果。該農藥對人畜毒性低，但對梅花等薔薇科植物容易引起藥害，應該注意忌用。

4. 氧化樂果

是具有觸殺和內吸作用的有機磷殺蟲劑。常用商品為40%乳油。用氧化樂果1000～2000倍液噴殺蚧蟲、蚜蟲、葉蟎、葉蟬、網蝽、薊馬、刺蛾、潛葉蛾、葉甲、尺蛾等多種盆景害蟲，均有良好的效果。如用氧化樂果50～100倍稀釋液吸入炭粒內，拌置盆景基質表層，透過澆水下滲內吸，可使盆景植物較長時間內不受害蟲為害。

該農藥對人、畜的口服毒性較高，但經皮毒性略低，使用時應注意嚴格遵照安全操作規程。一般盆景對該農藥無不良反應，但梅花等較敏感，應注意忌用。

5. 亞胺硫磷

是具有觸殺和胃毒作用的有機磷殺蟲劑。常用商品為25%乳油。用亞胺硫磷800～1500倍液噴殺蚜蟲、葉蟎、薊馬、葉蟬、蚧蟲、刺蛾等多種盆景害蟲，有良好效果。

該農藥對人、畜毒性中等，對常見盆景害蟲，有良好防治效果，對常見盆景植物也較安全。

6. 馬拉松

是具有觸殺、胃毒作用，並兼具薰蒸作用的有機磷殺蟲劑。常用商品為50%乳油。用馬拉松1000～2000倍液噴殺蚜蟲、葉蟬、葉蟎、刺蛾等多種盆景害蟲，均有良好效果。該農藥對人、畜毒性低。

7. 殺螟松

是兼具觸殺、胃毒作用，並在植物體上具有較強滲透性的有機磷殺蟲劑。常用商品為50%乳油。用殺螟松800～2000倍液噴殺蚧蟲、葉蟎、蚜蟲、刺蛾、食心蟲等多種盆景害蟲，均有良好效果；用殺螟松150～300倍液噴樹幹，對殺死天牛初孵幼蟲的效果，可達80%以上。該農藥毒性中等。十字花科樹木對它較敏感。

8. 辛硫磷

是具有強觸殺作用並兼具胃毒作用的有機磷殺蟲劑。常用商品為50%或75%乳油。一般用辛硫磷1000～2000倍液噴殺蚧蟲、蚜蟲、薊馬、刺蛾、粉虱、夜蛾、尺蛾等多種盆景害蟲，均有良好的效果。該農藥對人、畜毒性低。豆科、葫蘆科盆景植物對它較敏感，應避免使用。

9. 倍硫磷

是兼具胃毒、觸殺、內吸作用的有機磷殺蟲劑。常用商品為50%乳油。用倍硫磷1000～2000倍液噴殺葉蟎、蚜蟲、網蝽、刺蛾、尺蛾、潛葉蛾等盆景害蟲，有良好的效果，該農藥對人、畜毒性低。

10. 溴氰菊脂

是具強觸殺作用，並兼具胃毒作用的殺蟲劑。常用商品為2.5%乳油。該農藥對鱗翅目幼蟲和同翅目害蟲有特效，除葉蟎類和鞘翅目害蟲外，可廣泛應用於盆景害蟲防治上，常用濃度為4000～10000倍。該農藥對人、畜和盆景均低毒。

11. 三氯殺蟎醇

是兼具觸殺和胃毒作用的殺蟎劑。常用商品是20%乳油。用三氯殺蟎醇800～1000倍液對各種葉蟎、鏽蟎的成蟲、幼蟲和卵，均有良好的殺傷效果。該農藥對人、畜低毒。

12. 呋喃丹

是兼具胃毒、觸殺和內吸作用的殺蟲、殺蟎、殺線蟲劑。常用商品為3～5%顆粒劑。每畝用呋喃丹4～6斤拌施基質內，可內吸殺死蚜蟲、蚧蟲、蟎類、葉蟬和線蟲。

該農藥對、畜毒性甚高，在使用時，應嚴格遵照安全操作規程。

二、殺菌劑

1. 波爾多液

是表面保護性銅制殺菌劑，由硫酸銅和石灰配製而成。即以硫酸銅和生石灰分別按一定比例溶化於水中，然後邊攪拌邊以硫酸銅液慢慢倒入石灰乳中，即配製成天藍色的波爾多液。該藥液系懸濁液，宜現配現用，否則即發生沉澱，影響藥效。波爾多液常用配比是等量式（即硫酸銅1份、石灰1份、水100份）和硫酸銅半量式（硫酸銅半份、石灰1份、水100份）。

波爾多液對預防炭疽病、葉斑病、葉枯病、霜黴病等多種盆景病害均有良好效果。該藥對人、畜毒性中等。

2. 石硫合劑

是表面保護性硫制殺菌劑，由硫磺粉和石灰加水，按1：2：10的比例煎製而成的。即先將生石灰加少量水化開，調成石灰乳，再加足水，在鐵鍋中加熱煮沸，再將優質硫磺粉用少量水調糊後，慢慢倒入煮沸的石灰乳中，用旺火煎製40分鐘至1小時，煎製過程中，隨時補充開水，以保持原有水量，待藥液變紅褐色時即可停火。冷卻後就是石硫合劑原液。一般原液比重為20～28度Be，把原液稀釋到0.2～0.3Be時噴施，對預防赤星病、黑星病、縮葉病、菌核病、白粉病等盆景主要病害有良好的效果，並可兼治葉蟎和蚧蟲。

該藥劑對人、畜的毒性中等，對梅花等薔薇科、豆科、葫蘆科盆景易引起藥害，要注意在嫩梢期、高溫期和花果期忌用。

3. 托布津

是具有內吸性的廣譜性殺菌劑。常用商品為50～70可濕性粉劑。用托布津500～1500倍液防治灰黴病、葉斑病、腐爛病、白粉病、炭疽病、立枯病、菌核病等盆景病害，都有良好的效果。

該農藥對人、畜低毒，對盆景也較安全。

4. 多菌靈

是具有內吸性的廣譜性殺菌劑。常用商品為25％、50％可濕性粉劑。用50％多菌靈500～1000倍液，對防治白粉病、根腐病、褐斑病、葉枯病、早期落葉病等盆景病害，有良好的效果。

該農藥對人畜低毒，對一般盆景也較安全。

5. 退菌特

是有機砷和有機硫混合殺菌劑。常用商品為50％～80％可濕性粉劑。用退菌特500～1500倍液對預防白粉病、立枯病、炭疽病、褐斑病、鏽病、瘡痂病等多種盆景病害有良好的效果。

該農藥對人、畜毒性中等，但有積累毒性，對盆景較安全。

6. 代森鋅

是表面防護的有機硫殺菌劑。常用商品為65％可濕性粉劑。用代森鋅400～600倍液對防治白粉病、褐斑病、花腐病、炭疽病、立枯病等多種盆景病害有良好的效果。

該農藥對人、畜毒性低，對盆景也較安全。

7. 甲醛

是薰蒸消毒用殺菌劑。常用商品為40％水劑。用甲醛50～300倍液浸種子5分鐘到3小時，可殺死附著於種子上的多種病菌；用甲醛50～100倍液，按4–8斤／尺^{2}的量拌沙，上面蓋厚紙或塑膠布加以薰蒸，對殺死基質中有害微生物有效。

該農藥對人、畜低毒，但直接薰苗木易引起藥害，故處理過的基質，應等藥味散發完後，再使用。

三、殺線蟲劑

1. 丙線磷

是觸殺型有機磷殺線蟲劑。商品名滅克磷，益收寶。在鹼性介質中則很快會分解，對光穩定常用商品製劑為20％顆粒劑，可在播種前、播種時和作物生長期使用。適用於多種植物，可防治根結屬、短體屬、螺旋屬、毛刺屬等多種線蟲。防治線蟲，每畝用20％顆粒1.5～3 kg，可穴施或溝施，但注意不能與種子接觸，以免發生藥害。丙線

磷對人、畜高毒，貯存、運輸和使用時應注意安全。此藥對溫血動物高毒，對魚高毒，對蜜蜂類毒性也較高。

2. 硫線磷

是觸殺型高毒有機磷殺線蟲劑，兼有殺蟲作用，又名克線丹。常溫貯存穩定性為一年。無內吸性，無薰蒸作用。對魚有毒，對雞高毒。常用加工劑型有10 %和20%顆粒劑。可在播種時或作物生長期使用，用溝施、穴施或撒施方法，一般每畝用藥量為3～4kg。

適用於多種植物上的多種線蟲。可有效防治根結屬、螺旋屬、短體屬、毛刺屬等線蟲。

此藥對高等動物高毒，貯存、使用時應注意安全。

3. 阿維菌素

商品名有除蟲菌素、愛福丁、蟲蟎克、蟎虱淨、菜蟲星、菜寶、菜農樂、殺蟲丁等。

是從土壤微生物中分離的一種大環內酯雙糖類化合物，屬昆蟲神經毒劑，主要干擾害蟲神經生理活動，使其麻痹中毒而死，殺蟲殺蟎活性高。

使用方法可採用2 %阿維菌素乳油按每平方公尺1 ml 2%阿維菌素乳油加水3000 ml噴灑基質，或按6～8 ml/L濃度配製溶液，後噴灌株穴。

4. 棉隆

又稱必速滅，為廣譜薰蒸殺線蟲劑，可兼治真菌，地下害蟲及雜草。在基質中分解成有毒的異硫氰酸甲酯、甲醛和硫化氫等。易於擴散並且持效期較長。適用於防治多種植物上的各種線蟲。

使用方法每畝用40 %可濕性粉劑1.0～1.5 kg，拌10～15 kg基質，進行溝施或撒施，15天後播種。或用50 %可濕性粉劑135 g，加水45 kg澆灌，持效期4～10天。

5. 硫醯氟

又名氟氧化硫，對根結線蟲有良好的防治效果。硫醯氟蒸汽壓大，穿透性強，可殺死盆景深層基質中的線蟲。由於硫醯氟在常溫下是氣體，所以易於使用，不需要專用的施藥設備。

硫醯氟比溴甲烷使用方便，即使在冬天使用，也不用象施用溴甲烷那樣需要建小拱棚或採用「熱法」施藥。硫醯氟使用方法為將硫醯氟透過分佈帶施入基質中，每平方公尺用量為25～50 g。

第五章

盆景無土栽培常用樹種栽培技術要點

五　針　松

（一）特徵特性及品種選擇

1. 特徵特性

學名：*Pinus parviflora* S. etz.，又名五釵松、五鬚松或五葉松。性喜高燥，怕低溫，能耐寒冷，怕炎熱，在伏天容易發現焦葉現象。喜陽光，也能耐陰，適於生長在疏鬆肥沃的基質內，但也能耐貧瘠。

五針松葉密針短，是樹樁盆景中的重要樹種。姿態優美，具有大樹的縮影感，並且能耐修剪，可紮縛成各種形式，以作成片狀更符合自然景色。由於耐乾，很適合在基質中置放山石，使其生長在山石上，製成樹樁配石盆景。

2. 品種選擇

適合無土栽培的品種有：

（1）**短葉五針松：**針葉特別短，只有普通五針松的葉一半長。

（2）**長葉五針松：**葉長達10公分左右。

（3）**銀葉五針松：**針葉銀白色，又有長葉、短葉之分。長葉種的針葉長約4公分左右，色較白；短葉種的針葉長約2公分左右。

（4）**金葉五針松：**針葉全部黃色，或生黃斑。枝葉自然成片狀，緊密。為樹樁盆景中的珍貴樹種。

（二）無土栽培技術要點

1. 基質

（1）沸石3份，珍珠岩7份。基質使用前經消毒後在營養液中浸泡1星期，可在上盆1個月後開始施用營養液。

（2）泥炭2份，珍珠岩2份，沙1份。

（3）粗沙3份，泥炭3份，腐葉土3份，基質表面覆蓋礫石。

（4）蛭石6份，炭化稻殼1份，沙3份。

2. 營養液

可採用營養液章節所述格里克營養液、霍格蘭氏營養液、斯泰納營養液、日本園試營養液配方。

3. 管理

（1）**繁殖：**五針松的繁殖有播種和嫁接。一般均採用嫁接繁殖。可用黑松作砧木，取1～2年生的枝條作為接穗，在冬末春初時用腹接法進行嫁接。接好後放在溫室保養，在三、四月間可搬到室外蔭蔽之處，到接穗完全癒合，發生新葉時，即可將黑松上部全部剪去。

（2）**上盆：**最宜在早春上盆，秋後也可。上盆前，基質先浸透。盆底孔用尼龍網塞蓋，墊1～2層瓦片，在瓦片上視盆的深淺鋪1～4公分陶粒，使排水便利。如植株較大，可在盆底放細木棒再用銅絲使之與根系捆紮，起到固定作用，使植株不會輕易搖動，以提高存活率。當基質較輕，植株較大時，均可採用此法，下面不再贅述。

上盆初期，宜放置在遮陰處，半月左右讓其恢復生長功能，而後移置陽光處。

（3）**肥水管理**：五針松忌濕，上盆後不宜澆水太多，可將葉上噴水，稍避強烈的陽光，即能服盆。在平時的管理中，也必須注意帶乾和澆葉水。每隔10～15天澆灌1次營養液或施加8～10粒無土栽培用複合肥。在盛夏半月至7天左右澆一次營養液。

五針松冬季一般可放在室外向陽避風處。夏季須注意防曬和高溫，可放置蔭棚下或樹蔭下，並注意水分不可過多，但也不能因此而疏忽澆水。

（4）**摘芽**：要使五針松長得枝葉茂密，摘芽是一個重要手段。在新芽未成針時，摘掉每根芽的三分之一或一半，不需要的甚至全部摘掉，這樣會愈長愈密。摘芽宜在晴天進行，斷口易於癒合。五針松的修剪宜在秋後進行，夏季修剪會造成松脂流失，甚至全樹死亡。

4. 病蟲害防治

五針松常見病蟲害有紅蜘蛛、蚜蟲、葉枯病、立枯病、落針病等。

（1）**紅蜘蛛**：發現有成蟎或幼蟎為害時，及早用三氯殺蟎醇或氧化樂果、樂果等藥劑1000倍液噴殺2～3

次，噴施時應力求均勻周到。

（2）**蚜蟲**：用樂果、氧化樂果等內吸、觸殺劑1000～1500倍液或敵敵畏、殺螟松等殺蟲劑1000倍液噴殺。由於該蟲增殖快，若能在噴後3～4天再複噴1次，則效果更好。

（3）**松葉枯病**：四、五月間新梢萌發時噴施2%硫酸亞鐵溶液，可保護新葉不發病。發病早期每隔7～10天噴施等量式100～200倍波爾多液或70%甲基托布津1000～1500倍液一次，連噴2～3次。

（4）**松落針病**：四、五月開始，每隔半個月，用等量式100倍波爾多液、甲基托布津1000倍液，或代森鋅500倍液噴施一次，連續噴5～6次。

5. 栽培日曆表

<table>
<tr><td>月份</td><td>12</td><td>1</td><td>2</td><td>3</td><td>4</td><td>5</td><td>6</td><td>7</td><td>8</td><td>9</td><td>10</td><td>11</td></tr>
<tr><td>放置場所</td><td colspan="12">半陰性樹種</td></tr>
<tr><td>澆水</td><td colspan="3">見乾適量澆水</td><td colspan="3">3～4天澆水一次</td><td colspan="3">早晚各澆水一次</td><td colspan="3">2天一次</td></tr>
<tr><td>繁殖</td><td colspan="9">播種法</td><td colspan="3">嫁接法</td></tr>
<tr><td>特點</td><td colspan="12">木本、常綠</td></tr>
</table>

黑　松

（一）特徵特性

學名：*Pimus thunbergii* Parl，黑松是陽性樹種，性喜

溫暖、濕潤的環境，也能耐寒耐乾。對基質要求不嚴，適宜生長在濕潤和排水良好的中性基質中。

黑松若自然任其生長，很難得到良好的樹形，必須加以人工修剪和攀紮。在盆景中，黑松可作直幹式、斜幹式和懸崖式等多種形式，其特點是瀟灑蒼勁兼而有之，極富畫意。

（二）無土栽培技術要點

1. 基質

（1）沸石6份，珍珠岩4份，基質消毒後可在營養液中浸泡1星期，這樣2～3月內不必澆營養液。

（2）沸石6份，珍珠岩2份，腐葉土2份。

（3）泥炭2份，珍珠岩2份，沙1份。

（4）泥炭1份，沙3份。若如前面基質章節所述混入肥料，則平時只需澆水即可，一年內基本上不需施肥。若不拌肥料，則平時澆灌營養液亦可。

（5）蛭石6份，炭化稻殼2份，沙2份。

2. 營養液

可採用營養液章節所述格里克營養液、霍格蘭營養液、斯泰納營養液營養液等配方。

3. 管理

（1）**繁殖：**採用春季播種。在地上進行，因黑松耐移植，每年可移植一次，將長根適當剪短。生長很快，三、五年即可加工和上盆。

（2）**上盆：**盆底墊尼龍網，再鋪幾張瓦片，瓦片上再鋪1～4公分陶粒，保證排水和防基質洩漏，把樹木放在美觀的位置後，放入並塞實基質。上盆時機以深秋和早春為宜，剛上盆的黑松，松針全部剪短一半左右，以減少水分蒸發。

（3）**肥水管理：**每隔7～12天澆灌1次營養液或施加8～10粒無土栽培用複合肥。黑松的針一般較長，可透過適量扣水（特別在新芽剛出時）和摘芽等方法使其縮短。

（4）**摘芽與修剪：**黑松的摘芽，宜在新芽伸長但未成針時進行。一般摘掉每根芽的一半左右，如不需要長枝的，則全部摘掉。修剪可在休眠期進行，夏季不宜修剪，否則傷口流失松脂，影響生長，甚至造成死亡。

4. 病蟲害防治

黑松的常見病蟲害有：紅蜘蛛、介殼蟲、曲枝病和松瘤病等。

（1）**紅蜘蛛：**用20%蟎克乳油2000倍、73%克蟎特乳油3500倍噴霧防治。

（2）**介殼蟲：**用40%氧化樂果乳油1000倍或25%馬拉硫磷1500倍液噴霧防治。

（3）**葉鏽病、曲枝病：**用100倍波爾多液、甲基托布津1000倍液，或代森鋅500倍液噴施

5. 栽培日曆表

月份	12	1	2	3	4	5	6	7	8	9	10	11
放置場所	半陰性樹種											
澆水	5～7天一次			1～2天澆水一次			早晚各澆水一次			3～4天一次，宜偏少		
繁殖	播種法											
特點	木本、常綠											

羅　漢　松

（一）特徵特性及品種選擇

學名：*Podocarpus macrophyllus* D. Don，別名：土杉。羅漢松屬羅漢松科、羅漢松屬。羅漢松為半陰性樹種，較能耐陰，喜生於溫暖多濕處，宜排水良好而濕潤的沙質壤土，耐寒性較弱，長江以南在室外過冬，長江以北則須加防寒。萌發力較強，嫩梢一年四季都能生長。由於較耐陰，故下枝繁茂，不易枯落。

羅漢松樹形優美，適應性強且耐修剪，在盆景中可加工成各種形式，尤其是雀舌羅漢松，葉小、枝密，為樹樁盆景中的珍貴樹種。

2. 品種選擇

適合無土栽培有大葉、小葉與短葉之分，短葉羅漢松又稱雀舌羅漢松，葉長僅2公分左右。

（二）無土栽培技術要點

1. 基質

（1）沸石3份，珍珠岩7份，消毒後先在營養液中浸泡1週，1月內不需施營養液。

（2）蛭石2份，炭化稻殼3份，沙5份。

（3）蛭石5份，沙3份，泥炭土2份。

（4）粗沙4份，泥炭3份，腐葉土3份。

（5）粗沙1份，腐葉土1份。

（6）泥炭1份，珍珠岩1份，用於扦插繁殖。

（7）泥炭1份，沙1份，用於扦插繁殖。

（8）蛭石1份，珍珠岩1份，用於扦插繁殖。

2. 營養液

可採用營養液章節所述格里克營養液、霍格蘭營養液、斯泰納營養液、日本園試通用營養液等配方。

3. 管理

（1）**繁殖：**羅漢松一般多用播種及扦插繁殖。播種在春季進行，種子發芽率在80～90%。由於生根慢，故一般不採用。扦插在春秋二季進行，以春季最為適宜。春季扦插用一年生枝條（即前一年秋天生出的枝條），秋季扦插用當年生枝條（即春季生出的枝條）。剪枝條時須注意帶踵，長約15公分，去葉。插後注意及時遮蔭澆水。成活率可達80%左右。扦插用基質配方如上。

（2）**上盆：**羅漢松上盆宜在春季出芽前進行。每三、四年翻一次盆。

（3）**肥水管理：**上盆後7～10天澆灌1次營養液或施加8～10粒無土栽培用複合肥。冬春和初秋，可適當增加施肥頻率，每7～10天澆灌2次。

（4）**摘花：**羅漢松在開花時，最好將花摘掉，以免結果而影響樹勢。

4. 病蟲害防治

羅漢松抗病蟲害的能力較強，一般注意防治羅漢松新葉蚜、大蓑蛾、白蠟蟲、紅圓蚧和葉枯病、斑點病、煤病

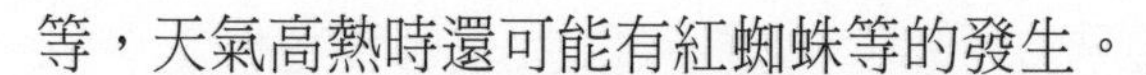

等，天氣高熱時還可能有紅蜘蛛等的發生。

（1）**羅漢松新葉蚜**：在早春羅漢松未抽芽前，用1～3度Be石硫合劑噴殺新葉蚜越冬卵。在四月間開始發生時，每天噴以樂果、氧化樂果等殺蟲劑1000～1500倍液一次，連續噴2～3次。

（2）**羅漢松紅圓蚧**：用氧化樂果、敵敵畏、殺螟松等殺蟲劑1000倍液噴殺2～3次。

（3）**羅漢松葉枯病**：在發病早期以代森銨1000倍液、75%百菌清500倍液，或等量式100倍波爾多液等殺菌劑，每10天一次，噴施2～3次，以防發病。

5. 栽培日曆表

月份	12	1	2	3	4	5	6	7	8	9	10	11
放置場所	半陰性樹種											
澆水	4～5天一次			每天澆水一次			早晚各澆水一次			每天澆水一次		
繁殖	播種法、扦插法									扦插法		
特點	木本、常綠											

金　錢　松

（一）特徵特性

學名：*Pseudolarix amabilis* Rehd.。金錢松屬松科、金錢松屬。金錢松是陽性樹種，喜溫暖多雨的氣候，適宜生長在深厚肥沃、排水良好酸性基質上。雖為陽性樹，但仍要有一定的蔭蔽和水分條件。

金錢松樹姿挺拔優美，入秋後葉片呈金黃色，是中國特有的珍貴樹種。金錢松是優良的觀賞植物，葉細小，並富有畫意。在盆景中，多保留其自然形態，略加修剪造型。常用多棵合栽，猶如松樹林一般。落葉喬木，幹挺直而秀麗，枝條輪生而平展，樹皮鱗片狀開裂；小枝有長、短枝之分，長枝有葉枕，短枝如距狀；葉線形，扁平而柔軟，在長枝上散生，短枝上簇生如錢；深秋時，葉呈金黃色，十分美觀，故有「金錢松」之稱。

2. 品種選擇

金錢松特產於中國，為亞熱帶適生樹種。垂直分佈於海拔1000公尺以下。主要變種有：

（1）叢生金錢松，叢生矮灌木，高30～100公分，適於製作盆景。

（2）矮型金錢松，矮生灌木，高約50～60公分，樹冠圓錐形，姿態秀雅，是製作叢林式松類盆景的優良材料。

（3）垂枝金錢松，矮生灌木，高1～2公尺；枝密生，側枝平展而婉垂，樹姿婀娜。

（二）無土栽培技術要點

1. 基質

（1）泥炭3份，沙1份。若如基質章節所述拌入肥料，則1年內不需澆灌營養液。

（2）蛭石4份，沙4份，泥炭土2份。

2. 營養液

選用前營養液章節所述的孟加拉營養液第一配方，調

節時可使營養pH值為5～6略偏酸性。

3. 管理

（1）**繁殖**：繁殖方法用播種、扦插和嫁接均可。一般以扦插為宜，如注意遮蔭等管理，成活率可達到70～80%。一般採用播種法育苗繁殖。10～11月採收成熟毬果，堆放室內，待果鱗鬆散，揉搓脫粒，篩選淨種，貯於布袋中，風藏過冬。到初春2月下旬至3月上旬播種，播前將種子放入40℃溫水中（自然冷卻），浸泡一晝夜，播於土層深厚疏鬆、有機質豐富的沙壤土苗床上，用3%硫酸亞鐵溶液噴灑床面。因金錢松為菌根樹種，播後用焦泥拌菌根土覆蓋，以不見種子為度，再蓋以稻草。通常15～20天後即可發芽出土，要及時揭草，並噴灑1%波爾多液以預防苗木猝倒病。在6～8月間，要搭棚遮蔭，苗期不耐乾旱，水肥管理宜勤。9月份後，暑熱漸消，進入生長旺盛期，要全面鬆土除草，增施稀薄腐熟的餅肥水，拆除蔭棚，以培養健壯苗木。幼苗留床一年，次年結合間苗予以換床。換床時，應剪去部分主根，促使側根生長發育，根部要多帶宿土，維護菌根。2～3年生苗木高達20～30公分，即可上盆栽植。

（2）**上盆**：金錢松上盆宜在落葉後至發芽前。金錢松宜用紫沙陶盆或釉陶盆。作合栽式時，多用長方形或橢圓形淺盆；作單株栽植時，常用中深的長方形、正方形、橢圓形和圓形或六角形等形狀的盆缽。金錢松宜用肥沃疏鬆、排水良好的微酸性沙質壤土。盆栽以用山土或腐葉土為宜，並須拌有菌根土。金錢松的栽種時期宜在3～4月出芽前，或秋季落葉後。金錢松合栽時，因用盆較淺，最好將根部按佈局位置，用銅絲紮成一體，固定在盆底，待翻盆時再行拆除。

（3）**肥水管理：**每隔7～10天澆灌一次營養液或施加8～10顆無土栽培用複合肥。雨季和夏季可加倍施營養液。

4. 病蟲害防治

金錢松主要病蟲害有大蓑蛾，猝倒病和松落葉病。猝倒病和松落葉病：可在三月下旬至五月病菌傳播擴散期間，噴10%波爾多液或石硫合劑，波美0.3～0.5度液或代森鋅6.5%可濕性粉劑500倍液，每隔10～15天一次，連續3～4次。

5. 栽培日曆表

月份	12	1	2	3	4	5	6	7	8	9	10	11
放置場所	陽性樹種（陽光充足、溫暖濕潤），冬季放置在不低於0℃的室內，夏季高溫時須適當遮蔭。											
澆水	4～5天一次			每天澆水一次			早晚各澆水一次			每天澆水一次		
繁殖	播種法、扦插法									扦插法		
特點	木本、常綠											

檜

（一）特徵特性

學名：*Sabina chinensis* Antoine.，別名：圓柏、檜柏。檜屬柏科，檜屬。檜適應性很強，能耐寒冷，耐乾旱和耐瘠薄，一般喜肥沃，忌水濕。

樹形小時呈圓錐形，老後變成傘形。樹皮赤褐色，兼生針狀葉和鱗狀葉。檜由於枝葉密生，可以紮成多種形式，是樹樁盆景的傳統樹種之一。

（二）無土栽培技術要點

1. 基質

（1）沸石3份，珍珠岩7份，基質上盆前可先在營養液中浸泡1星期，這樣上盆後1個月內，不必澆灌營養液。

（2）泥炭2份，珍珠岩2份，沙1份。

（3）泥炭1份，沙1份。若混入肥料，則近1年內只需澆水而不需澆灌營養液。

（4）腐葉土1份，沙1份。

2. 營養液

可採用營養液章節所述格里克營養液、斯泰納等營養液配方。

3. 管理

（1）**繁殖：**檜多用播種繁殖，春秋兩季均可進行。此外還可扦插和壓條。

（2）**上盆：**宜早春進行。

（3）**肥水管理：**上盆後，每7天左右澆灌1次營養液或8～10粒無土栽培用複合肥。

（4）**修剪：**修剪紮縛宜在秋後進行。檜不耐修剪，須注意儘量少修剪或不修剪，但剪去頂尖部可促生側枝。

4. 病蟲害防治

常見病蟲害有紅蜘蛛和鏽病。

（1）**紅蜘蛛**：盛發時用20蟎克乳油2000倍、73%克蟎特乳油3500倍噴霧防治。

（2）**鏽病**：在春夏及初冬，用0.3～0.5度Be石硫合劑或等量式100倍波爾多液噴施樹冠2～3次，可預防發病。

5. 栽培日曆表

月份	12	1	2	3	4	5	6	7	8	9	10	11
放置場所	性喜光、幼樹耐庇蔭，喜溫涼氣候，較耐寒。											
澆水	每天澆一次			早晚各澆水一次			每天澆水一次			4～5天一次		
繁殖	播種法、扦插法									扦插法		
特點	木本、常綠											

地　柏

（一）特徵特性

學名：*Sabina procumbens* Iwata et Kusaka，別名匍地柏、爬地柏。地柏屬柏科、檜屬。原產日本，中國各地園林中常見栽培，亦為習見樁景材料之一。

地柏常綠，匍伏地面，樹皮赤褐色。呈鱗片狀。葉成鱗狀，呈灰綠色。性喜陰濕，但能耐旱，耐脊和耐寒，適應性強，對基質不甚選擇。地柏由於枝條柔軟，最宜紮成懸崖式盆景。

（二）無土栽培技術要點

1. 基質

（1）沸石3份，珍珠岩7份，基質上盆前可先在營養液中浸泡1星期。

（2）泥炭2份，珍珠岩2份，沙1份。

（3）泥炭1份，沙1份。栽培前拌入肥料，平時可少施或不施肥。

2. 營養液

可採用營養液章節所述格里克營養液、斯泰納等營養液配方。

3. 管理

（1）**繁殖：**繁殖一般採用扦插，春秋兩季均可，以春季為好，也可進行壓條繁殖。扦插通常在3月份進行，選擇土層肥沃疏鬆，排水良好的沙質壤土作苗床，插穗長12～15公分，剪去下部小枝葉，插深5～6公分，行距12公分，株距5公分，插後撳實，使土壤與插穗緊接，澆透水，搭棚遮蔭。天旱時，勤澆水，以噴濕葉面為度，土壤不宜過濕。插後約百天即可發根，成活率可達90%以上。嫁接法繁殖通常以側柏苗為砧木，在春季2～3月進行腹接，接後埋土至嫁接部，成活後，先剪去砧木上部枝葉，第二年齊介面處剪去砧木，成活率可達90%以上。嫁接繁殖生長快，管理也較省工，採用較廣泛。壓條繁殖在春夏間選擇生長健壯枝條，割傷皮層，覆上肥土厚5～6公分，用竹籤固定，再蓋上稻草，保持濕潤，天旱時適當澆水，當年即可發根。

（2）**上盆：**上盆宜在早春。

（3）**肥水管理：**每隔8～10天澆灌1次營養液或施8～10粒無土栽培用複合肥。

4. 病蟲害防治

病蟲害主要有紅蜘蛛和鏽病。

地柏鏽病：在春夏及初冬，用0.3～0.5度Be石硫合劑或等量式100倍波爾多液噴施樹冠2～3次，可預防發病。

5. 栽培日曆表

月份	12	1	2	3	4	5	6	7	8	9	10	11
放置場所	陽性樹，能在乾燥的沙地上生長良好，喜石灰質的肥沃土壤。											
澆水	2～3天1次			1～2天1次			早晚各1次			1～2天1次		
繁殖	扦插法、壓條法									扦插法		
特點	木本，常綠，性喜陰濕，耐旱、耐脊、耐寒											

榆　樹

（一）特徵特性

學名：*Umus parviefora*，榆樹屬榆科，榆屬。產於中國東北、華北、西北、華東等地區。

性喜陽光，稍耐陰，適宜溫暖的氣候和濕潤的基質，在酸性、中性和石灰性土均能生長，適應性很強。能耐寒、耐乾旱和耐瘠薄。

榆樹生長能力很強，極耐修剪，故隨時都可摘芽、修剪，是嶺南盆景中的主要樹種之一，也是各地盆景中的常見樹種，可培養成多種樹形。

（二）無土栽培技術要點

1. 基質

（1）煤灰10份，水泥1份，石灰1份，石膏1份。

（2）蛭石。

（3）沸石4份，珍珠岩6份，沸石可先在營養液中浸泡1星期再使用。

（4）泥炭2份，珍珠岩2份，沙1份。

2. 營養液

可採用營養液章節所述斯泰納營養液配方。

3. 管理

（1）**繁殖**：榆樹的繁殖有播種和扦根等。播種在採種後即須進行，生長很快。扦根隨時都可進行，成活率較高。此外還可用高空壓條，將盆景中不需要的枝幹繁殖成新的植株。

（2）**上盆**：上盆春秋均可。

（3）**肥水管理**：每隔10～15天澆灌1次營養液或施8～10粒無土栽培用複合肥。

（4）**摘葉**：由於榆樹最適宜的欣賞時期是在新芽剛出時，因此除了春季有一次以外，初秋時將葉全部摘去，並及時多澆灌幾次營養液，很快就長出新葉，到深秋時還可以進行一次。這樣，一年中就有三次最適宜的欣賞時期了。

4. 病蟲害防治

榆樹的蟲害較多，常見害蟲有榆鳳蛾、榆琉璃葉甲、榆黃葉甲、榆四脈綿蚜、榆捲葉蚜、榆葉蜂、星天牛、薄翅鋸天牛、日本龜蠟蚧等，應注意及時防治，但避免用樂果，否則會引起落葉。病害有黑斑病、花葉病、枝枯病等刺蛾、蓑蛾和蚜蟲等。

（1）**榆鳳蛾（榆長尾蛾）**：用敵百蟲、敵敵畏、殺螟松等殺蟲劑1000倍液噴殺幼蟲。

（2）**榆四脈綿蚜（榆癭蚜）**：用50%馬拉硫磷乳劑1000～1500倍液，不但效果好，而且使用安全。

（3）**葉甲**：6月發生盛期，用敵百蟲、敵敵畏、殺螟松等殺蟲劑1000倍液噴殺之。

5. 栽培日曆表

<table>
<tr><td>月份</td><td>12</td><td>1</td><td>2</td><td>3</td><td>4</td><td>5</td><td>6</td><td>7</td><td>8</td><td>9</td><td>10</td><td>11</td></tr>
<tr><td>放置場所</td><td colspan="12">陽性</td></tr>
<tr><td>澆水</td><td colspan="3">休眠，葉片落光為好</td><td colspan="3">3～5天1次</td><td colspan="3">早晚各1次</td><td colspan="3">3～5天1次</td></tr>
<tr><td>繁殖</td><td colspan="9">播種法、扦插法</td><td colspan="3"></td></tr>
<tr><td>特點</td><td colspan="12">木本，落葉</td></tr>
</table>

銀　杏

（一）特徵特性

學名：*Ginkgo biloba* L.，別名：白果、公孫樹、鴨腳。

銀杏屬銀杏科，銀杏屬。喜陽光，怕蔭蔽，宜栽培在排水良好的酸性基質中。根系發達，適應性強。

銀杏樹幹挺直，幹皮呈龜裂狀，枝有長枝與短枝。葉在長枝上螺旋狀著生，在短枝上簇生狀，葉片扇形，有長柄。雌雄異株。銀杏為中國特產，栽培歷史悠久，各地都有栽培。

銀杏以觀葉為主，嫩時黃綠，秋冷變黃，別具風姿。樹形宜直幹式、半懸崖式等。

（二）無土栽培技術要點

1. 基質

（1）沸石3份，珍珠岩7份，沸石可先於營養液中浸泡。

（2）泥炭3份，沙1份，可拌入肥料使用。

（3）泥炭1份，珍珠岩1份，沙1份。

2. 營養液

可採用營養液章節所述格里克營養液、斯泰納等營養液配方，營養液pH值可偏酸性。

3. 管理

（1）**繁殖**：繁殖一般用播種、分蘗和嫁接等方法，其中以播種較易，分蘗次之。播種在春季三月份左右進行。分蘗可在未萌芽前，將萌蘗掘出，一株一株的分開種植。最好帶一些鬚根，至少要有根皮。

嫁接繁殖，是為了保持原有品種的特徵，並使其提早結果。在盆景中一般不用。

（2）**上盆**：上盆多在落葉後到萌芽前，栽植前苗木和新盆用水浸泡1晝夜，先將花盆的排水孔扣上一小片瓦片，使其既能排水又不漏土，然後裝入少量基質。中部高四周低，將苗木根系舒展開，根幹直立，填基質，用手輕輕提苗後晃盆沉實，按牢。平時要經常摘芽、摘葉，使樹形美觀。

（3）**肥水管理**：上盆後，每隔7～10天澆灌一次營養液或施8～10粒無土栽培用複合肥。

（4）**修剪造型**：根據材質不同，培養成合適的樹形，如弓形、二層平展形、「十」字形、紡錘形等。

4. 病蟲害防治

銀杏病蟲害較少，常見的有：桑白蚧、銀杏葉斑病、銀杏灰枯病等。

（1）**桑白蚧**：盛發時，用40%氧化樂果乳油1000倍或25%馬拉硫磷1500倍液噴霧防治。

（2）**銀杏葉斑病**：發病初時，用等量式100倍波爾多液噴施1～2次，可預防此病。

5. 栽培日曆表

月份	12	1	2	3	4	5	6	7	8	9	10	11
放置場所	陽性											
澆水	少澆為宜			3～5天1次			1～2天1次			3～5天1次		
繁殖	播種法、扦插法											
特點	木本，落葉，喜溫怕澇											

黃　楊

（一）特徵特性

學名：*Buxus sinica* Cheng，別名瓜子黃楊。黃楊屬黃楊科、黃楊屬。

性耐蔭，喜生長在濕潤蔭蔽之處，若於陽光強烈之地生長，其葉常會發黃。耐鹼性較強，能在石灰質基質中生長，對肥料要求不嚴。耐寒性一般。

黃楊耐修剪，能製作出多種樹形，是蘇北盆景中的主要樹種之一。

（二）無土栽培技術要點

1. 基質

（1）煤灰10份，水中泥1份，石灰1份，石膏1份，此基質偏鹼性較適合黃楊栽培。

（2）沸石4份，珍珠岩6份，上盆前將沸石在營養液中浸泡1星期，以後澆水時，營養元素會慢慢釋出，過1～2個月後，再施肥。

（2）泥炭2份，珍珠岩2份，沙1份。

（3）鋸木屑3份，腐葉土5份，沙1份。

2. 營養液

可採用營養液章節所述格里克營養液、霍格蘭營養液、斯泰納等營養液配方。

3. 管理

（1）**繁殖：**黃楊的繁殖，通常用播種與扦插。播種繁殖在春季末期進行，扦插繁殖宜初夏，其它時期也可。用半嫩枝帶踵扦插，很容易成活，但生根較慢。黃楊還可用粗幹扦插，可從大樹上截取形狀適合的粗幹，上面留幾個枝葉，將幹全部埋在黃沙裡，使葉露出，經常澆水保持濕潤，半年後即可生根。

（2）**上盆：**上盆宜在春季芽未萌動前或秋後新梢老熟後進行，其它時期也可，但栽後須特別注意養護。

（3）**肥水管理：**黃楊喜濕，須注意水分不可斷，但也不可太濕。夏季宜放置在樹蔭或棚下，冬季較能耐寒，但經霜後葉發紅，在北方須有防寒措施。

黃楊結果後，須及時摘掉，以免消耗養分，影響新芽的生出。每隔7～10天澆灌1次營養液或施8～10粒無土栽培用複合肥。

4. 造型

黃楊盆景的造型以剪為主，它的本質堅硬而脆，枝條皮薄易傷，所以要注意選樁，然後因樹制宜，因勢利導。造型截幹蓄枝，以粗紮細剪，剪紮結合，枝條變位大的要分幾次到位，不能急於求成。固定時，要防止造成傷皮和死枝問題。

5. 蟲害防治

黃楊的病蟲較少，主要有黃楊並盾蚧、黃楊片盾蚧等。

黃楊並盾蚧：少量發生時可用軟刷仔細刷除蟲體。大面積發生時，可在春、夏若蟲孵化盛期用松脂合劑40～50

倍、0.2～0.3度石硫合劑，或敵敵畏、殺螟松、氧化樂果等殺蟲劑1000倍液，連續噴施2～3次。

6. 栽培日曆表

月份	12	1	2	3	4	5	6	7	8	9	10	11
放置場所	半陰性											
澆水	5～7天1次			每天1次			早晚各1次			每天1次		
繁殖	播種法、扦插法											
特點	木本，常綠，性耐蔭											

福　建　茶

（一）特徵特性

學名：*Carmona microphylla.* 福建茶屬紫草科 基及樹屬。分佈於廣東、福建、廣西、臺灣等地。

性喜溫暖和濕潤的氣候，怕寒冷，宜生長於疏鬆肥活的土壤中。福建茶為中國嶺南盆景中的主要樹種之一，由於生長力強，特別耐修剪，適於用「蓄枝截杆」法培養造型。

（二）無土栽培技術要點

1. 基質

（1）泥炭土2份，沙1份，椰糠2份。

（2）泥炭2份，珍珠岩2份，沙1份。

2. 營養液

可採用營養液章節所述格里克營養液配方。

3. 管理

福建茶的繁殖多用扦插，成活情況較好。在南方常用粗幹插，縮短培養時間；也有用插根的方法，成活率也很好。

福建茶上盆宜在初夏進行，每隔二、三年翻一次盆。大多數地區冬季要放進溫室保護。

摘芽與修剪在春、夏、秋三季均可，但冬季不宜。

每隔7～10天澆灌1次營養液。

4. 病蟲害防治

發病蟲時，一般把病葉剔除。或在春夏及初冬，用0.3～0.5度Be石硫合劑或等量式100倍波爾多液噴施樹冠2～3次，可預防發病。

5. 栽培日曆表

月份	12	1	2	3	4	5	6	7	8	9	10	11
放置場所	半陽性，忌強烈陽光直射											
澆水	減少澆水，促其休眠			2～3天1次			早晚各1次			2～3天1次		
繁殖	扦插法											
特點	常綠灌木，性喜溫暖、濕潤，怕寒冷											

紫　薇

(一) 特徵特性

學名：*Lagerstoemia indica* L.，別名：百日紅、滿堂紅。紫薇屬千屈菜科，紫薇屬。為陽性樹，原產亞洲熱帶地區。性喜溫暖，有一定的防寒力。能耐乾旱，但怕水濕。喜石灰性基質。有萌櫱性。紫薇的培養很容易。

紫薇樹幹屈曲光滑，褐色，葉形不大，花紫紅色，夏秋開放，花期長達百日以上，故又名百日紅。變種有翠薇、銀薇和紅薇等。

翠薇花豔，葉色較綠，生長勢較弱。銀薇花白色，葉色淡綠。紅薇花桃紅色。

紫薇樹姿優美，花豔麗，花期特別長，並於夏秋少花季節開放，故有「盛夏綠遮眼，此花滿堂紅」以及「紫薇盛放半年花」的詩名。它是觀花盆景中一種好樹種。

（二）無土栽培技術要點

1. 基質

煤灰10份，水泥1份，石灰1份，石膏1份。

2. 營養液

可採用營養液章節所述觀花類盆景營養液配方。

3. 管理

（1）**繁殖**：紫薇的繁殖有播種、扦插、分株和壓條等方法。播種在春季2、3月份進行，生長好的在當年即可開花。扦插一般在3月進行，秋季也可。用一年生的枝條，也有用粗幹在沙中扦插，成活率均很高。分株和壓條均在春季萌發時進行。

（2）**上盆**：春季上盆。

（3）**肥水管理**：每隔7～10天，澆灌1次營養液或施8～10粒無土栽培用複合肥，每年冬季或春季萌發前、從花前期至開花期施肥頻率可高些，每7天左右施2次營養液。

（4）**修剪**：修剪在開花後進行，早春對枯枝進行修剪。

4. 病蟲害防治

紫薇常見病蟲害有紫薇長斑蚜、紫薇絨蚧、黃刺蛾、褐刺蛾、白粉病、煤病等。

（1）**紫薇長斑蚜（紫薇棘斑蚜）**：在5～6月間發生初期，用樂果乳劑或氧化樂果乳劑1000倍液噴施2～3次，可控制其蔓延為害。

（2）**紫薇絨蚧（石榴氈蚧）**：若蟲孵化盛期，以氧化樂果、敵敵畏等殺蟲劑1000倍液噴殺2～3次。

（3）**紫薇白粉病**：早春抽芽前噴以1度Be的石硫合劑，可殺死越冬病原菌絲體。

在春、夏發病初期，用甲基托布津1000倍液或代森鋅600倍液，每隔10天噴一次，連續噴施3～4次，可抑制發病。

5. 栽培日曆表

<table>
<tr><td>月份</td><td>12</td><td>1</td><td>2</td><td>3</td><td>4</td><td>5</td><td>6</td><td>7</td><td>8</td><td>9</td><td>10</td><td>11</td></tr>
<tr><td>放置場所</td><td colspan="12">陽性</td></tr>
<tr><td>澆水</td><td colspan="3">3～5天1次</td><td colspan="3">1～2天1次</td><td colspan="3">早晚各澆水一次</td><td colspan="3">1～2天1次</td></tr>
<tr><td>繁殖</td><td colspan="9">播種、扦插、分枝、壓條</td><td colspan="3"></td></tr>
<tr><td>特點</td><td colspan="12">木本，落葉，性喜溫暖，耐熱、不耐寒、耐旱、耐鹼、耐風、耐半蔭、耐剪。</td></tr>
</table>

小葉女貞

（一）特徵特性

學名：*Ligustrum quihoui* Carr. 又名小葉冬青、小白蠟、楝青、小葉水蠟樹。為木犀科、女貞屬植物。產中國中部、東部和西南部。

性強健，能耐寒，根蘗適應性很強，不需要特殊管理，可隨時作修剪。小葉女貞是製作盆景的優良樹種。它葉小、常綠，且耐修剪，生長迅速，盆栽可製成大、中、小型盆景。老樁移栽，極易成活，樹條柔嫩易紮定型，一般三、五年就能成型，極富自然野趣。

（二）無土栽培技術要點

1. 基質

（1）蛭石。

（2）蛭石5份，泥炭1份。

2. 營養液

可採用營養液章節所述霍格蘭和斯泰納等營養液配方。

3. 管理

（1）**繁殖**：繁殖方法有播種、扦插和分株等。春季3～4月份播種。扦插時期在春季3～4月份或秋季8～9月份均可。

春扦在頭年11～12月間取當年枝條沙藏，扦完1個月後即能生根，較易成活；秋扦要到次年才能生根。分株繁殖，需在春季將根蘗割開，分別栽種，及時澆水。

（2）**上盆**：純蛭石作為基質時，盆景直接上盆一般不大適宜，因為蛭石比重很輕，植物直接種不容易固定，一般採用蛭石作為苗床，先把洗好根的植物半成苗種到蛭石苗床，等植物根系發達，生長良好成型後再移到盆上，這樣盆景植物較易成活，也易於保養。

上盆宜在春季3～4月份進行。

（3）**肥水管理**：上盆後，每隔7天左右澆1次營養液或施8～10粒無土栽培用複合肥。

4. 病蟲害防治

小葉女貞常病蟲害有白蠟蚧、女貞尺蠖、霜降天蛾、斑點病、黑紋病、灰色膏藥病等。

（1）**白蠟蚧（白蠟蟲）**：6月間用亞胺硫磷500倍，或敵敵畏、殺螟松、氧化樂果等殺蟲劑1000倍液全面噴施1～2次，以殺死初孵若蟲。

（2）**女貞鏽病**：在春夏及初冬，用0.3～0.5度Be石硫合劑或等量式100倍波爾多液噴施女貞樹冠2～3次，可預防發病。

5. 栽培日曆表

月份	12	1	2	3	4	5	6	7	8	9	10	11
放置場所	陽性樹種，稍耐陰，喜溫暖氣候。											
澆水	5～7天1次			3天1次			每天1次			3天1次		
繁殖	播種、扦插、分株											
特點	落葉或半常綠灌木											

蘇　鐵

（一）特徵特性

學名： *Cycas revolute* Thunb.，別名鐵樹。蘇鐵屬蘇鐵科，蘇鐵屬。性喜半陰半陽，宜溫暖，濕潤的氣候。能耐陰，耐旱，但不耐寒。夏季怕烈日照射，須行蔭蔽，冬季怕凍，須有防寒措施。

蘇鐵無分枝，葉簇生莖頂，成羽狀複葉。蘇鐵作盆景，常用合栽式，也有與山石相配的，常常愈是彎曲和畸形的，愈是美觀。

（二）無土栽培技術要點

1. 基質

（1）沸石6份，珍珠岩4份，沸石可先在營養液中浸泡。

（2）泥炭2份，珍珠岩2份，沙1份。

2. 營養液

可採用營養液章節所述格里克營養液配方。

3. 管理

（1）**繁殖：**蘇鐵一般進行無性繁殖，每年夏季5～7月份由母株發芽數個，即用芽進行繁殖。

（2）**上盆：**上盆多在春季。

（3）**肥水管理：**每隔7～10天澆灌1次營養液，蘇鐵

較耐旱，但也不能疏忽澆水。

4. 病蟲害防治

蘇鐵病蟲害較少，發病時，一般把病葉剔除，或在春夏及初冬，用0.3～0.5度Be石硫合劑或等量式100倍波爾多液噴施樹冠2～3次，可預防發病。。

5. 栽培日曆表

月份	12	1	2	3	4	5	6	7	8	9	10	11
放置場所	陽性，耐半蔭，夏季怕烈日照射，須行蔭蔽。											
澆水	少澆水，不可過濕潤			每天1次			早晚各1次			2～3天1次		
繁殖	發芽繁殖											
特點	常綠木本植物											

雀　梅

（一）特徵特性

學名：*Sageretia theezans* Brongn.，別名酸味、雀梅藤。雀梅屬鼠李科，雀梅藤屬。

原產中國長江流域及東南沿海各省，日本和印度也有分佈，為亞熱帶適生樹種。

性喜陽，喜肥沃，能耐陰，宜疏鬆肥沃的基質，不很耐寒冷。在北方，冬季須收進室內。

雀梅樹幹蒼勁，枝繁葉茂，很耐修剪，修剪一般可隨時進行，是廣東、江蘇等地盆景中的主要樹種，可培養成多種樹形。

（二）無土栽培技術要點

1. 基質

（1）煤灰10份，水泥1份，石灰1份，石膏1份。

（2）蛭石。

（3）沸石4份，珍珠岩6份，沸石可先在營養液中浸泡1星期再使用。

（4）泥炭2份，珍珠岩2份，沙1份。

2. 營養液

可採用營養液章節所述斯泰納營養液配方。

3. 管理

（1）**繁殖**：繁殖方法有扦插等。在盆景中，大多採用山野掘取。既快又好。

（2）**上盆**：上盆可在春秋二季。土栽雀梅盆景較易發生雀梅根腐線蟲病，雀梅上盆前可先在10%二硫氰基甲烷乳油稀釋500倍液中浸泡3分鐘，以殺死可能攜帶的線蟲。

（3）**肥水管理**：每隔7～10天澆灌1次營養液或施8～10粒無土栽培用複合肥。

4. 病蟲害防治

雀梅常見病蟲害有：棉蚜、小蓑蛾、雀梅鏽病。

雀梅鏽病：在春夏及初冬，用0.3～0.5度Be石硫合劑或等量式100倍波爾多液噴施樹冠2～3次，可預防發病。

5. 栽培日曆表

月份	12	1	2	3	4	5	6	7	8	9	10	11
放置場所	陽性											
澆水	3～5天1次			3天1次			早晚各1次			3天1次		
繁殖	扦插法											
特點	落葉攀緣灌木，喜肥沃，耐陰。											

六　月　雪

（一）特徵特性

學名：*Serissa japonica* Thunb.，別名滿天星。六月雪屬茜草科，六月雪屬。原產中國江蘇和廣東等省，性喜陽，也能耐蔭，喜溫暖氣候，也稍能耐寒、耐旱，喜肥沃。

喜排水良好、濕潤輕鬆的基質。對環境要求不嚴，生長力較強。

六月雪分枝多而密集，葉小，對生。一般在6、7月份開花，花小，白色。六月雪既可觀葉，又可觀花，是四川和江蘇盆景中的主要樹種之一。變種有金邊六月雪：葉有金黃邊，稍大。重瓣六月雪（花重瓣）。

（二）無土栽培技術要點

1. 基質

（1）蛭石10份，煤渣1份，泥炭1份。

（2）蛭石10份，沸石1份，泥炭1份。

（3）煤灰10份，水泥1份，石灰1份，石膏1份。

2. 營養液

可採用營養液章節所述格里克營養液、霍格蘭營養液等營養液配方。

3. 管理

（1）**繁殖**：繁殖方法有扦插、分株和壓條，以扦插為主。扦插時期，全年均可，以春季2、3月份硬枝扦插和梅雨季節嫩枝扦插的成活率最好。

梅季扦插需注意遮蔭，冬季扦插則須防寒。分株可在春季進行。

（2）**上盆**：上盆可在春秋二季進行，養護較為方便。由於根系發達，往往作成提根式，使一部分根露出基質表面。

（3）**肥水管理**：上盆後，每隔7左右澆灌1次營養液或施8～10粒無土栽培用複合肥。

4. 病蟲害防治

六月雪常見病蟲害有六月雪斑點病，發病初期，用等量式100倍波爾多液噴施1～2次，可預防發病。

5. 栽培日曆表

月份	12	1	2	3	4	5	6	7	8	9	10	11
放置場所	陽性											
澆水	盆土濕潤稍偏乾即可			每天1次			早晚各1次			每天1次		
繁殖	扦插法、分株法											
特點	常綠小灌木											

梅

（一）特徵特性及品種選擇

1. 特徵特性

學名：*Prumus mume* S. et Z.，別名：春梅、紅梅、綠梅。梅屬薔薇科、李屬。梅原產中國西南地區及臺灣等地，在長江流域及珠江流域廣泛栽培，江浙一帶為有名的梅花勝地。性喜陽光，耐寒性較強，但宜溫暖氣候條件，北方一般均用溫室栽培。對肥料和水分要求不嚴，在輕基質上生長良好。喜生於濕度較大的地方，但排水要好。

梅作為堅貞、高潔的象徵，是我國人民喜愛的一種花木。梅開花早，有花魁之稱，是冬季配景的主要花木。中國各地的盆景中，均少不了梅，盆景梅的常見形式有虯曲式、懸崖式和自然式等。

2. 品種選擇

適合無土栽培的梅的變種很多，常見品種有：

（1）**綠萼梅：**小枝深綠色。花白色，單瓣或重瓣，萼綠色。

（2）**胭脂梅：**花深紅色，木質部亦成紅色，故又稱「骨紅」。

（3）**早梅：**枝條纖細，深綠色。花小，單瓣，萼紫綠色。

（4）**細梅：**小枝深綠色。萼綠色而微帶紫色。

（5）**杏梅**：又名鶴頂梅，枝粗大，小枝暗紫色。葉大，花大，多為淡紅色，半重瓣，萼赤紫色。係梅與杏雜交種。抗寒性較強。

（6）**白梅**：花白色，單瓣。

（7）**紅梅**：花粉紅色，重瓣。

（8）**冰梅**：又名玉蝶，花白色，重瓣。

（9）**檀香梅**：花與紅梅相似，粉紅色，重瓣，有香氣，也有單瓣的。

（10）**照水梅**：枝下垂，花向下，有濃香。

（11）**光梅**：葉近於平滑無毛，花白色。

（二）無土栽培技術要點

1. 基質

（1）泥炭2份，珍珠岩2份，沙1份。

（2）蛭石10份，煤渣1份，泥炭1份。

（3）沸石3份，珍珠岩7份，沸石可先於營養液中浸泡。

（4）泥炭1份，沙1份。

（5）河泥1份，沙1份。

2. 營養液

可採用營養液章節所述觀花類盆景營養液配方。

3. 管理

（1）**繁殖**：繁殖方法有播種、嫁接、壓條和扦插等。播種在秋季進行較好。嫁接除用本砧外，還可用桃、李或杏作砧木。

一般用切接和芽接。切接在春季發芽前進行，芽接在秋季8月份進行。用桃砧接出的梅，花朵較大。

壓條在開花後進行。扦插 以11、12月間花蕾漸增時進行比較適宜，也有在春季2、3月份進行的，用沙扦比較易於生根，扦插後第一次澆足水，以後保持濕潤即可。春扦需用草簾遮蔭。

（2）**上盆：**梅一般先在地上培養成一定的樹形後才上盆。上盆時間以秋後11、12月份最宜，翻盆在開花後亦可。

（3）**肥水管理：**上盆後每隔7～10天施一次營養液或8～10粒無土栽培用複合肥，休眠期開始後每隔1月施1次營養液。次年開花前後，則較正常時期加倍施用營養液。在5、6月份花芽形成前，應適當控制水分，可隔天澆一次水，以促進花芽形成，這時日光強烈，溫度高，少澆水，梅葉雖然出現凋萎現象，但不至枯死。這一點，要注意掌握，否則來年少花甚至無花。過了6月後，仍然要正常澆水。

（4）**修剪與摘心：**梅是在當年生的新梢上形成花芽，因此，在開花後要進行一次大修剪，將開過花的一年生枝條保留2～3個葉芽，其餘剪去。保留的芽發梢後，可成為新的開花枝，因此必須進行修剪，才能使開花茂盛。如欲得到更多的開花枝，可在新芽長出4～5個葉時，留2～3個葉，進行摘心，使再分出2～3個新梢。

4. 病蟲害防治

梅的主要病蟲害有梅毛蟲、紅腹縊管蚜、金毛蟲、梅白蚧、天牛、軍配蟲、捲葉蛾、梅黑星病、潰瘍病、煤病等，要注意防治。在防治時應避免使用樂果藥劑，否則會造成落葉。

（1）**梅毛蟲（黃褐天幕毛蟲、帶枯葉蛾）**：大量發生時，在幼蟲發生初期用殺螟松、敵百蟲、巴丹等殺蟲劑1000倍液噴殺1～2次。

（2）**梅白蚧**：大面積發生時，在若蟲初孵化期用殺螟松1000倍液噴殺1～2次。但應注意控制噴藥量，不要噴施過多以免發生藥害。

（3）**紅腹縊管蚜（旱稻赤蚜）**：以發生早期，用殺螟松1000倍液，或殺來菊酯2000～3000倍液噴殺。但應注意噴射量適當，否則容易引起藥害。

（4）**梅黑星病**：3月中、下旬，梅樹未萌芽前，噴以3～5度Be石硫合劑，以殺死越冬菌絲體。4月份開始，每隔10天以等量式100～200倍波爾多液一次，連續噴4～5次，以防發病

5. 栽培日曆表

月份	12	1	2	3	4	5	6	7	8	9	10	11
放置場所	陽性											
澆水	休眠			3～5天1次			每天1次					
繁殖	嫁接、壓條和扦插									播種法		
特點	木本，落葉，耐寒性較強。											

竹　類

（一）特徵特性及品種選擇

1. 特徵特性

學名：Bambusoideae。竹類植物屬禾本科的竹亞科。竹類喜溫濕、肥沃，宜疏鬆、深厚、排水良好的酸性沙質基質。竹類植物是優美的園林綠化植物，為東亞名產，以中國和日本為最多。竹子自古就作為剛直、貞節和虛心美德的象徵，在中國很早就用於庭園綠化中，並與松、梅合稱「歲寒三友」。

盆景竹多為叢林式合栽，表現自然的竹林風姿，也有三、二株配以山石的，有如國畫中的竹石圖。竹景多以稀疏為美，點石常用峰狀石或形如太湖石的空透石料。竹的造型多取自然，僅作適當的人工修剪。竹類盆景，剛勁挺秀，四季常青，極富詩情畫意，其植物材料又很容易取到，培養也較容易。

2. 品種選擇

適合無土栽培的品種有：

（1）**刺竹屬：**為叢生竹類，主要包括孝順竹和佛肚竹，其中孝順竹又有兩個變種：即鳳尾竹、黃金間碧竹等。

（2）**剛竹屬：**為散生竹類，主要包括剛竹和紫竹，以及紫竹的一個變種，即淡竹等。

（二）無土栽培技術要點

1. 基質

（1）泥炭3份，沙1份。

（2）蛭石10份，煤渣1份，泥炭2份。

（3）腐爛竹葉土5份，沙5份。

2. 營養液

可採用營養液章節所述格里克營養液、霍格蘭營養液、斯泰納等營養液配方，營養液配好後加1～2滴濃硫酸調至偏酸性。

3. 管理

（1）**繁殖：**竹類植物製作盆景，大多採用移母竹的方法，成活率較高。

（2）**上盆：**上盆時間以春秋為宜。要選擇雨後進行。俗話說：「種竹無時，雨後便移，多帶宿土。」

（3）**肥水管理：**上盆後要注意蔭蔽和保持水分，切不可疏忽。同時還要注意適當修剪，減少水分蒸發。

每隔7～10天澆灌1次營養液或施8～10粒無土栽培用複合肥。5～8月份，可適當增加施肥頻率。夏季特別注意管理並及時澆水，保持葉色新鮮美麗。每2年換一次盆，時期宜在5月左右。新竹長定後進行一次造型修剪。佛肚竹等怕寒的種類，冬季須進溫室。

（4）**矮化：**對於不需長得太高的竹子，可將新芽拔去；對於有礙美觀的枝葉均可剪去，有時甚至將整棵剪去。這些方法只能在一定的程度上控制生長，對於大型的剛竹、淡竹等，則必須實行矮化的措施，才能使其緊縮在盆中。下面介紹兩種人工矮化法。

① 剝籜法：當筍子長出10公分左右時，採取逐個剝籜手術，可提前發出枝葉，以達到限制生長的目的。在手術過程中要特別慎重，不要用手剝，而應採用清潔的鑷子，分清籜與籜之間的關係，注意保護氣根。此外，還須注意在生長盛期多剝，在早期、晚期少剝。不久就會達到預期的效果。（籜：竹筍上一片片的皮。）

②控制澆水法：當竹筍生長達到盛期時（約長出10公分左右），用減少澆水的方法，能抑制長高，使竹筍及早發枝出葉，從而達到矮化的目的。

4. 病蟲害防治

竹類常見病蟲害有竹斑蛾、竹巢粉蚧、竹蚜、竹疹病、竹稈鏽病、竹叢枝病、煤病等。

（1）**竹巢粉蚧（竹灰球粉蚧）**：5月間若蟲孵化盛期，以氧化樂果、敵敵畏等殺蟲劑1000倍液仔細噴2～3次。

（2）**竹疹病（竹葉腫病）**：在六月下旬，每隔7～10天噴以退菌特800～1000倍液或70%托布津可濕性粉劑1000倍液一次，連續噴施2～3次，以防發病。

（3）**竹稈鏽病（竹褥病）**：在10月份每隔7～10天用0.5～1度Be石硫合劑，或0.4～0.8%敵鏽鈉噴施一次，連續噴3～4次，可抑制發病。

（4）**竹叢枝病（竹雀巢病、掃帚病）**：發現少量發病，及時剪除病枝，並予燒毀。6月間每隔7～10天以等量式100～200倍波爾多液噴一次，連續噴2～3次，可預防發病。

5. 栽培日曆表

<table>
<tr><td>月份</td><td>12</td><td>1</td><td>2</td><td>3</td><td>4</td><td>5</td><td>6</td><td>7</td><td>8</td><td>9</td><td>10</td><td>11</td></tr>
<tr><td>放置場所</td><td colspan="12">半陰性</td></tr>
<tr><td>澆水</td><td colspan="3">5～7天1次</td><td colspan="3">每天澆水1次</td><td colspan="3">每天早晚各澆水1次</td><td colspan="3">每天澆水1次</td></tr>
<tr><td>繁殖</td><td colspan="9">分株法</td><td colspan="3"></td></tr>
<tr><td>特點</td><td colspan="12">禾本科多年生木質化，常綠觀葉植物，性喜溫暖濕潤及半陰環境，忌烈日、畏寒。</td></tr>
</table>

文　竹

（一）特徵特性及品種選擇

1. 特徵特性

學名：*Asparagus plumosus* Baker，別名雲片竹、雲、平面草、雲片松。文竹屬百合科，天門冬屬。性喜溫暖濕潤環境，耐半陰，忌過濕水澇；怕旱畏寒。一般喜富含腐殖質、排水良好的沙質基質。作為溫室花卉的文竹，冬季生長最適溫度10～15℃，低於10℃時停止生長。生長發育最適溫度為18～20℃，高於25～28℃時植株虛弱，枝葉發黃。夏季噴水，遮蔭降溫增濕，能明顯地提高其觀賞價值。

2. 品種選擇

適合無土栽培的品種有：

（1）**卵葉天門冬**：莖細長，葉狀枝卵圓形，長約2.6

公分，開展；漿果暗紫色，姿態雅致。

（2）**天門冬**：半蔓性草本，具紡錘狀肉質塊根。葉狀枝線形，簇生；花淡紅色；有香氣；漿果鮮紅色，狀如珊瑚珠。

（3）**石刁柏（蘆筍）**：葉狀枝絨形，雌雄異株，極耐寒。早春嫩莖經培土軟化成珍貴蔬菜，是賓館筵宴佳餚。

（二）無土栽培技術要點

1. 基質

（1）腐葉土5份，沙2份，鋸木屑2份，餅肥1份（配少量磷鉀肥更好）。

（2）腐葉土3份，地衣2份，泥炭3份，炭化稻殼2份。

（3）蛭石3份，甘蔗渣2份，爐渣2份，沙1份，腐葉土2份。

以上配方因地制宜任選一種混合均勻，消毒後盆栽。

2. 營養液

可選用營養液章節介紹的格里克、斯泰納、霍格蘭等營養液配方。

3. 管理

文竹夏季宜置室外不受陽光直射的半陰處，盆栽基質應見濕見乾，空氣要經常保持濕潤，每10～15天澆灌1次營養液，或每盆施8～10粒無土栽培用複合肥，促其旺盛生長。植株長出枝條時，應及時搭架綁縛，並適當修剪，保持株形整齊美觀。10月上旬移入室內，冬季室溫不得低於8℃，低於3℃時即或死亡。

4. 病蟲害防治

文竹病蟲害較少，一般採用剪除病枝的防治方法。

5. 栽培日曆表

月份	12	1	2	3	4	5	6	7	8	9	10	11
放置場所	陰性											
澆水	3天1次			3天1次			每天早晚各澆水1次			3天1次		
繁殖	播種法、分株法											
特點	禾本科多年生木質化植物，常綠，性喜溫暖濕潤環境，耐半陰，忌過濕水澇。											

棕　竹

（一）特徵特性及品種選擇

學名：*Rhapis humilis* Bl.，別名竹棕、棕櫚竹。棕竹屬棕櫚科，棕竹屬。棕竹原產中國南部，兩廣有野生種。性喜溫暖、陰濕且通風的環境，不耐寒，生長健壯，適應性強，對土壤要求不嚴。棕竹盆景多作成叢林式，並常以硬石相配。

（二）無土栽培技術要點

1. 基質

（1）泥炭土2份，沙1份，椰糠2份。

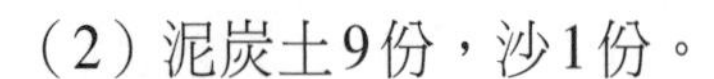

（2）泥炭土9份，沙1份。

2. 營養液

可選用營養液章節介紹的格里克、斯泰納、霍格蘭等營養液配方。

3. 管理

通常分株繁殖，多於3、4月結合翻盆進行，夏季在蔭棚下培養，注意澆水及噴水；冬季要放進溫室。每10～15天澆灌1次營養液，或每盆施8～10粒無土栽培用複合肥。盆栽3～5年翻盆1次。

4. 病蟲害防治

棕竹病蟲害較少，一般採用剪除病枝葉的防治方法。

5. 栽培日曆表

月份	12	1	2	3	4	5	6	7	8	9	10	11
放置場所	半陰性											
澆水	5～7天1次			每天澆水1次			每天早晚各澆水1次			每天澆水1次		
繁殖	分株法											
特點	禾本科多年生木質化，常綠觀葉植物，性喜溫暖濕潤及半陰環境，忌烈日、畏寒。											

富　貴　竹

（一）特徵特性及品種選擇

1. 特徵特性

學名：*Dracaena Sanderiana*。別名：萬壽竹或開運竹。

屬龍舌蘭科萬壽竹屬萬年竹類。原產加利群島及非洲和亞洲熱帶地區。性喜陰濕高溫，耐陰、耐澇，耐肥力強，抗寒力強；喜半蔭的環境。適宜生長於排水良好的沙質土或半泥沙及沖積層黏土中，適宜生長溫度為20～28℃，可耐2～3℃低溫，但冬季要防霜凍。夏秋季高溫多濕季節，對富貴竹生長十分有利，是其生長最佳時期。它對光照要求不嚴，適宜在明亮散射光下生長，光照過強、曝曬會引起葉片變黃、褪綠、生長慢等現象。

其生長特性為莖幹直立，披針型，互生，薄革質，葉色全綠，株可達四公分。其莖貌似竹節特徵，極富竹韻。其葉長瀟灑細長，柔美優雅，青翠可人。中國有「花開富貴，竹報平安」的祝辭，故富貴竹寓富貴長春之意，象徵著吉祥平安，步步高升，是觀賞送禮佳品。

2. 品種選擇

適合無土栽培的品種有：青葉富貴竹、金邊富貴竹、銀邊富貴竹、銀心富貴竹等。

（二）無土栽培技術要點

1. 基質

（1）泥炭3份，沙1份。

（2）蛭石10份，煤渣1份，泥炭2份。

（3）腐爛竹葉土5份，沙5份。

（4）木屑1份，爐渣2份。

2. 營養液

可採用營養液章節所述格里克營養液、霍格蘭營養液、斯泰納等營養液配方，營養液配好後加1～2滴濃硫酸調至偏酸性。

3. 管理

（1）**繁殖：**春季將截下的莖幹剪成5公分至10公分不帶葉的莖節，或剪取基部分生的帶莖尖的分枝，插於潔淨的粗河沙中，澆透水，用塑膠袋罩住，保持基質濕潤，置室內明亮處，25天左右可生根。或將剪下的分枝插入水中，25℃時半月左右可生根。

（2）**栽培管理：**春、秋季要適當多光照，以保持葉片的鮮明色澤。夏秋季適當遮陽，可每天噴水一次，清洗葉面灰塵，使生長更旺盛，葉色更青綠。

（3）**澆水施肥：**生長季節應常保持盆土濕潤，切勿讓盆土乾燥，尤其是盛夏季節，要常向葉面噴水，過於乾燥會使葉尖、葉片乾枯。冬季盆土不宜太濕，但要經常向葉面噴水，並注意做好防寒防凍措施，以免葉片泛黃萎縮而脫落。

盆栽富貴竹每2～3年換盆；每20～25天施一次氮、磷、鉀複合肥，盆土保持濕潤，防葉尾乾枯。

4. 病蟲害防治

富貴竹常有蜘蛛、天牛、葉蟎、介殼蟲等害蟲蛀心或咬皮、咬葉心、咬葉尖為害並傳播炭疽病，可用50％敵敵畏1000倍噴殺，防蟲效果較好。

葉片上出現炭疽病、葉斑病時，可用75％百菌清800倍、或70％甲基托布津、50％加瑞農可濕粉600～800倍液，或125％乳油蕉斑脫600～800倍或70％代高樂1000～

1200倍，或50%炭疽福美可濕粉500倍液噴施防治，上述農藥交替使用，每5～7天一次，連續3～4次，防治效果較好。

5. 栽培日曆表

月份	12	1	2	3	4	5	6	7	8	9	10	11
放置場所	陰性，冬季要防霜凍											
澆水	5天一次			3天澆水一次			早晚各澆水一次			3天澆水一次		
繁殖	扦插法											
特點	常綠木本，性喜高溫、高濕環境，也耐蔭、耐澇。											

南　天　竹

（一）特徵特性及品種選擇

1. 特徵特性

學名：*Nanbina domestica* Thunb.，別名天竹、南天或天竺等。南天竹屬小蘗科，南天竹屬。為亞熱帶及溫帶樹種，喜溫暖，也能耐寒，喜中陰，喜肥沃，見強光葉變紅。喜排水良好的基質，對水分要求不嚴。較陰之地，結實量少。

南天竹是盆景中的觀果樹種。果實成熟時，顏色鮮豔誘人，要防止為鳥類啄食。

2. 品種選擇

適合無土栽培的品種有：

（1）**錦絲南天竹**：樹形矮小，葉細如絲，供觀賞最為適宜。

（2）**光葉南天竹：**葉寬大而有光澤，亦稱「唐南天」。

（3）**琉球南天竹：**葉簇生於枝幹頂端。

（4）**紅葉南天竹：**入冬葉呈紅色，鮮豔奪目。

（5）**龜葉南天竹：**葉中央部隆起，秋末紅葉甚美。

（6）**渦葉南天竹：**葉先端圓曲，而呈渦形。

（7）**圓葉南天竹：**葉圓形，而具光澤

（8）**栗本南天竹：**葉與實形俱大。

（9）**白實南天竹：**果實白色，亦稱「白南天」。

（10）**黃實南天竹：**果實黃色，亦稱「黃南天」。

（二）無土栽培技術要點

1. 基質

（1）沸石3份，珍珠岩7份，沸石可先在營養液中浸泡。

（2）泥炭2份，珍珠岩2份，沙1份。

2. 營養液

可採用營養液章節所述格里克營養液、霍格蘭營養液、斯泰納等營養液配方。

3. 管理

（1）**繁殖：**繁殖方法有播種、分株和扦插等。播種時期在秋季10、11月份或春分前後，約3～4年才能開花結果。分株在春季2～3月份，芽萌動時進行，或在秋季亦可。約2～3年能開花結果。扦插時期有梅雨季節，選1～

2年生枝條作扦穗。成活率一般。南天竹在幼苗期應適當注意冬夏保護。

（2）**上盆：**上盆宜在春季2、3月份月芽萌動時期進行，秋季亦可。

（3）**肥水管理：**上盆後，每隔7天左右澆灌1次營養液或施8～10粒無土栽培用複合肥。5、6月份可適當增加施肥頻率。

4. 蟲害防治

南天竹常見病蟲害有吹綿蚧、角蠟蚧、腎圓盾蚧、紅斑病、炭疽病、白粉病、花葉病等。

（1）**吹綿蚧（桔蚰、白磁）：**在若蟲孵化盛期，以敵敵畏、殺螟松、氧化樂果等殺蟲劑1000倍液噴殺1～2次。

（2）**南天竹炭疽病：**在發病初期，每隔7～10天以代森鋅500倍液或等量式100倍波爾多液等殺菌劑噴施1，連續噴2～3次，以預防發病。

（3）**南天竹紅斑病：**秋季發病初期，用等量式100倍波爾多液噴施1～2次，可預防發病。

5. 栽培日曆表

月份	12	1	2	3	4	5	6	7	8	9	10	11
放置場所	半陰性											
澆水	處於半休眠狀態			3～5天澆水1次			每天澆水1次			3～5天澆水1次		
繁殖	扦插法、分株法　播種法											
特點	常綠灌木，喜生於酸性土壤中。											

槭　樹

（一）特徵特性及品種選擇

1. 特徵特性

學名：*Acer sp.*，別名楓。槭樹屬槭科，槭屬。槭樹原生山岳地帶，性喜濕潤，宜肥沃。忌強烈陽光直射。平時宜放置蔭棚下或樹蔭下。在有西曬的地方不宜放置。否則會造成樹葉萎縮的現象。

槭樹姿態美觀，葉色鮮豔，是觀葉類盆景的好樹種。自古為詩人的吟詠題材，主要產地為北溫帶，尤以喜馬拉雅山至中國中部一帶種類最為豐富，日本次之，歐美也有栽培。

2. 品種選擇

適合無土栽培的品種有：

（1）**三角槭：**又稱三角楓，葉片三裂。秋季變紅色。

（2）**雞爪槭：**又稱青楓。葉片掌狀成七淺裂，嫩葉青綠色，入秋變為紅色。

又有變種：

① 紫紅葉雞爪槭：又稱紅楓。枝條紫紅色。葉掌狀。常年紫紅色，極為美麗。

② 細葉雞爪槭：又稱羽毛楓。枝條廣展下垂，葉掌狀有7～11處深裂，裂片有皺紋，常年綠色，極為美觀。

（二）無土栽培技術要點

1. 基質

（1）沸石3份，珍珠岩7份，沸石可先於營養液中浸泡。

（2）鋸木屑3份，山土5份，沙1份。

2. 營養液

可採用營養液章節所述格里克營養液、斯泰納等營養液配方。

3. 管理

（1）**繁殖：**繁殖方法多用播種育苗，春季進行。有些園藝變種，可用靠接或芽接法繁殖育苗。芽接時間以夏季5、6月或秋季9月為宜。

（2）**上盆：**以春秋二季進行為宜，栽後必須蔭蔽。三年可翻盆一次，最好在幼芽剛要伸長時進行，其它季節也可翻盆。

（3）**肥水管理：**每隔一週或10天左右澆灌一次營養液，也施無土栽培複合肥8～10粒。春夏間可適當增加澆灌營養液頻率，保證其在受至寒霜侵襲時，變色種類的葉片能及時變紅。

（4）**摘葉和修剪：**修剪攀紮宜在冬季落葉後進行。初秋時可將葉摘去，使再出新葉，更為美麗，並可使枝條細密。

4. 病蟲害防治

常見病蟲害有：六點黑星蠹蛾、三角楓多態毛蚜和黑痣病、毛氈病、灰黴病、煤病、白紋羽病、紫紋羽病等。

（1）**六點黑星蠹蛾（胡麻布蠹蛾、豹紋蠹蛾）**：在幼蟲孵化盛期，樹幹上噴以100～200倍殺螟松，以殺死初孵幼蟲。

（2）**三角楓多態毛蚜**：在早春三角楓發芽時，該蟲發生為害的早期，用樂果、氧化樂果等殺蟲劑1000～1500倍液，或殺來菊酯3000～4000倍液噴殺2～3次。

（3）**槭樹黑痣病（漆樹病）**：五月間開始每10～15天用等量式100～200倍波爾多液噴施一次，連噴2～3次，以防發病。

（4）**白紋羽病**：對早期發病的苗木，可用20%石灰水或1%硫酸銅溶液浸一小時進行消毒。對於發現病株，即予挖除燒毀。

5. 栽培日曆表

<table>
<tr><td>月份</td><td>12</td><td>1</td><td>2</td><td>3</td><td>4</td><td>5</td><td>6</td><td>7</td><td>8</td><td>9</td><td>10</td><td>11</td></tr>
<tr><td>放置場所</td><td colspan="12">陽性，忌強光高溫，春秋可接受全日照，入夏後要移至半陰處。</td></tr>
<tr><td>澆水</td><td colspan="3">間乾間濕</td><td colspan="3">2～3天一次</td><td colspan="3">早晚各一次</td><td colspan="3">2～3天一次</td></tr>
<tr><td>繁殖</td><td colspan="9">扦插法，嫁接法</td><td colspan="3"></td></tr>
<tr><td>特點</td><td colspan="12">木本，落葉，喜光，喜溫暖、濕潤氣候，較耐寒。</td></tr>
</table>

石　榴

（一）特徵特性及品種選擇

1. 特徵特性品種選擇

學名：*Punica granatum* L.，別名安石榴、海石榴、丹

若、榭榴、山力葉、若榴。石榴科，石榴屬。石榴原產於伊朗、阿富汗等小亞細亞國家，性喜溫暖、陽光充足、空氣乾燥的環境，耐旱耐寒而不耐蔭，故其適應性廣。冬季休眠可耐-17～-19℃低溫。

盆栽石榴因株型矮小，根系短淺，抗寒力較弱，越冬應保持3～5℃環境溫度。

石榴生長發育的最適溫度在25℃左右，根系環境pH值在4.5～8.2均可。

2. 品種選擇

適合無土栽培的品種有以下幾種：

（1）**黃花石榴**：枝幹為白色，花朵多為黃白色，果實較大，味甘甜，因苗株不大，結果較多，宜作盆景培植。

（2）**翻花石榴**：這個品種只開花，不結實。花瓣重疊，每朵花都能由勝轉衰，由衰到復原，故得名為翻花石榴，反覆三次者為三翻石榴，五次者為五花石榴。開花時間可達三月之久，是石榴類中最受人們讚美的一種。

（3）**月石榴**：枝幹矮小，開紅花，但不能結實。開花時間每年從4月開到11月，枝條多為叢生，花雜繁密，有三五葉一朵花，也有一葉一朵花的。由於開花多且時間又長，所以又叫多花石榴。

（4）**原沙石榴**：主幹多且枝條少，花朵較小，多為單瓣，開花時間較長，果實為黑紫色，因很像原沙而得名。

原沙石榴，如果受寒，最易發生悶苗現象，即長時間不出葉，因此，在無土栽培中應注意保持適宜的溫度。

（二）無土栽培技術要點

1. 基質

（1）**沙、礫盆栽法：**盆底放置約四分之一的雞、鴨、鵝毛等作底物，中下層放置腐葉混合物，上層覆蓋沙、礫。

（2）**混合盆栽法基質：**鋸木屑3份，腐葉土5份，沙1份，餅肥1份，混合後盆栽。

（3）**蛭石盆栽法：**蛭石5份，腐葉土3份，沙1份，混合後盆栽，澆灌營養液。

2. 營養液

營養液選用營養液章節中列出的觀花類盆景營養液。pH值調到中性7.0左右即可。

3. 管理

（1）**肥水管理：**石榴無土栽培基質要求通氣良好（即排水良好），生長期間，每隔一週或10天左右澆灌一次營養液，也可施無土栽培用複合肥8～10粒，花前期至開花期每週澆灌2次營養液。

（2）**摘芽與修剪：**摘芽和修剪一般在春初或花後進行。石榴頂生花芽最易結果，修剪時須特別注意，切不可將結果的母枝截短。石榴易發生根蘗，須經常剪除。一年中可摘葉二次，使有三次新芽可供觀賞，但必須施足營養液，生長才能旺盛。

4. 造型

石榴盆景主要觀賞石榴樹各種造型的姿態以及幹、

花、果與枝葉等的特色。選取長勢健壯，側枝分佈均勻，分枝多的四季石榴，根據樹苗特徵造型，可製作成直幹式、曲幹式、斜幹式、臥幹式等多種樹形。蟠紮時先將金屬絲順主幹所要彎曲的部位纏繞，將主幹按預定形式彎曲，再對主枝進行彎曲，最後疏剪多餘枝頭。

5. 繁殖

石榴繁殖方法較多，分株、壓條、扦插、嫁接等無性繁殖的方法較為常用，容易掌握。

（1）**扦插育苗**：春季萌芽前從結果多、品質好、樹勢健壯的優良母株上剪取無病蟲害的1～2年生枝最易生根成活。將枝條剪成30～40公分的插條，按照不同品種每100～200支打捆，拴上記錄卡片，運往苗圃地用濕沙埋入貯藏溝內。一年四季都可進行扦插，但以春季硬枝插和秋季綠枝插較易成活。春插在3月上中旬進行。秋插綠枝建園在9月中、下旬進行。短枝插多用於大量育苗。

插枝後應立即澆1次透水，然後覆地膜，使插條頂端穿過地膜露出地面，可以保持長時間不必灌水。如地膜下土壤乾燥，再灌1次水。當插條頂部新消長高5公分左右時，應及時抹除頂新梢以下的側芽，以促使頂新梢健壯生長成為標準化苗木。

（2）**分株繁殖**：春季萌芽前將優良品種母樹下的表土挖開一層，暴露出一些水平大根，並用快刀在大根上每隔10～20公分刻傷，深達木質部，然後封土、灌水，即可促生大量根蘗苗。為使根蘗苗獨立生根且不影響母樹生長和結果，可於7～8月間再沿已萌發的根蘗苗，挖去表土，將與母樹相連的根一一切斷，再行覆土、灌水，促進已脫離母樹的根蘗苗多發新根，秋後即形成許多株可供栽植的根蘗苗。

（3）**壓條繁殖：**萌芽前將母株根際較大的萌蘗從基部環割造傷促發生根，然後培土8～10公分，保持土壤濕度。秋後將生根植株斷離母樹成苗。也可將萌蘗條於春季彎曲壓入土中10～20公分並用刀刻傷數處促發新根，上部露出頂梢並使其直立，後切斷與母株的聯繫，帶根挖苗栽植。

（4）**嫁接繁殖：**皮下枝接：春季樹皮易剝離時，將砧木在適當部位剪斷，選有2～4芽的接穗，於其頂部芽的對面削3～4公分長的光滑平直斜面，再於長斜面的背面削一短而陡的小斜面0.5～0.8公分，隨之以大斜面向木質部插入砧木皮層之內，用塑膠條綁縛密封。

劈接法：早春將砧木截斷，由砧木中心劈開介面，隨即插入接穗。

切接法：與劈接法相似，只是砧木上的切口不在當中，而是靠近外邊的1/3處。

6. 病蟲害防治

石榴常見病蟲害有石榴巾夜蛾、日本龜蠟蚧、黑絨金龜子、綠盲蝽、石榴氈蚧、大蓑蛾、白囊蓑蛾、吹綿蚧、紅蠟蚧、角蠟蛤、棉蚜、康氏粉蚧、桃蛀螟、黃刺蛾、褐刺蛾、葉斑病、煤礦病等。

（1）**石榴巾夜蛾：**成蟲發生盛期點燈誘殺成蟲；幼蟲盛發時，早期用敵敵畏、敵百蟲、殺螟松等殺蟲劑1000

倍液噴殺1～2次。

（2）**綠盲椿：**在四月中、下旬，用敵敵畏、氧化樂果、二溴磷等殺蟲劑1000倍液噴施1～2次，可殺成蟲和若蟲。

（3）**日本龜蠟蚧：**在六月底、七月初，以氧化樂果、殺螟松、敵敵畏等殺蟲劑1000倍液噴殺初孵若蟲。

7. 栽培日曆表

月份	12	1	2	3	4	5	6	7	8	9	10	11
放置場所	陽性植物，喜陽光。											
澆水	7～10天澆水1次			3～5天1次			1天1次			3～5天1次		
繁殖	扦插法、分株法、嫁接法											
特點	木本，落葉，性喜溫暖、陽光充足、空氣乾燥的環境，耐旱耐寒而不耐蔭。											

金　橘

（一）特徵特性及品種選擇

1. 特徵特性

學名：*Fortunella margarita*，別名金桔、金棗、金彈、牛奶橘。金橘屬芸香科，金橘屬。金橘是一種典型的亞熱帶植物，性喜溫暖潮濕，怕寒冷，喜肥水和微酸性基質，生長所需臨界溫度為10℃，最適生長的溫度範圍為23～29℃。喜中強光照，怕陰忌強光。若置室內觀賞，應遠離暖氣或煤爐，以免因長期少光偏高溫而招致生長衰弱，產

生不掛果的現象。

2. 品種選擇

適合無土栽培的金橘品種及其主要性狀如下：

（1）**羅浮**：又名牛奶金橘，灌木或小喬木，果實長圓，或長倒卵形，金黃色，可供生食。

（2）**圓金橘**：矮小灌木，果實球形，可供食用。

（3）**月月桔**：又稱四季桔，小灌木，果皮淡黃色，有金桔的香氣。四季開花結果，可供觀賞。

（4）**金豆**：又名山桔，小灌木，果實圓形，可供觀賞。

（5）**長葉金桔**：灌木，果實球形，可供觀賞。

（二）無土栽培技術要點

金橘目前多用盆栽形式進行無土栽培。桔盆可用普通陶盆（底部有排水孔），盆徑有20、25、30公分等規格，幼苗上盆時（將樹苗定植於花盆）可用20公分徑口的盆缽。小苗經一定時間的生長發育而成為中苗或大苗時，可以轉到定植盆內。

1. 基質

（1）粗沙3份，泥炭3份，腐葉土3份，餅肥1份，基質表面覆蓋礫石。

（2）蛭石或珍珠岩：以蛭石、珍珠岩等混合物為基質的，宜用桶培。桶底部1/3泥炭，中部1/3腐葉土、蛭石或珍珠岩混合物，上部1/3泥炭、細沙混合物。桶口鋪礫石，用吊針式循環法滴注營養液。

（3）腐葉土3份，泥炭3份、粗沙3份、餅肥1份

（加少量硼、銅、鋅。基質表面覆蓋礫石）。

2. 營養液

可用觀花類盆景營養液配方，具體見第二章營養液部分。

3. 管理

（1）**上盆**：盆（桶）底先加入1/3體積的泥炭後，將桔苗置於中央扶正，然後在根的四周加腐葉混合物等。盆邊填放較粗的小泥炭，便於通水通氣。加入的腐葉混合物只佔花盆深度的70～80%。嫁接苗的癒合口露出基質表面約5公分。然後用尖嘴木棒繞苗根的週邊搗實，再鋪一層面泥。待成活生長時，再鋪一層礫石或小卵石，有利於裝飾、通氣、澆營養液用。由於泥乾，透水又快，往往第一次淋水後泥沙等混合物沒有吸足水，稍後應再淋一次水（不淋營養液）。約二個月後，可澆營養液或直接加8～10粒無土栽培用複合肥。5～9月旺盛生長期內，每隔一個月應澆營養液或4～8粒花卉用複合顆粒肥；或將營養液加水三分之一每天直接滴灌。無論何種栽培方法，都應把pH值調節為5.5～6.5。

（2）**換盆（轉盆）**：金橘類生長二年後，第三年5月份應將盆桔從較小的花盆換到較大的花盆。換盆前不澆水，主盆裡的基質稍乾，這樣可以避免斷根，換盆方法同上盆方法。換盆也有在秋季進行的，在秋梢轉綠後換盆。盆橘能在入冬以前長出一批新根。

（3）**肥水管理**：肥水管理的關鍵是要注意適量。俗話說：餓壞的少，飽死的多。是指水多因通氣不暢導致爛根和窒息死亡；肥多則是因營養液成分積累而使濃度加大產生生理脫水導致死亡。正確的方法是，一般一天澆一次水，氣候過於乾燥時則澆兩次水，早晚各澆一次。每次澆水量視盆桶的大小以0.5～1升為宜。先澆周圍，後澆中央，周圍稍多澆，中央宜少澆。營養液每週澆一次，或每月追施10粒左右無土栽培用複合肥。孕蕾期開始，每週澆灌2次營養液。由於金橘在盆內生長，不僅要生長、開花，還要結漂亮的果實，因此單純依靠盆內營養土養分和少量的施肥是遠遠滿足不了植物生長需求的的，盆栽形式本身又嚴重制約著樹體對營養的全面吸收利用和保持，有限的基質主要起到固定根系、支撐樹體的作用，大量的養分必須靠生長期不斷適時定量追肥才能滿足。因此金橘盆景的施肥管理必須堅持薄肥勤施、營養全面的原則。

金橘生長所必需的營養元素有16種，其中大量元素有碳、氫、氧、氮、硫、磷、鉀、鈣；微量元素有鎂、鐵、硼、銅、鋅、錳、鉬、氯；這16種營養元素中，碳、氫、氧主要來自空氣和水，其它都需要通過營養液和葉面噴施來獲得。

（4）不掛果原因分析：

①主要是冬季休眠不好，因金橘冬季帶果在較高的室溫環境中，消耗了大量營養，次年生長不好。金橘冬季處於休眠或半休眠狀態，應保留足夠的養分待開春後萌發新枝，為開花打好基礎。

②營養不足，開花結果期長，需養分較多，一旦營養不足，長勢弱甚至不開花結果。

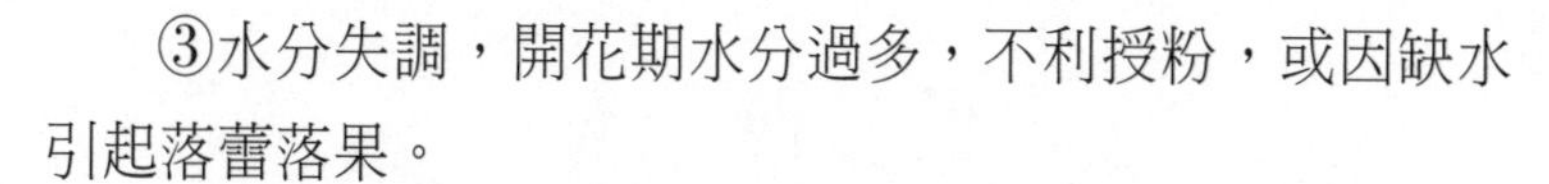

③水分失調，開花期水分過多，不利授粉，或因缺水引起落蕾落果。

④病蟲害防治不及時，特別是蚜蟲和鳳蝶幼蟲為害。

4. 病蟲害防治

金桔常見病蟲害有柑桔潛葉蛾、花椒鳳蝶、矢尖蚧、吹綿蚧、紅蠟蚧、茶蓑蛾、大蓑蛾、柑桔全爪蟎、柑桔粉虱、桔二叉蚜、碧蛾蠟蟬、星天牛、桔鏽蟎、瘡痂病、斑點病、灰黴病、萎縮病、潰瘍病、煤病等。

（1）**矢尖蚧**：在六月間第一代若蟲孵化盛期，用氧化樂果、敵敵畏、殺螟松等殺蟲劑1000倍液噴殺2～3次。在冬、春金桔未萌芽前，用機油乳劑40～50倍液噴殺越冬雌蟲。

（2）**柑桔潛葉蛾（畫圖蟲）**：在抽梢季節出現少量幼蟲為害，即以氧化樂果1000～1500倍液噴殺1～2次。

（3）**花椒鳳蝶（柑桔黃鳳蝶）**：少量發生時可人工捕殺，幼蟲大量發生時，用敵百蟲、敵敵畏等殺蟲劑1000倍液噴殺。

（4）**柑橘瘡痂病**：自四月中、下旬開始，每10天以等量式100倍波爾多液噴施一次，連續噴3～4次。

5. 栽培日曆表

月份	12	1	2	3	4	5	6	7	8	9	10	11
放置場所	陽性，盛夏高溫季節應給其遮陽。											
澆水	3～4天澆一次水			2～3天澆一次水			每天澆一次水			2～3天澆一次水		
繁殖	播種法											
特點	木本，常綠，喜濕潤，忌乾旱和積水。											

巴　西　木

（一）特徵特性及品種選擇

1. 特徵特性

學名：*Dracaena fragrans*。巴西木又叫巴西鐵樹、香龍血樹。為龍舌蘭科龍血樹屬的常綠灌木至喬木狀植物。性喜光照充足、高溫、高濕的環境，亦耐陰、耐乾燥。對光線的適應性比較強，在陰暗的室內可連續擺2～4週，在明亮的室內可以長期栽培欣賞。

巴西木屬常綠喬木，株形整齊，莖幹挺拔。葉簇生於莖頂，長40～90公分，寬6～10公分，尖稍鈍，彎曲成弓形，有亮黃色或乳白色的條紋；葉緣鮮綠色，且具波浪狀起伏，有光澤。花小，黃綠色，芳香。

2. 品種選擇

適合無土栽培的品種有：金邊香龍血樹、金心香龍血樹、銀邊香龍血樹等。

（二）無土栽培技術要點

1. 基質

巴西木無土栽培以基質盆栽為主，栽培基質以陶粒、蛭石、泥炭等為宜。這樣的基質不僅透氣、保水，而且有一定的機械支撐力。定植時通常每盆栽1株或3株高矮不等莖段。

2. 營養液

巴西木無土栽培的營養液，以富含硝態氮的偏酸性營養液為佳，可選用營養液章節介紹的格里克、斯泰納、霍格蘭等營養液配方，一般可以滿足要求。

3. 管理

（1）**繁殖：**巴西木可用播種和扦插法繁殖，一般多以扦插法為主。扦插時間以春暖後至初夏為好，此間溫度高、濕度大、生根快。剪取莖段上的側枝或老莖段的一部分作插穗，插入河沙、蛭石或珍珠岩等通氣性基質中，保持基質濕潤和較高的空氣濕度，約1個月即可發根，2個月左右可移植上盆，置蔭棚下培育。播種法育苗約需4～5年方可成景供觀賞。

（2）**栽培管理：**巴西木夏季中午前後要注意防止陽光直曬，冬季要設法保溫（一般不低於10℃，最好保持在15℃以上），並儘量保證充足的光照，以促進其健壯生長。若空氣過於乾燥，常會引起葉片尖端和邊緣發黃、捲枯，影響觀賞，因此，生長期間要經常噴水，以免葉片急性失水乾尖。如植株過高或下部葉片脫落時，可將頂部樹幹剪去，這時位於剪口以下的芽就會萌發出新的枝葉，保持植株高矮適中，株形豐滿美觀。

（3）**營養液澆灌：**巴西木幼苗定植後立即澆稀釋50～100倍的營養液，第一次澆營養液要澆透，以盆底托盤內見到滲出液為止。同時，在苗木葉子上噴0.1%的磷酸二氫鉀水溶液。置於半遮陰處緩苗1週左右，以後逐漸移至充足光照下正常管理。平日補液用稀釋5～10倍的營養液即可，30～35cm的大盆，每半月補液1次，每次500～1000ml；平日補水，以盆底有滲出液為準。使用陶料等顆粒較大的栽培基質時，補液補水更要及時。若發現陶粒表面附有「白霜」似的物質，則表明基質中鹽類過高，此時需要清洗栽培基質中的鹽分。在水土鹼性的地區，用稀釋10倍的米醋反覆沖洗基質2～3遍，然後連同營養液一起倒掉，重新澆灌稀釋2倍的新配製營養液。選用泥炭、珍珠岩的混合栽培基質時，由於這種基質有很強的酸鹼緩衝容量，故只需按正常方法澆營養液即可。

4. 病蟲害防治

巴西木常見病蟲害主要包括蔗扁蛾、小蠹蟲、莖腐病等。在防治上應注意預防，栽培過程中，要經常檢查，及早發現病蟲危害。發現病蟲，及時進行清理。如及時碾死幼蟲，除去受害後變色、枯死的部分。對蔗扁蛾可噴布殺蟲劑保護，用2000倍的20%菊殺乳油或2500倍的20%速滅殺丁乳油進行防治。對於莖腐病，可選用70%甲基托布津可濕性劑800倍和50%撲海因可濕性粉劑800倍噴霧。此外在生長過程中，若發現有蛀心蟲危害，可用1000倍氧化樂果、敵敵畏噴塗或灌根。也可扣出基質檢查根系，用藥物浸根4h即可殺滅害蟲。

5. 栽培日曆表

月份	12	1	2	3	4	5	6	7	8	9	10	11
放置場所	陽性											
澆水	2～3天一次			每天1～2次			每天2～3次			每天1～2次		
繁殖	播種法、扦插法											
特點	木本，常綠觀葉植物，性喜光照充足、高溫、高濕的環境，亦耐陰、耐乾燥。											

發　財　樹

（一）特徵特性及品種選擇

1. 特徵特性

學名：*Monstera deliciosa* Liebm.。別名：發財樹、瓜栗、中美木棉。屬木棉科，瓜栗屬。發財樹為多年生常綠灌木，原產於馬來半島及南洋群島一帶。

性喜高溫高濕氣候，耐寒力差，幼苗忌霜凍，成年樹可耐輕霜及長期5～6℃低溫，華南地區可露地越冬，以北地區冬季須移入溫室內防寒，喜肥沃疏鬆、透氣保水的沙壤土，喜酸性土，忌鹼性土或黏重土壤，較耐水濕，也稍耐旱。

該樹種為多年生常綠灌木，原產於馬來半島及南洋群島一帶。近年來，經栽培選育，已廣泛用於盆景生產。以種子繁殖為主。

種子在秋季成熟，宜隨採隨播。室內觀賞多作椿景式盆栽。為加速成長可先地栽，後上盆。

2. 造型選擇

目前市場上發財樹造型大致分獨本、三龍（辮）、五龍（辮）三種，一般來講，獨本具有發葉不夠豐滿的缺點。三辮發葉豐滿，樹杆美觀，還不容易死辮。五辮產品由於相互擠壓嚴重，容易死去一至兩辮，影響觀賞效果。在具體造型選擇上，可根據實際需要加以選擇和調整。

（二）無土栽培技術要點

1. 基質

以排水良好的基質較為適宜。基質的pH值對發財樹的影響較大，要求pH值在5.5～6.5之間最好，基質配製可以採用以下配方：

（1）河沙4份、椰糠3份、泥炭土3份。

（2）河沙4份、泥炭土3份、木屑3份。

2. 營養液

可選用營養液章節介紹的格里克、斯泰納、霍格蘭等營養液配方。

3. 管理

（1）**繁殖**：發財樹多用種子繁殖。種子成熟後宜隨採隨播或混濕沙貯藏越冬，至翌年春暖播種。種子發芽適溫在25℃以上，幼苗生長較快，一般半年生苗高達70公分左右時，可進行編辮，稍後即可截頂。

（2）**造型**：發財樹長至2公尺左右，約在1.2～1.5公尺處截去上部，讓其成光杆，然後從地上掘起，放在半陰涼處讓其自然涼乾1～2天，使樹幹變得柔軟而易於彎曲。接著用繩子捆紮緊同樣粗度和高度的若干植株基部，將其莖幹編成辮狀，放倒在地上，用重物如石頭、鐵塊壓實，固定形態，用鐵線紮緊固定成直立辮狀形。編好後將植株繼續種於地上，加強肥水管理，尤其追施磷鉀肥，使莖幹生長粗壯，辮狀充實整齊一致；也可直接上盆種植，讓其長枝葉。

(3) **栽培管理：**發財樹無土栽培應選用口徑為30～35公分的大型塑膠花盆，盆底鋪一層塑膠薄膜，以泥炭和珍珠岩等量混合作基質，保持根莖原狀定植，邊加基質邊用手壓實，上層鋪一層陶粒，以防日曬生長藻類和澆水沖翻基質。定植後補水補液的肥水管理和一年四季光照、溫度、濕度管理同巴西木。所用營養液為觀葉植物營養液。發財樹性喜高溫濕潤和陽光照射，不能長時間陰蔽。因此，在養護管理時應置於室內陽光充足處。

擺放時，必須使葉面朝向陽光。否則，由於葉片趨光，將使整個枝葉扭曲。另外，每間隔3天至5天，用噴壺向葉片噴水一次，這樣既利於光合作用的進行，又可使枝葉更顯美觀。

(4) **澆水施肥：**澆水是養護管理過程中的重要環節。水量少，枝葉發育停滯；水量過大，可能招致爛根死亡；水量適度，則枝葉肥大。澆水的首要原則是寧濕勿乾，其次是「兩多兩少」，即夏季高溫季節澆水要多，冬季澆水要少；生長旺盛的大中型植株澆水要多，新分栽入盆的小型植株澆水要少。澆水量過大時，易使植株爛根，導致葉片下垂，失去光澤，甚至脫落。此時，應立即將其移至陰涼處，澆水量減至最少，只要盆土不乾即可，每天用噴壺對葉面多次噴水，停止施肥水，大約15天至20天就可逐漸緩過來。

發財樹為喜肥花木，對肥料的需求量大於常見的其它花木。在發財樹生長期（5月至9月），每間隔15天，可施用一次腐熟的液肥或混合型育花肥，以促進根深葉茂。

4. 病蟲害防治

發財樹比較易生的害蟲有糠介、吹棉介和蟎。糠介和吹棉介都是就殼蟲類，刺吸式害蟲。這兩種害蟲不僅能使發財樹葉片失綠，影響其長勢，其排泄物還能引起黑黴菌的產生。黑黴菌俗稱煤煙病，生病以後，嚴重的影響其生長和觀賞效果。故發現病害，一定要及時處理。

一般可用吡蟲啉類或其改良劑，經稀釋一定的倍數後，進行葉面噴霧。每週一次，連續2～3次即可基本滅殺淨。對於紅蜘蛛。可用蟎蟲清，掃蟎淨，蚜蟎殺等藥物進行滅殺。

發財樹常見的病害有根（莖）腐病與葉枯病。可用用普力克、安克、雷多米爾噴灑發財樹光杆，以藥液沿杆部流入盆土為宜。

期間若發現有潰爛植株，應立即丟棄。對於葉枯病，發現病葉要及時摘除，並銷毀，也可葉面噴施保護性殺菌劑，如70%百菌清800倍液，或者18%多菌銅乳粉200倍液，或50%退菌特600倍液、50%多菌靈800倍液，或70%百菌清800倍液、75%甲基托布津1500倍液進行防治。

5. 栽培日曆表

月份	12	1	2	3	4	5	6	7	8	9	10	11
放置場所	陰性											
澆水	3～4天一次			2～3天一次			每天早晚各一次			2～4天一次		
繁殖	播種法											
特點	木本，常綠，性喜高溫高濕氣候，耐寒力差。											

龜　背　竹

（一）特徵特性及品種選擇

1. 特徵特性

學名： *Monstera deliciosa* Liebm.。別名：蓬萊蕉、鐵絲蘭、穿孔喜林芋、龜背蕉、電線蓮、透龍掌，為天南星科龜背竹屬常綠藤本植物。龜背竹原產中美洲墨西哥等地的熱帶雨林中。性喜溫暖濕潤及半陰環境，不耐乾旱和寒冷，忌強光直射和乾燥。生長適溫為28～30℃，10℃以下則生長緩慢，5℃停止生長，呈休眠狀態。在栽培上通常要求通氣性良好而又保水的微酸性栽培基質，也可用腐葉土、和河沙等混合作培養土。

龜背竹葉形奇特，孔裂紋狀，極像龜背。莖節粗壯又似羅漢竹，深褐色氣生根，縱橫交差，形如電線。其葉常年碧綠，極為耐陰，是有名的室內大型盆栽觀葉植物。龜背竹在歐美、日本常用於盆栽觀賞，點綴客室和窗臺，較為普遍。南美國家巴西、阿根廷和美洲中部的墨西哥除盆栽以外，常種在廊架或建築物旁，讓龜背竹蔓生於棚架或貼生於牆壁，成為極好的垂直綠化材料。

2. 品種選擇

適合無土栽培的品種有：

（1）**迷你龜背竹**：葉片長僅8公分。

（2）**石紋龜背竹**：葉片淡綠色，葉面具黃綠色斑紋。

（3）**白斑龜背竹：**葉片深綠色，葉面具乳白色斑紋。

（4）**蔓狀龜背竹：**莖葉的蔓生性狀特別強。

（二）無土栽培技術要點

1. 基質

龜背竹喜濕，無土栽培用基質可採用陶礫或珍珠岩等。定植時，先在花盆內加入事先用水浸泡過的陶礫至水位深度，然後將準備好的龜背竹苗木立於盆內，舒展根系後，慢慢加入陶粒或珍珠岩，至盆八分滿壓實後，上層再加一層陶粒，以免澆水時沖走珍珠岩和日曬產生藻類。採用陶粒栽培切忌缺水，因陶粒顆粒大，通氣性好，缺水根系吸水困難，植株會迅速萎蔫。

2. 營養液

龜背竹營養液大量元素中禁止採用銨態氮，微量元素採用螯合態鐵、錳、鋅、銅等，其營養液pH值通常為6.0～7.0。

3. 管理

（1）**繁殖：**繁殖較容易，可用扦插和播種方法繁殖，扦插多於春夏季（4～5月）進行，一般可剪取葉莖頂或帶有2個節莖段為插穗（如莖段較粗大也可剪成一節一段），剪去葉片，橫臥於河沙苗床或盆中，埋土，僅露出莖段上的芽眼，放在溫暖半陰處，保持濕潤，接受日照50～60%，30～40天可生根。也可將莖蔓壓入盆土，壓條處可用刀割深至莖幹1/3處，割4～5個小刀，經1個月左右長出根後，即切離母株另行種植。

（2）**換盆：**小盆每年換盆1次，中大盆每3～5年換盆1次，每年4月中旬換盆為宜。注意適量修剪枯黃葉、老葉。

盆栽時，盆底部先放一層粗煤渣塊（粒）作排水層，上鋪一層培養土，種植時加少量磷肥、骨粉、乾牛糞、乾雞糞等作基肥，促其生長旺盛。

（3）**栽培管理：**定植後第一次澆營養液要澆透，最好從盆上噴澆。有連體託盤的至盆底託盤內八分滿即可；普通塑膠盆盆內不積存營養液，以見到滲出液流出為止，盆底另加接盤，以免浪費營養液。平日補液按常規補液法，每10～15天補1次；平日補水保持連體託盤內八分滿。無連體託盤的花盆，每次澆水，先把託盤內的滲出液倒出澆在花盆裡，如無水流出即應補澆，補液日不補水。冬季一般不換液，夏季需要換液時，則多澆水超出水位，使水大量流出，同時也可清洗基質。

珍珠岩栽培，盆底託盤不可長時間存水，澆水要在表層基質乾到1～2cm時進行，否則，水多易發生爛根。龜背竹為耐陰植物，可常年放在室內有明亮散射光處培養，夏季避免受到強光直射，否則葉片易發黃，甚至葉緣、葉尖枯焦，影響觀賞效果。

乾燥季節和炎熱夏季每天要往葉面上噴水3～5次，保持花盆周圍空氣濕潤，葉色才能保證翠綠。冬季室內溫度不可低於12℃，防止冷風直接吹襲，並減少澆水。

4. 病蟲害防治

介殼蟲是龜背竹最常見的蟲害，少量時可用舊牙刷清洗後用40％氧化樂果乳油1000倍液噴殺。常見病害有葉斑病、灰斑病和莖枯病，可用65％代森鋅可濕性粉劑600倍液噴灑。

5. 栽培日曆表

月份	12	1	2	3	4	5	6	7	8	9	10	11
放置場所	半陰性，忌強光直射。											
澆水	2～3天一次			1天一次			早晚一次			1天一次		
繁殖	扦插法、播種法											
特點	多年生常綠草本觀葉植物，喜溫暖濕潤及半陰環境，不耐乾旱和寒冷，忌乾燥。											

紅　楓

（一）特徵特性

學名：*Acer rubrum*。槭樹科槭樹屬。紅楓生長於氣候溫涼濕潤、雨量充沛、溫度較大的環境，耐旱怕澇，稍喜光。幼樹喜側方庇蔭，在強光高溫下，枝葉、樹皮易產生「日灼」現象。

紅楓屬落葉小喬木，樹冠近圓形或傘形，葉對生，嫩葉呈鮮紅色或紫紅色，樹形優美，為珍貴盆景樹木。花期為4至5月，翅堅果於9至10月份成熟。紅楓的繁育方法主要靠嫁接繁殖，以青楓為砧。紅楓扦插成活率低，紅楓用種子播種，出苗後仍為青楓，要大力繁育紅楓，前提是大量繁育青楓。

（二）無土栽培技術要點

1. 基質

（1）草炭土2份，草木灰1份。

（2）草炭土2份，泥炭土1份，草木灰2份。

2. 營養液

可選用營養液章節介紹的格里克、斯泰納、霍格蘭等營養液配方。

3. 管理

（1）**繁殖**：繁殖方法多採用嫁接。一般以扦插為宜，注意選擇生長健壯、根系發達的青楓作嫁接苗嫁接後注意管理，成活率可達90%左右。

（2）**修剪**：生長期修剪在4月下旬～8月下旬，休眠期修剪在10月下旬～第二年3月下旬。除去樹體上的無用萌蘗，包括主杆基部發生的徒長枝和部分猛長的過強枝條。幹粗1cm以內的幼苗，除去掉生長過強的枝條外不宜作其它修剪。

（3）**整形**：幼苗一般採用自然圓頭形。苗木定植後，在種植第一年內修剪猛長的枝條，第二年開始，除保留從主杆上分生的3～4個強壯枝外，其餘枝條一概除去，保留的枝條彼此相隔10cm左右，以後開始根據修剪技術進行。多年生紅楓及盆景根據實際要求進行整形。

（4）**肥水管理**：紅楓嫁接成活後，3、4月份，以施氮肥為主，其中氮磷鉀比例為6：1：3，採用薄肥勤施原則，每7至10天撒施或澆灌一次。10月份開始，以施磷、鉀為主的基肥，如腐熟的菜餅、油餅、豆餅或複合肥，採用根部周圍穴施或環施，其中基肥氮、磷、鉀比例為2：3：5。

（5）**其他**：如果要人工控制觀葉，可在6月和9月各全部摘葉1次，10日後即可長出鮮紅的新葉來。要注意兩點：一是摘葉後要修剪；二是摘葉前一週要施肥。人工控制新葉，肥水要加強，這是成功的關鍵。

4. 病蟲害防治

危害紅楓的害蟲有三種，地下害蟲如蠐螬、螻蛄等啃咬紅楓幼苗根莖部，易造成苗木枯死，可採用50%的辛硫磷乳油1000倍液澆根或拌細土撒施葉撒施；侵食枝葉害蟲如金龜子、刺蛾、蚜蟲蠶食紅楓葉片，造成苗木生長不良，需用氧化樂果800至1000倍進行噴霧；蛀幹性害蟲星天牛、蛀心蟲等危害紅楓枝幹，造成紅楓大苗的枯枝甚至整株死亡，須用殺滅菊脂等2000至3000倍進行噴霧，在蟲道口向枝幹注射甲胺磷、敵敵畏原液，外用泥口封乾。

近年來，歐盟等國家對中國出口盆景上星天牛發生情況十分關注，在盆景出口時為了符合進口國檢疫要求可以採用溴甲烷薰蒸的方法殺滅這些蛀幹害蟲。

5. 栽培日曆表

<table>
<tr><td>月份</td><td>12</td><td>1</td><td>2</td><td>3</td><td>4</td><td>5</td><td>6</td><td>7</td><td>8</td><td>9</td><td>10</td><td>11</td></tr>
<tr><td>放置場所</td><td colspan="12">陽性，忌強光高溫，春秋可接受全日照，入夏後要移至半陰處。</td></tr>
<tr><td>澆水</td><td colspan="3">間乾間濕</td><td colspan="3">2～3天一次</td><td colspan="3">早晚各一次</td><td colspan="3">2～3天一次</td></tr>
<tr><td>繁殖</td><td colspan="9">扦插法，嫁接法</td><td colspan="3"></td></tr>
<tr><td>特點</td><td colspan="12">木本，落葉，喜光，喜溫暖、濕潤氣候，較耐寒。</td></tr>
</table>

紅花繼木

（一）特徵特性

學名：*Lorpetalum chinense* var.rubrum。別名：紅桎木、紅花。屬於金縷梅科繼木屬。性喜溫暖向陽的環境和肥沃濕潤的微酸性疏鬆土壤，耐寒、耐修剪，易生長。

為常綠灌木或小喬木，高4cm～9cm。小枝、嫩葉及花萼均有繡色星狀短柔毛。葉暗紫色，卵形或橢圓形，先端銳尖，全緣，背面密生星狀柔毛。花瓣4枚，紫紅色線形長1cm～2cm，花3朵至8朵簇生於小枝端。蒴果褐色，近卵形。紅花繼木葉紅，花紅，樹形優美，枝繁葉茂，性狀穩定，適應性強，是近年新開發的品種。

（二）無土栽培技術要點

1. 基質

泥炭2份，樹皮1份，木屑1份。

2. 營養液

可選用營養液章節介紹的格里克、斯泰納、霍格蘭等營養液配方。

3. 管理

（1）**繁殖：**繼木繁殖方法多用扦插，扦插時間3～11月都可，但以春季為佳。種條用一般園林修剪下的枝條即可。但應選擇無病蟲害、無機械損傷的一年生健壯枝條或當年生半木質化枝條，枝長5～7公分，留2～3片葉。如管理得當，成活率在90%以上。扦插密度株行距一般按2～3×2～3公分，每平方公尺1000～2000株，以葉挨葉即可。深度為2～3公分。紅花繼木從扦插到煉苗移栽一般要3個月左右，插後1個月才開始放根，如3月初扦插，在5月中下旬方可移栽，5月份扦插，8月就可移栽，10月～11月扦插在第二年3月中下旬方可移栽。

（2）**移植：**紅花繼木的移植時間，在南方一般適宜在2月初至3月底，即在正造花期開之前或之後進行移植為好，其它時間移植要多帶些基質，切勿在冬季移植（冬季紅花繼木生長停止，開始進入休眠期）。

（3）**修剪：**不同時間移植的紅花繼木，要適當修剪枝條，春天可修剪少些，其它時間可修剪多些，避免枝葉蒸發水份，造成失水。

（4）**換盆：**紅花繼木的根系生長迅速，非常發達，如果不注意換盆，植株容易生長不旺盛，造成半邊或整株死亡。所以上盆的紅花繼木一般每年都需要進行換盆，換盆最好在2～3月底進行。此前一段時間應停止淋水和施肥，待盆土乾後，將樹從盆中脫出，除去一半或2/3的舊基質，剪去爛根、部分老根和鬚根，在盆底墊上一層草炭土，以便疏水透氣。將樹種回盆中，放入新配製好的基質，淋透水，然後保持不乾不濕條件，以便生根發芽。

（5）**肥水管理：**紅花繼木需要充足的水份，因其葉面的毛孔較粗，容易蒸發水份，所以在夏季的淋水要充足，上盆的一天可淋水2～3次；如果剛上盆或剛移種的每天要向樹幹和枝葉噴水多次，使其保持濕潤；其它季節視天氣情況，泥土的濕潤情況進行淋水。紅花繼木受肥，一般可用餅肥漚透後稀釋10～20倍以上施用，春末、初夏和秋季每月施1～2次，視樹的生長和成熟程度而定。

除餅肥之外，也可施用化肥，但要根據說明適當施用，切勿施肥過多，造成不必要的損失 。

4. 病蟲害防治

紅花繼木病蟲較少，主要是地老虎和蚜蟲。對於地老虎3齡前幼蟲，畝用2.5％敵百蟲粉劑1.5至2千克噴粉，或加10千克細土製成毒土，撒在植株周圍，或用80％敵百蟲可溶性粉劑1000倍液，50％辛硫磷乳油800倍液，20％氰戊菊酯乳油2000倍液噴霧。

在蟲齡較大時，可選用50％二嗪農乳油或80％敵敵畏乳油1000至1500倍液灌根，殺死土中的幼蟲。適當多施鋅肥，促進根系的生長。

對於蚜蟲用1.8%阿維菌素（蟲蟎克）3000～5000倍，10％吡蟲啉可濕粉2000倍液防治，50%抗蚜威可濕粉1500～2000倍液進行防治。

5. 栽培日曆表

月份	12	1	2	3	4	5	6	7	8	9	10	11
放置場所	陽性											
澆水	5～7天一次，濕潤偏乾			1～2天一次			早晚各一次			1～2天一次		
繁殖					扦插法			扦插法				
特點	木本、落葉、耐寒、耐修剪，易生長。											

榕　樹

（一）特徵特性及品種選擇

1. 特徵特性

學名：Ficus *microcarpa*，屬桑科(Moraceae)榕屬（Ficus，即無花果屬）喬木。原產於熱帶亞洲。又名細葉榕、成樹、榕樹鬚。性喜高溫多雨、空氣濕度大的環境，耐高溫，也耐蔭、耐寒，更耐乾旱、受水。

榕樹以樹形奇特，枝葉繁茂，樹冠巨大而著稱。枝條上生長的氣生根，向下伸入土壤形成新的樹幹稱之為「支柱根」。榕樹高達30公尺，可向四面無限伸展。其支柱根和枝幹交織在一起，形似稠密的叢林，因此被稱之為「獨木成林」。

榕樹根系發達，根部常隆起，並凸出地面，故造型獨特，可製作出許多不同規格、不同風格、形態各異的盆景。具有生長迅速、四季常青、鬚根奇特、可塑性、生命力強、性耐陰、耐旱的特點。

2. 品種選擇

適合無土栽培的品種有：

（1）**柳葉榕：**別名垂葉榕、長葉榕，葉卵形或橢圓形，枝條濃密，具氣根，樹冠廣闊，遮蔭效果極佳。

（2）**細葉榕：**別名小葉榕，樹冠傘形，枝幹有下垂的氣根。單葉互生，倒卵形至橢圓形。

（二）無土栽培技術要點

1. 基質

榕樹樁景無土栽培基質可選用陶粒、蛭石、草炭或珍珠岩、草炭，這樣既保水透氣，又可以滿足榕樹對土壤酸鹼性的要求。

2. 營養液

無土栽培的營養液可採用朱士吾配方。

3. 管理

（1）**繁殖**：榕樹繁殖方法可用播種、扦插、高壓或嫁接法等進行繁殖。

如扦插繁殖法：可於春季採1年生充實飽滿的枝條在花盆、木箱或苗床內扦插；將枝條按3節一段剪開，保留先端1～2枚葉片，插入素沙土中；庇蔭養護，每天噴水1～2次來提高空氣濕度，不必蒙蓋塑膠薄膜，但要注意防風，20天後可陸續生根，45天後可起苗上盆。

另外壓條繁殖也比較常見，為了培育大苗，可利用榕樹大枝柔軟的特性進行壓條。先在母株附近放一個大花盆，裝上盆土，然後選擇一根形態好的大側枝拉彎下來埋入花盆，上面壓上石塊，入土部分不用刻傷也能生根，2個月後將它剪離母體，即可形成一棵較大的盆栽植株。也可在母株的樹冠上選擇幾根很粗的側枝進行高壓繁殖，不但成形快，操作也比較簡單。

（2）**造型**：榕樹的萌發力強，造型多以修剪為主，蟠紮為輔。當苗木的主幹長到一定高度和粗度時，要摘去頂芽，控制高度，以矮化主幹並促使主幹增粗。達到矮化標準後，可保留3～5個側枝，反覆地進行摘心摘芽處理。對主幹要採用蟠紮法造型，隨時剪去有礙美觀的枝條和病蟲枝。

（3）**上盆：**每年的4～5月份，是榕樹上盆的最好季節。榕樹形古樸，通常宜選用外形古樸的紫沙盆與之相配。榕樹喜歡微酸性土壤，可用園土和塘泥相配取得。

（4）**澆水：**澆水要間乾間濕，即每次澆水時都要澆透，即澆到盆底排水孔有水滲出為止，但不能澆半截水（即上濕下乾），澆過一次水之後，等到土面發白，表層土壤乾了，就要再澆第二次水，絕不能等盆土全部乾了才澆水。炎熱季節要經常向葉面或周圍環境噴水以降溫和增加空氣濕度。澆水次數冬、春季要少些，夏、秋季要多些。

（5）**修剪：**榕樹的萌發力較強，修剪可常年進行，一般在春初疏剪，剪除不需要的交叉枝、重疊枝、對生枝以及枯枝、病枝等。平時可隨時剪去徒長枝，以保持樹形美觀。

（6）**翻盆：**榕樹盆景不宜經常翻盆，以免塊根受傷腐爛，一般每隔3～4年翻一次盆，時期以晚春4～5月為好（秋冬季一般不宜進行翻盆），同時要去掉部分宿土並剪去老根、腐爛根。

（7）**施肥：**榕樹不喜肥，每月施10餘粒複合肥即可，施肥時注意沿花盆邊將肥埋入土中，施肥後立即澆水。肥料的主要成分是氮、磷、鉀。

4. 病蟲害防治

榕樹病蟲害少見，偶有介殼蟲為害，發現即用刷子人工刷除。

5. 栽培日曆表

月份	12	1	2	3	4	5	6	7	8	9	10	11
放置場所	陽性											
澆水	3天一次			間乾間濕			間乾間濕			3天一次		
繁殖				扦插法、壓條法、播種法			嫁接法					
特點	木本、落葉、喜高溫、空氣濕度大環境，耐蔭、耐寒，更耐乾旱。											

一　品　紅

（一）特徵特性及品種選擇

1. 特徵特性

學名：*Euphorbia pulcherrima*。別名：聖誕花、猩猩木、老來嬌，為大戟科大戟屬落葉亞灌木。原產墨西哥南部和中美洲等熱帶地區，臨冬季節嬌豔的紅色苞片，特別誘人，又稱墨西哥紅葉。

原產地在露地能長成3～4公尺高的灌木，花時一片紅豔，成為冬季的重要景觀。目前，在歐美、日本均已成為商品化生產的重要盆花。

性喜溫暖濕潤的環境，不耐寒冷和霜凍。要求充足的光照，光照不足時，往往莖弱葉薄，苞片色澤變淡。對土壤要求不嚴，但以疏鬆肥沃、排水良好的微酸性土壤為好。一品紅屬於典型的短日照植物，花芽分化在10月下旬開始。

2. 品種選擇

適合無土栽培的品種有：

（1）**一品白**：苞片乳白色。

（2）**一品粉**：苞片粉紅色。

（3）**一品黃**：苞片淡黃色。

（4）**深紅一品紅**：苞片深紅色。

（5）**三倍體一品紅**：苞片棟葉狀，鮮紅色。

（6）**重辮一品紅**：葉灰綠色，苞片紅色、重瓣。

（7）**球狀一品紅**：苞片血紅色，重瓣，苞片上下捲曲成球形，生長慢。

（8）**斑葉一品紅**：葉淡灰綠色、具白色斑紋，苞片鮮紅色。

（9）**皮托紅**：苞片寬闊，深紅色。

（10）**勝利紅**：葉片棟狀，苞片紅色。

（11）**珍珠**：苞片黃白色。

（二）無土栽培技術要點

1. 基質

無土栽培一品紅可用直徑15～20公分的塑膠花盆，基質最好選用草炭、珍珠岩或蛭石為1：1的混合基質。

2. 營養液

可選用營養液章節介紹的觀花類植物營養液配方。

3. 管理

（1）**繁殖**：一品紅生根容易，多以扦插繁殖為主。春末氣溫穩定回升時，花凋謝後修剪下來的枝條，每3節截成一段進行扦插，或於5月下旬至6月上旬利用嫩枝扦插，每段帶有2枚剪去1/2的葉片。剪插條時剪口有白色乳汁流出，要用草木灰或硫磺粉封住陰乾，或用清水洗淨後，待剪口乾燥後再插入沙或蛭石中。插後保持基質濕潤，在25℃溫度條件下約經1個月即可生根。腋芽也可扦插，但不如枝插好。小苗上盆後要給予充足的水分，置於半陰處一週左右，然後移致早晚能見到陽光的地方鍛鍊約半個月，再放到陽光充足處養護。

（2）**栽培管理**：上盆時，盆底鋪一層用水浸透的陶粒，以利排水和通氣，然後加入混合基質，將花苗栽在盆中，盆上面要加蓋一層陶粒，以防長青苔和澆水或澆液沖起基質。定植後第一次加液要充足，至盆底有滲出液流出為止，盆底託盤內不可長期存留滲出液以防影響通氣而爛根。平日補液每週1～2次，每次約100ml，注意噴水保濕，切勿澆水過大。一品紅扦插生根後，要及時澆施營養液，營養液可選用通用配方，並逐漸把花移到陽光充足的地方，但要避免中午強光直射。待2～3個月後，新枝長到10公分左右時，即可定植，當年可以開花。清明前後（4月上旬）開過花後，減少澆水澆液，促其休眠。剪去上部枝條，促使其萌發新的枝條。一般每個花盆可保留5～7個枝條，每個枝條頂端開1朵花。其他的萌芽及時摘除，以免影響觀賞效果。一品紅當年生枝條常可達1m多長，不僅株形不美，而且影響開花。為使株形美觀，應及時整枝作彎，使植株變矮，枝葉緊湊，花葉分佈均勻。常用截頂、曲枝盤頭等方法。也可使用植物生長抑制劑如B_9、矮壯素等噴灑葉面，效果較好。

（3）**澆水：**一品紅對水分的反應比較敏感，生長期只要水分供應充足，莖葉生長迅速，有時出現節間伸長、葉片狹窄的徒長現象。澆水時要注意防止過乾過濕，否則會造成植株下部的葉子發黃脫落、枝條生長不均勻、夏季天氣炎熱時，應適當加大澆水量，但切勿盆內積水，以免引起根部腐爛。其他季節要具體看盆土乾濕情況而定。

（4）**施肥：**一品紅喜肥沃沙質土壤。除上盆、換盆時，加入有機肥及馬蹄片作基肥外，在生長開花季節，每隔10至15天施一次稀釋5倍充分腐熟的麻醬渣液肥。入秋後，還可用0.3%的複合化肥，每週施一次，連續3至4次，以促進苞片變色及花芽分化。

（5）**整形修剪：**在清明節前後將休眠老株換盆，剪除老根及病弱枝條，促其萌發新技，在生長過程中需摘心兩次，第一次6月下旬，第二次8月中旬。在栽培中應控制大肥大水，尤其是秋季植株定型前。待枝條長20至30公分時開始整形作彎，其目的是使株形短小，花頭整齊，均勻分佈，提高觀賞性。

4. 病蟲害防治

主要發生葉斑病、灰黴病和莖腐病，可用70%甲基托布津可濕性粉劑1000倍液噴灑。蟲害有介殼蟲、粉虱危害，可用40%氧化樂果乳油1000倍液噴殺。

5. 栽培日曆表

<table>
<tr><th>月份</th><th>12</th><th>1</th><th>2</th><th>3</th><th>4</th><th>5</th><th>6</th><th>7</th><th>8</th><th>9</th><th>10</th><th>11</th></tr>
<tr><td>放置場所</td><td colspan="12">短日照陽性植物</td></tr>
<tr><td>澆水</td><td colspan="3">冬季4～5天一次</td><td colspan="3">1～2天澆水一次</td><td colspan="3">早晚各澆水一次</td><td colspan="3">1～2天澆水一次</td></tr>
<tr><td>繁殖</td><td colspan="9">扦插法</td><td colspan="3"></td></tr>
<tr><td>特點</td><td colspan="12">木本、落葉、不耐乾旱，又不耐水濕。</td></tr>
</table>

茶　花

（一）特徵特性及品種選擇

1. 特徵特性

學名：*Camellia japoica*，中文名山茶，又名曼佗羅，原產於中國長江、珠江流域、雲南；朝鮮、日本、印度。性喜溫暖又不耐極端高低溫，茶花生長適溫在20～25℃之間，29℃以上時停止生長，35℃時葉子會有焦灼現象。要求有一定溫差。環境濕度60%以上，大部分品種可耐−8℃低溫（自然越冬，雲茶稍不耐寒），在淮河以南地區一般可自然越冬。

茶花培植土要偏酸性，並要求較好的透氣性。以利根毛發育，通常可用泥炭、腐鋸木、紅土、腐植土，或以上的混合基質栽培。

茶花要求光照比杜鵑強，春秋冬三季可不遮陰，夏天可用50%遮光處理。理想的環境條件是：溫暖、半陰、空氣濕度大、土壤疏鬆排水良好呈微酸性，茶花培植土要偏酸性，並要求較好的透氣性。

茶花為中國的傳統名花，也是世界名花，為常綠灌木或小喬木。碗形花瓣，單瓣或重瓣。花色有紅、粉紅、深紅、玫瑰紅、紫、淡紫、白、黃色、斑紋等，花期為冬春兩季，較耐冬。

2. 品種選擇

適合無土栽培的品種有：黑魔法、大海倫、特雷爾織娘等。

（二）無土栽培技術要點

1. 基質

（1）珍珠岩2份、泥炭1份。

（2）珍珠岩2份、椰糠1份、腐熟木屑2份。

2. 營養液

可選用營養液章節介紹的觀花類植物營養液配方。

3. 管理

（1）**繁殖**：茶花的繁殖方法很多，有性繁殖和無性繁殖均可採用，其中扦插和靠接法使用最普遍。

① 扦插法：此方法最簡便，扦插時間以9月間最為適宜，春季亦可。選擇生長良好，半木質化枝條，除去基部葉片，保留上部3片葉，用利刀切成斜口，立即將切口浸入200～500ppm吲哚丁酸5～15分鐘，曬乾後插入沙盆或蛭石盆，插後澆水40天左右傷口癒合，60天左右生根。用激素處理後扦插比不用激素的提早2～3個月出根。用蛭石

作插床，出根也比沙床快得多。

② 靠接法：選擇適當的品種如茶盅茶或油茶作砧木，靠接名貴的茶花。

靠接的時間一般在清明節至中秋節之間。先把砧木栽在花盆裡，用刀子在所要結合的部位分別削去一半左右，切口要平滑，然後使雙方的切面緊密貼合，用塑膠薄膜包紮，每天給砧木淋水兩次，60天後即可癒合。到時可剪下栽植，並置於樹陰下，避免陽光直射。翌年2月，用刀削去砧木的尾部，再行定植。

③ 葉插法：茶花通常採用枝條扦插繁殖法，但有些名貴品種由於受到枝條來源的限制，或考慮到取材後會影響其樹形，所以也可採用葉插法。以山泥作扦插基質，可拌入1/3的河沙，以利通氣排水，基質盛在瓦盆中，然後進行盆插。

在雨季，可取一年生葉片作葉插材料，太老不易生根，過嫩又易腐爛。插入土深約2公分，插後壓緊土壤，澆足水，然後放在陰涼通風的地方。一般3個月可以發根，第二年春可以發芽抽枝。

（2）**栽培管理：**山茶為半陰性花卉，夏季需搭棚遮陰。立秋後氣溫下降，山茶進入花芽分化期，應逐漸使全株受到充足的光照。冬季應置於室內陽光充足處，若室內光線太弱，山茶則生長不良，並易得病蟲害。茶花生長緩慢，不宜強度修剪；樹冠發育均勻，也不需特殊修剪，只需剪除病蟲枝，過密枝，弱枝和徒長枝。新植苗，為確保成活，也可適度修剪。

摘蕾是栽培管理的重要一環，一般每枝最多保留3個花蕾，並保持一定間距，這樣可減少植株養分消耗過大，影響開花。茶花花期長達半年，及時摘去調萎的花朵，減少養分消耗，增強樹勢大有好處。

（3）**澆水施肥：**澆水要視溫度而定，一般3天左右一次，保持盆土濕潤，忌積水或澆半截水。如果採用自來水應先在水桶中存放一兩天，讓氯氣揮發掉。水中最好放百分之一的硫酸亞鐵，以利於改善水質。茶花不喜肥，一般花前10～11月，花後4～5月，施肥2～4次。肥料主要採用複合肥、堆肥，並結合適量磷肥（施肥原則薄施多施。壯苗多施，弱苗少施或不施）。

4. 病蟲害防治

茶花主要病害有輪紋病、炭疽病、枯梢病等，可採用退菌特800倍；多菌靈500倍；百菌清800倍；克黴靈800倍等進行定期防治，花前要注意灰黴病、花枯病防治。

茶花蟲害以紅蜘蛛、蚜蟲、蚧殼蟲、捲葉蛾、造橋蟲為主，主要防治藥劑用氯腈菊酯15毫升＋水胺硫磷20毫升或久效磷25毫升兌30斤水噴霧。

5. 栽培日曆表

月份	12	1	2	3	4	5	6	7	8	9	10	11
放置場所	半陰性，春秋冬三季可不遮陰，夏季50%遮光處理。											
澆水	冬季5～7天一次			春季每天澆水一次			夏季早晚各澆水一次			秋季每天澆水一次		
繁殖				靠接法			靠接法、葉插法			扦插法		
特點	木本、落葉、性喜溫暖。											

桂　花

（一）特徵特性及品種選擇

1. 特徵特性

學名：*Osmanthus fragrans* Lour.，別名岩桂、木犀、丹桂、金粟、九里香。桂花屬木犀科、木犀屬。

喜溫暖濕潤、光照適中，通氣而又避風的氣候生態。適生於土層深厚、排水良好，富含腐殖質的偏酸性沙質壤土，忌鹼性土和積水。通常可連續開花兩次，前後相隔15天左右。花期9～10月。低溫不過-6℃，高溫不過30℃，以25～28℃最適其生長發育。秋季夜溫17℃以下最適合於花芽的開放。桂花還怕漬澇，雨季時，要及時倒除盆內積水。開花季節，澆水不宜太多，否則，易造成落花。桂花十分喜肥。桂花不耐煙塵，栽培中應避免煙燻塵土。

2. 品種選擇

桂花適合無土栽培的品種有：

（1）**四季桂：**花為黃白色，花期長，除嚴寒酷暑外，其他季節都有花陸續開放，但以秋花較盛。花香氣較其他品種稍淡。

（2）**銀桂：**花色黃白，香氣宜人，花朵較牢固。

（3）**金桂：**花色黃橙，香氣最濃，芬芳馥鬱，十里撲鼻，素有天香和國香之譽，但花朵較易脫落。

（4）**丹桂：**花橙紅色、很美麗，發芽遲緩，但香氣較淡。

（二）無土栽培技術要點

1. 基質

（1）腐葉土6份，沙粒2份，塑膠泡沫粒1份，草木灰1份、外加少量骨粉、餅肥、盆底墊少量雞、鴨毛作底物。

（2）泥炭4份，珍珠岩2份，沙1份，鋸木屑2份，草木灰1份。

（3）腐葉土3份，塘泥2份，沙1份，炭化稻殼1份，蛭石2份，鋸木1份。外加少許餅肥，骨粉，硫酸鉀等。

以上配方基質因地制宜選取一種，充分攪勻後作消毒處理，作用是滅病殺蟲。其方法是：用500倍代森銨溶液和500倍敵敵畏藥液均勻灑在基質上，拌勻成堆，再覆蓋薄膜，靜置2～3天即可啟用。

2. 營養液

參考營養液章節中列出的觀花類盆景營養液。

栽培槽栽培時，可採用礫耕法，栽培設施如前所述。每天給液次數視天氣狀況而定，夏季每天3～5次，冬季每天1～3次。每次給液時，水泵工作時間30～90秒鐘，視長勢及管理要求自由調節。當營養液池中的營養液量減半時，需要進行補液（每月2～4次）補液時需調整pH值和營養液濃度。

3. 管理

（1）**上盆**：栽培桂花的盆缽要先處理。新盆用水浸透，舊盆用水刷洗乾淨，盆孔用尼龍網掩塞，根據盆的大小分別在盆底先墊1～3公分厚的篩去粗塊的煤渣、陶粒或粗沙作排水層。桂花上盆後，立即把基質墩實。

嫁接、扦插或壓條的小苗桂花在4月上盆，1～2年生的中、大苗，必須在休眠後到發芽前（11～1月）上盆、套盆。

（2）**肥水管理：**上盆用基質必須保持濕潤，上盆後暫不澆透水，注意遮蔭避風。一般在上盆後2～3天再澆透水。天旱時可噴水保苗。這樣可促進根鬚傷口癒合，防止腐爛萎縮，迅速發根成活，生長發育健壯。每週澆灌1次營養液或用7～8粒無土栽培複合肥。

（3）**繁殖：**播種、壓條、嫁接和扦插法繁殖。當年10月秋播或翌年春播，實生苗始花期較晚，且不易保持品種原有性狀。壓條繁殖，用於繁殖良種。嫁接繁殖是常用的方法，多用女貞、小葉女貞、小蠟、水蠟、流蘇和白蠟等樹種作砧木，行靠接或切接。扦插繁殖多在6月中旬至8月下旬進行。移植常在秋季花後或春季進，也可在梅雨季節移栽，大苗需帶土球，種植穴多施基肥。盆栽桂花，夏季可置庭院陽光之上。

4. 病蟲害防治

桂花常見病蟲害有桑白盾蚧、桂花葉蜂、柑桔紅蜘蛛、茶捲葉蛾、水蠟蛾、霜降天蛾、半圓盾蚧、蚱蟬、褐斑病、灰色膏藥病、炭疽病、白紋羽病、煤病等。

（1）**桂花葉蜂：**幼蟲抗藥力很差，一旦大面積發生時，可用敵百蟲、敵敵畏、殺螟松等殺蟲劑1000～1500倍液噴殺。

（2）**桑白盾蚧（黃點蚧）：**在若蟲初孵期，用氧化

樂果、敵敵畏、殺螟松等殺蟲劑1000倍液噴殺1～2次。也可用氧化樂果微粒劑、涕滅威緩釋劑等顆粒型內吸劑拌施盆中基質內吸殺蟲。

（3）**柑橘紅蜘蛛（瘤皮紅蜘蛛、柑橘紅葉蟎）**：發現有成蟎或幼蟎為害時，及早用三氯殺蟎醇或氧化樂果、樂果等藥劑1000倍液噴殺2～3次，噴施時應力求均勻周到。

（4）**桂花褐斑病**：自六月開始至九月，每隔10～15天噴以代森鋅500倍液或等量式100倍波爾多液一次，以預防發病。

5. 栽培日曆表

月份	12	1	2	3	4	5	6	7	8	9	10	11
放置場所	陽性											
澆水	7～10天澆水1次			3～4天澆水1次			1～2天澆水1次			3～4天澆水1次		
繁殖	扦插法、壓條法									嫁接法		
特點	木本，四季常綠，喜溫暖濕潤、光照適中。											

蘭　花

（一）特徵特性及品種選擇

1. 特徵特性

學名：*Cymbidium sp.*。蘭花屬蘭科、蘭屬。蘭花性喜溫暖、濕潤、涼爽的氣候環境，喜弱光，忌高溫、強光、乾燥。喜酸性（pH5.5～6.5）環境，喜疏鬆肥沃、排水良好的栽培基質。冬季室內溫度應不低於2～3℃，在12℃以上生長良好。最忌高溫、強光和積水。

蘭花屬宿根性草本，葉常綠，花富清香，是花、香、葉三美同俱的名花。蘭花作盆景，大多與山石相配，並以春蘭最為適合，模仿中國畫中的「蘭石圖」。以前蘭花盆景比較少見，可能是因為草本的緣故。蘭花是珍貴的觀賞植物，據不完全統計，目前全世界有七百多個屬、二萬多個種。

2. 品種選擇

適合無土栽培的品種很多，中國蘭有：春蘭（草蘭）、夏蘭（惠蘭）、秋蘭（建蘭）、墨蘭、寒蘭、套葉蘭、多花蘭等及其變種30餘種；洋蘭（現代蘭）有：虎頭蘭、卡特蘭、兜蘭、石斛、萬帶蘭等及其變種20餘種。

（1）**春蘭**：在秋季發蕊，冬末春初開花，一莖一花，又稱草蘭。春蘭又名草蘭、山蘭。

春蘭分佈較廣，資源豐富。花期為一年的2～3月，時間可持續1個月左右。花朵香味濃郁純正。名貴品種有各種顏色的荷、梅、水仙、蝶等瓣型。從瓣型上來講，以江浙名品最具典型。

（2）**夏蘭**：在春初發蕊 ，夏季開花，一莖多花，又稱蕙。蕙蘭根粗而長，葉狹帶形，質較粗糙、堅硬，蒼綠色，葉緣鋸齒明顯，中脈顯著。花朵濃香遠溢而持久，花色有黃。白、綠、淡紅及複色，多為彩花，也有素花及蝶花。

（3）**秋蘭**：在夏蘭之後發蕊，夏末秋初開花，一莖多花，又稱建蘭。也叫四季蘭，包括夏季開花的夏蘭、秋蘭等。四季蘭健壯挺拔，葉綠花繁，香濃花美，不畏暑，不畏寒，生命力強，易栽培。不同品種花期各異，5～12月均可見花。

（4）**墨蘭**：葉片叢生，狹長劍形，花期2～3月，花序直立，花朵較多，可達20朵左右，香氣濃郁，花色多變。墨蘭，又稱報歲蘭、拜歲蘭、豐歲蘭等，原產於中國廣東、廣西、福建、雲南、海南、臺灣等。

（5）**寒蘭**：寒蘭的葉片較四季蘭細長，尤以葉基更細，葉姿幽雅瀟灑，碧綠清秀，有大、中、細葉和鑲邊等品種。

花色豐富，有黃、綠、紫紅、深紫等色，一般有雜色脈紋與斑點，也有潔淨無瑕的素花。萼片與捧瓣都較狹細，別具風格，清秀可愛，香氣襲人。

（二）無土栽培技術要點

1. 基質配方及裝置形式

（1）**沙、礫、木炭培**：盆底1/2為大拇指大小的礫石和木炭，上層為黃豆粒大小的沙粒，面層為米粒大小的沙粒，如圖1–1。

（2）**地衣、礫石、木炭培**：盆底1/3為大拇指大小的礫石和木炭，盆及盆上2/3為地衣，如圖1–2。

圖1–1　沙粒、礫石、木炭培裝置

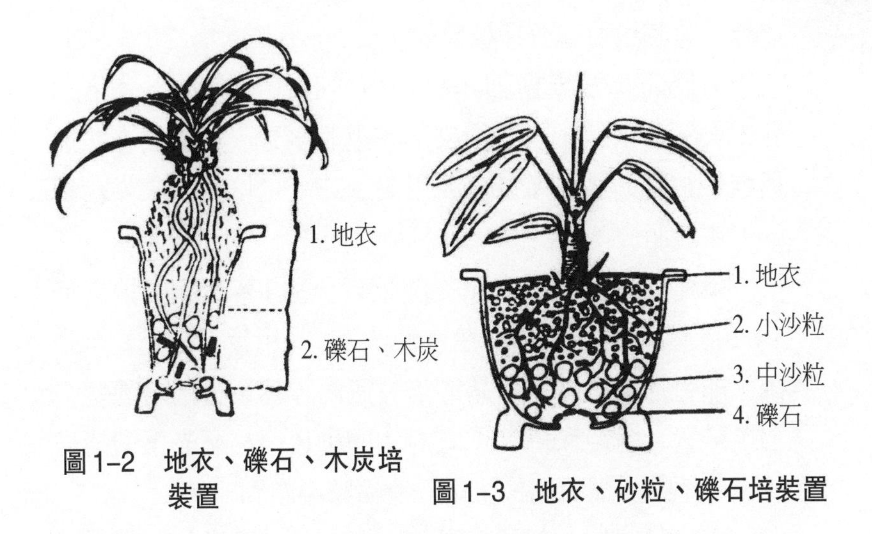

圖1–2　地衣、礫石、木炭培裝置

圖1–3　地衣、砂粒、礫石培裝置

（3）**地衣、沙、礫石培：**盆底用1/3拇指大小礫石，中上層用黃豆大小，米粒大小沙粒，上層用地衣，如圖1–3。

（4）**塑膠泡沫顆粒培：**塑膠泡沫顆粒7份，沙粒2份，礫石1份，可用循環式營養液滴灌。

2. 營養液

營養液配方可用營養液章節觀花類營養液。

3. 管理

（1）**繁殖：**蘭花的繁殖通常用分株法，春秋二季都可進行，春季在二、三月份，秋季在十一月。正常情況下，每二、三年才能進行一次。做法是將大叢的植株挖起，用刀分割成數叢另行栽植，每叢保留3株苗，並有1嫩苗，以利萌發新苗。分株苗要置於半陰涼處，澆足水分，約20 d緩苗後，即可澆灌營養液，進行正常管理。除分株法外，有時也可進行播種繁殖。

由於蘭花種子極細，種子內僅有一個發育不完全的胚，發芽力很低，加之種皮不易吸收水分，用常規方法播種種子很難萌發，所以需要用蘭菌或人工培養基來供給養分，才能萌發。

播種最好選用尚未開裂的果實，用1%次氯酸鈉浸泡5～10分鐘，取出再用無菌水沖洗3次，用吸水紙吸乾水分後，即可播於盛有培養基的培養瓶內，然後置暗培養室中加以培養。溫度保持25℃左右，萌動後再移至光下即能形成原球莖。從播種到移植，一般需時半年到一年。

（2）**施肥：**在蘭花不同生長時期，應該有針對性的予以肥水管理。如在蘭花萌動期，可將氮肥按比例稀釋後再稀釋8～10倍，做到每次澆水有肥，每月葉面噴施磷鉀肥5～6次，確保蘭株蘇醒後納肥及時，為蘭株發育打好基礎，施肥要勤、要淡。而春季生長期，隨氣溫上升到10℃以上，可將氮鉀肥以1：1混合稀釋後灌根1次，促使母株蘆頭細胞迅速分裂、分化新芽。

到春季生長旺盛期，氮肥所佔比例可降低，如以氮鉀肥1：8的比例施肥。多數蘭花在冬季處於休眠期，在此期間不宜施肥，澆水也要少。

（3）**澆水：**蘭花喜愛生長在陰涼濕潤環境中，需保濕70～80%的相對濕度。地生蘭類在生長期間，如遇氣溫高時所需濕度，白天為70～80%，夜間因溫度降低，相對濕度增加，這時濕度可達80～90%。一般2～3週澆透水一次。春夏秋高溫乾燥期，每天可澆1～2次水，澆水時間宜在清早或傍晚，水量不可過大，春秋可在午間進行，冬季應少澆。梅雨季節尤其須注意盆稍帶乾，以免爛根。保持蘭花栽培環境的通風透光，澆水應從花盆邊緣注入，避免當頭淋澆，這樣可避免病菌傳播。

最好澆雨水，偏鹼性水都不宜澆蘭花，如用自來水，最好用缸存放幾天再澆。應掌握不乾不澆，見乾即澆，澆則必透的原則。也可採用遮蔭的辦法保持其適宜的溫度。管理蘭花有十二字口訣：「春不出，夏不日，秋不乾，冬不濕」。

4. 病蟲害防治

蘭花常見病蟲害有蘭盾蚧、黃片盾蚧、桃蚜、炭疽病、白絹病、黑斑病、葉枯病、花葉病等。

（1）**蘭盾蚧（蘭虱）**：在孵化盛期，用氧化樂果、敵敵畏、殺螟松等殺蟲劑1000倍液噴殺1～2次。

（2）**蘭花炭疽病**：在發病初期，用50%多菌靈可濕性粉劑500～600倍液，或70%甲基托布津1000倍液，或等量式100～200倍波爾多液噴施2～3次。

（3）**蘭花白絹病**：發病初期以五氯硝基苯500倍液澆施，可殺死病菌。

5. 栽培日曆表

月份	12	1	2	3	4	5	6	7	8	9	10	11
放置場所	不同蘭花對光照需求不同											
澆水	5～7天澆1次水			每天澆1～2次水			每天澆1～2次水			每天澆1～2次水		
繁殖	分株法、播種法									分株法		
特點	為草本叢生性植物，葉常綠，性喜溫暖、濕潤、涼爽。											

杜　鵑

（一）特徵特性及品種選擇

1. 特徵特性

杜鵑學名：*Rhododendron* sp.，別名映山紅、滿山紅、照山、紅躑躅、山石榴、山躑躅。杜鵑屬杜鵑花科，杜鵑屬。杜鵑分佈很廣，遍佈於北半球寒溫兩帶，其垂直分佈可由平地至海拔5000公尺高的峻嶺之上，但以海拔3000公尺處最為繁茂。因其喜酸性基質，是酸性基質的指示植物，其適宜的pH值範圍為4.8～5.2。

杜鵑大都耐蔭喜溫，最恨烈日曝曬，在烈日下嫩葉灼傷，而其根部離土表近亦遭乾熱傷害，適宜在光照不大強烈的散射光下生長。其生長的適宜溫度為12～25℃，冬季秋鵑約為8～15℃，夏鵑10℃左右，春鵑不低於5℃即可。杜鵑喜乾爽，根多而細，畏水澇，忌積水，忌濃肥。

2. 品種選擇

適合無土栽培的品種有：

（1）**西洋鵑：**花葉同放，葉厚有光澤，花大而豔麗，多重瓣，花期5、6月。

（2）**夏鵑：**先展葉而後開花，葉片較小，枝葉茂密，葉形狹尖，密生絨毛。花分單瓣和雙層瓣，花較小，花期6月。

（3）**映山紅：**先開花後生長枝葉，耐寒。常以3朵花簇生於枝的頂端，花瓣5枚、鮮紅色，花期2～4月。

（4）**王冠：**半重瓣，白底紅邊，花瓣上3枚的基部有綠色斑點，非常美麗，被譽為杜鵑花中之王。

（5）**馬銀花：**四季常綠，花紅色或紫白色，花上有斑點，5～6月開花。

（二）無土栽培技術要點

1. 基質

基質製備有以下8種配方形式，可就地取材選用其中一種。

（1）腐葉土3份，細沙2份，骨粉2份，雞毛2份，過磷酸鈣1份。

（2）腐葉土4份，腐殖酸肥3份，黑山土2份，過磷酸鈣1份。

（3）泥炭3份，鋸木屑2份，腐葉土3份，甘蔗渣1份，過磷酸鈣1份。

（4）黑山枯葉堆積物5份，蛭石2份，鋸木屑1份，黃土2份。

（5）地衣4份，礫石2份，塑膠泡沫顆粒2份，黃土2份。

（6）木炭粉3份，珍珠岩2份，黑山枯葉堆積物3份，雞、鴨毛2份（放入盆底）。

（7）蛭石，消毒後在營養液中浸泡1星期備用。

（8）泥炭3份，沙1份。

配方基質須混合均勻，消毒後裝盆備用。

2. 營養液

參考營養液章節中列出的觀花類盆景營養液。

3. 管理

（1）繁殖方法

①扦插法：扦插時期以梅雨季節，氣溫適中時成活率高。插穗先取當年新枝並已木質化而較硬實的枝條作插穗。每枝插穗長約7～8公分，摘除下部葉，保留頂部3～4片葉即可，將插穗插入經濕潤的基質，然後將扦插床放在通風避陽的地方，或用簾遮蔭，晚上開簾。白天只噴一、二次水，下雨時，防積水。扦插後一個月左右可生根，逐漸練光後可以上盆。

②壓條法：這種方法的優點是所得苗木較大。方法很簡單，將母本上基部的枝條彎下壓入盆內基質中，經5～6個月的時間，生根之後，斷離上盆。如果枝條在上端，無法彎下時，經5～6個月的時間，生根之後，斷離上盆。如果枝條在上端，無法彎下時，則採用高空壓條方法，即用竹筒或薄膜填土保濕（桂花也可用此法繁殖）。注意經常澆水，七、八月後生出新根。這種方法操作麻煩，現在多採用無土基質繁殖法，將上述方法改用泡沫塑料或岩棉，也有用青苔的、用這些基質代替泥土，既通氣，又不要經常澆水，毀節省時間，而且效果很好。

③嫁接法：因為有些品種，如「王冠」、「鬼笑」、「賀之祝」等用扦插法效果不佳，可用嫁接的方法來繁殖。基砧木用健壯隔年生的毛鵑，它生命力強，抗寒性好，而接穗多使用花色豔麗、花型又大的西洋杜鵑種。

（2）肥水管理

杜鵑根系細弱，怕乾又怕澇。如果一時間忘了澆水，根系即萎縮，葉片下垂或捲曲，過後嫩葉尖端變成焦黃色，嚴重者長期不能恢復，日漸枯死。如果連續多澆了幾次水，通氣受阻，則會造成爛根，輕者葉黃、葉落，生長停頓，重者死亡。

所以，杜鵑澆水不能疏忽，氣候乾燥時充分澆水，平時基質表面層1～2公分發乾時才適當給水。如生長不良，葉片灰綠或黃綠，可在施營養液時加用或單用1000硫酸亞鐵水澆灌2～3次。

杜鵑澆水時要特別注意水質。天湖河水、雨水、山水、溪水、井水、池水，只要不是工業污染的水均可，澆時注意水溫最好與當時空氣溫度接近。城市自來水中有漂白粉，對植物有害。須經數天貯存後使用。養金魚水，含有養分可以使用。含鹼的水不宜使用。北方水質帶鹼性，可加硫酸，調整好pH值再用。混濁的泥漿水不能使用，其原因是泥漿水造成基質板結堵塞孔隙，妨礙通氣。

每5～7天澆灌一次營養液或6～8粒無土栽培用複合肥。施肥時間最好是晴天，在傍晚施較好，施後次日早上，要澆一次清水，稱為「還水」，還水的作用在於再一次溶解基質中的肥料，幫助根系吸收。

4. 病蟲害防治

杜鵑主要病蟲害有杜鵑網蝽、杜鵑葉蜂、梨劍紋夜蛾、茶蓑蛾、豹蠹蛾、粉蚧、粉虱、薊馬、葉蟎、短鬚蟎、杜鵑餅病、花腐病、褐斑病、炭疽病、灰黴病、雀巢病、白紋羽病等。

（1）**杜鵑網蝽（杜鵑冠網蝽、杜鵑軍配蟲）**：在五月間第一代若蟲為害時，每隔7～10天用敵敵畏、殺螟松、氧化樂果、乙醯甲胺磷等殺蟲劑1000倍液噴殺，連噴2～3次。

（2）**梨劍紋夜蛾**：發生多時，可用敵百蟲、敵敵畏等殺蟲劑1000倍液噴殺之。

（3）**杜鵑葉蜂**：幼蟲發生期用敵百蟲、敵敵畏、殺螟松等殺蟲劑1000倍液噴殺。

（4）**杜鵑餅病（葉腫病）**：在春季發芽前，噴以1度Be石硫合劑，以殺死越冬病菌。從四、五月間初發芽時開始，每隔7～10天噴以等量式100～150倍波爾多液一次，連續噴2～3次，以防發病。

（5）**杜鵑花腐病**：從早春未開花前開始，每隔7～10天噴以甲基托布津1000～1500倍液一次，直至開花結束，以預防發病。

（6）**杜鵑褐斑病**：從初秋開始每隔10天等量式100倍波爾多液噴施一次，連續噴施2～3次，以防發病。

5. 栽培日曆表

<table>
<tr><td>月份</td><td>12</td><td>1</td><td>2</td><td>3</td><td>4</td><td>5</td><td>6</td><td>7</td><td>8</td><td>9</td><td>10</td><td>11</td></tr>
<tr><td>放置場所</td><td colspan="12">半陰性植物</td></tr>
<tr><td>澆水</td><td colspan="3">4～5天澆一次水</td><td colspan="3">每天澆1次水</td><td colspan="3">早晚各1次</td><td colspan="3">2～3天澆水1次</td></tr>
<tr><td>繁殖</td><td colspan="9">扦插法、壓條法</td><td colspan="3">嫁接法</td></tr>
<tr><td>特點</td><td colspan="12">常綠或落葉灌木，喜溫暖、半陰、涼爽、通風、濕潤環境。</td></tr>
</table>

一、國際原子量表

元素		原子量	元素		原子量	元素		原子量	元素		原子量
符號	名稱		符號	名稱		符號	名稱		符號	名稱	
Ac	錒	227.0	Er	鉺	167.3	Mn	錳	54.9	Ru	釕	101.1
Ag	銀	107.9	Es	鎄	[252]	Mo	鉬	95.9	S	硫	32.1
Al	鋁	27.0	Eu	銪	152.0	N	氮	14.0	Sb	銻	121.8
Am	鋂	[243]	F	氟	19.0	Na	鈉	23.0	Sc	鈧	45.0
Ar	氬	39.9	Fe	鐵	55.8	Nb	鈮	92.9	Se	硒	79.0
As	砷	74.9	Fm	鐨	[257]	Nd	釹	144.2	Si	矽	28.1
At	砈	[210]	Fr	鍅	[223]	Ne	氖	20.2	Sm	釤	150.4
Au	金	197.0	Ga	鎵	69.7	Ni	鎳	58.7	Sn	錫	118.7
B	硼	10.8	Gd	釓	157.3	No	鍩	[259]	Sr	鍶	87.6
Ba	鋇	137.3	Ge	鍺	72.6	Np	錼	237.0	Ta	鉭	180.9479
Be	鈹	9.0	H	氫	1.0	O	氧	16.0	Tb	鋱	158.9
Bi	鉍	209.0	He	氦	4.0	Os	鋨	190.2	Tc	鎝	[98]
Bk	鉳	[247]	Hf	鉿	178.5	P	磷	31.0	Te	碲	127.6
Br	溴	79.9	Hg	汞	200.6	Pa	鏷	231.0	Th	釷	232.0
C	碳	12.0	Ho	鈥	164.9	Pb	鉛	207.2	Ti	鈦	47.9
Ca	鈣	40.1	I	碘	126.9	Pd	鈀	106.4	Tl	鉈	204.4
Cd	鎘	112.4	In	銦	114.8	Pm	鉕	[145]	Tm	銩	168.9
Ce	鈰	140.2	Ir	銥	192.2	Po	釙	[209]	U	鈾	238.0
Cf	鉲	[251]	K	鉀	39.1	Pr	鐠	140.9	V	釩	50.9
Cl	氯	35.5	Kr	氪	83.8	Pt	鉑	195.1	w	鎢	183.9
Cm	鋦	[247]	La	鑭	138.9	Pu	鈽	[244]	Xe	氙	131.3
Co	鈷	58.9	Li	鋰	6.9	Ra	鐳	226.0	Y	釔	88.9
Cr	鉻	52.0	Lr	鐒	[260]	Rb	銣	85.5	Yb	鐿	173.0
Cs	銫	132.9	Lu	鎦	175.0	Re	錸	186.2	Zn	鋅	65.4
Cu	銅	63.5	Md	鍆	[258]	Rh	銠	102.9	Zr	鋯	91.2
Dy	鏑	162.5	Mg	鎂	24.3	Rn	氡	[222]			

注： 以 C^{12} =12 爲基準，[ ]中爲穩定同位素。

二、化肥供給的主要元素及其百分含量

化學肥料	供給元素	含量（%）	1000 L營養液中含 1 ppm需要的克數
硝酸鈣	Ca	17.0	5.89
硝酸鈣	N	11.9	8.44
硝酸銨	N	36.0	2.86
硝酸鉀	K	38.7	2.59
硝酸鉀	N	13.8	7.22
硫酸鉀	K	44.9	2.23
硫酸鉀	S	18.4	5.43
磷酸二氫鉀	K	28.7	3.45
磷酸二氫鉀	P	22.8	4.39
磷酸二氫銨	N	12.2	8.21
磷酸二氫銨	P	27.0	3.71
硫酸鎂	Mg	9.9	10.14
硫酸鎂	S	13.0	7.68
硫酸錳	Mn	24.6	4.06
硼酸	B	17.5	5.72
硫酸銅	Cu	25.5	3.93
硫酸鋅	Zn	22.7	4.40
鉬酸銨	Mo	54.4	1.84
螯合鐵	Fe	15.2	6.58

以上化肥含量均按化學純製品計算，實際出售產品往往含有雜質，應把雜質計算在內，如螯合鐵15.5%為純品，實際產品達不到這個純度。

三、植物葉面噴肥的吸收量

（營養液吸收50%所需時間）

氮N	1/2～2小時	硫S	5～10天
磷P	5～10天	氯Cl	1～4天
鉀K	10～24小時	錳Mn	1～2天
鈣Ca	10～94小時	鋅Zn	1～2天
鎂Mg	10～24小時	鉬Mo	10～20天

四、常用化肥混合使用表

化肥名稱	碳酸氫銨	氨水	硫酸銨	氯化銨	硝酸銨	尿素	過磷酸鈣	鈣鎂磷肥	磷酸銨	硫酸鉀	草木灰	新鮮廄肥	油餅
碳酸氫銨		+	○	○	−	−	○	−	○	+	−	+	+
氨水	+		−	+	+	+	○	−	○	○	−	+	+
硫酸銨	○	−		+	+	+	+	−	+	+	−	+	+
氯化銨	○	+	+		+	+	+	−	+	+	−	+	+
硝酸銨	−	+	+	+		−	○	−	+	+	−	+	+
尿素	−	+	+	+	−		+	+	+	+	−	+	+
過磷酸鈣	○	○	+	+	○	+	+	+	+	+	+	+	+
鈣鎂磷肥	−	−	−	−	−	+			○	+	+	+	+
磷酸銨	○	○	+	+	+	+	+	○		+	−	+	+
硫酸鉀	+	○	+	+	+	+	+	+	+		+	+	+
草木灰	−	−	−	−	−	−	+	−	−	+		−	+
新鮮廄肥	+	+	+	+	+	+	+	+	+	+	−		+
油餅	+	+	+	+	+	+	+	+	+	+	+	+	

注：+表示可以混和；−表示不宜混合；○表示可以混合，但須立即使用。

五、微肥需要量推算表

元素	適宜濃度(ppm) a	化合物名稱	分子式	分子量	元素含量(%) b	化合物濃度 a/b mg/升(ppm)	溶解度
Fe	3	鐵EDTA	FeEDTA	421	12.5	24	421
		硫酸亞鐵	$FeSO_4 \cdot 7H_2O$	270	20.0	15	260
B	0.5	硼酸	H_3BO_4	62	18.0	2.8	50
		硼砂	$Na_2B_4O_7 \cdot 10H_2O$	381	11.6	4.3	25
Mn	0.5	氯化錳	$MnCl_2 \cdot 4H_2O$	198	28.0	1.8	735
		硫酸錳	$MnSO_4 \cdot 4H_2O$	223	23.5	2.1	629
Zn	0.05	硫酸鋅	$ZnSO_4 \cdot 7H_2O$	288	23.0	0.22	550
Cu	0.02	硫酸銅	$CuSO_4 \cdot 5H_2O$	250	25.5	0.08	220
Mo	0.01	鉬酸鈉	$Na2MoO_4$	206	47.0	0.02	
		鉬酸銨	$(NH4)2MoO_4$	196	49.0	0.02	
Cl	1.75	KNO_3中的雜質和水的雜質一般能滿足35 ppm之需，如超過350 ppm即有害於植物					

六、配製濃營養液使用的化肥

化肥名稱	分子式	分子量（g）
硝酸鈣	$Ca(NO_3)_2\ 4H_2O$	362.2
硝酸鉀	KNO_3	101.1
硝酸銨	NH_4NO_3	80.0
硫酸鉀	K_2SO_4	174.3
磷酸二氫鉀	KH_2PO_4	136.1
磷酸二氫銨	$NH_4H_2PO_4$	115.0
硫酸鎂	$MgSO_4\ 7H_2O$	246.5
硫酸錳	$MnSO_4\ 4H_2O$	223.1
硼酸	H_3BO_3	61.8
硼砂	$Na_2B_2O_7\ 10H_2O$	381.3

續表

化肥名稱	分子式	分子量（g）
硫酸銅	$CuSO_4\ 5H_2O$	249.7
硫酸鋅	$ZnSO_4\ 7H_2O$	287.6
磷酸氫二銨	$(NH_4)_2\ HPO_4$	132.0
過磷酸鈣	$Ca(H_2PO_4)_2 \cdot H_2O$	252.0
硫酸亞鐵	$FeSO_47H_2O$	278.0
氯化鐵	$FeCl_36H_2O$	270.3
磷酸	H_3PO_4	98.0
硝酸	HNO_3	63.0

七、不同肥料在水中的溶解度（g/100ml）

肥料種類	冷水	熱水
硝酸銨(NH_4NO_3)	118.3(0)	871.0(100)
硫酸銨〔$(NH_4)_2SO_4$〕	70.6(0)	103.8(100)
硝酸鈣($Ca(NO_3)_2$)	102.5(0)	376.0(100)
尿素(NH_2CONH_2)	78.0	
磷酸二氫銨 [$(NH_4)H_2PO_4$]	22.7(0)	173.2(100)
磷酸氫二銨[$(NH_4)_2HPO_4$]	57.5(0)	106.0(70)
碳酸鉀(K_2CO_3)	112.0(26)	156.0(100)
氯化鉀(KCl)	34.7(20)	56.7(100)
硝酸鉀(KNO_3)	13.3(0)	247.0(100)
硫酸鉀(K_2SO_4)	12.0	24.0(100)
二代(正)硫酸鉀(K_2HPO_4)	90.0	(20)
磷酸二氫鉀(KH_2PO_4)	167.0	(20)
硫酸鎂($MgSO_4$)	26.0(0)	73.8(100)
硼砂($Na_2B_2O_710H_2O$)	1.6(10)	14.2(55)
硫酸銅($CuSO_45H_2O$)	31.6(0)	203.3(100)
硫酸錳($MnSO_4$)	105.3(0)	111.2(54)
硫酸亞鐵($FeSO_4$)	15.6	48.6(50)
鉬酸鈉($Na_2MoO_42H_2O$)	56.2(0)	115.5(100)

八、無土栽培常用化肥的主要性狀及使用說明

名稱	狀態	有效成分	性質	使用簡單說明
碳酸氫銨	白色細粒結晶易溶於水	含氮17%左右	速效，生理中性肥料	易做基肥、追肥、營養液配方肥；撒施於基質表面後應立即翻耕，溝施、穴施覆蓋、不易作種肥。
氨水	無色液體	含氮15～17%	速效，鹼性肥料	易做基肥、追肥、營養液肥，對水澆灌，也可以施於基質10～13公分，然後覆蓋。
硫酸銨	白色顆粒晶體易溶於水	含氮20.6～21%	速效，生理酸性肥料	可做基肥、面肥、追肥、種肥、營養液配方肥；乾施、濕施、營養液肥施。
氯化銨	白色或黃色的顆粒結晶、易溶於水	含氮24～25%	速效，生理酸性肥料	作基肥、追肥、營養液肥；不宜作種肥，不能直接接觸種子。
硝酸銨	無色或白色、淡黃色結晶易溶於水	含氮33～35%	速效，生理酸性—中性肥料	宜作追肥、營養液肥；施後不宜大水浸灌。
尿素	白色顆粒晶體	含氮43～46%	中性肥料	可作基肥、追肥、液肥、根外追肥；一般不作種肥，應深施覆蓋。
過磷酸鈣	淺灰色粉末或顆粒狀較難溶於水	含五氧化二磷13～18%	速效，酸性肥料	可作基肥、種肥、追肥、配製液肥、根外追肥；集中施於基質下為佳。
鈣鎂磷肥	灰綠色或灰棕色細粉狀較難溶於水	含五氧化二磷13～19%	遲效，鹼性肥料	作基肥、種肥、追肥、液肥；但以基肥深施效果最佳。
硫酸鉀	無色顆粒晶體易溶於水	含K_2O 50～53%，硫18.4%	速效，生理酸性肥料	可作基肥、種肥、追肥、根外施肥、營養液肥；作種肥時一般每50公斤種子用1.5～2.5公斤，根外追肥1～1.5公斤／畝。對十字花科等需硫蔬菜特有效。
磷酸銨	灰白色或深白色粒狀，易溶於水	含氮12～18%，含五氧化二磷45～52%	速效，中性複合肥料	宜作基肥、營養液配方肥料；對缺磷基質特別有效。

九、營養液肥料用量計算表(山崎肯哉)

肥料	分子式	分子量	當量(1me的mg)	1me中的元素量 me		mg		%		溶解度 20℃時克／升
硫酸鎂	$MgSO_4 \cdot 7H_2O$	246	123	Mg1	S1	Mg12	S16	Mg10	S13	356
硝酸鈣	$Ca(NO_3)_2 \cdot 4H_2O$	236	118	N1	Ca1	N14	Ca20	N12	Ca17	1270
硝酸鉀	KNO_3	101	101	N1	K1	N14	K39	N14	K39	315
磷酸二氫銨	$NH_4H_2PO_4$	115	38	P1	N0.33	P10.3	N4.6	P26	N12	368
硝酸銨	NH_4NO_3	80	40	N1		N14		N35		1877
硫酸銨	$(NH_4)_2SO_4$	132	66	N1	S1	N14	S16	N21	S24	754
氯化銨	NH_4Cl	53	53	N1	Cl1	N14	Cl35	N26.5	Cl66	1630
尿素	$(NH_2)_2CO$	60	30	N1		N14		N48.7		1000
磷酸二氫鈉	$NaH_2PO_4 \cdot 4H_2O$	138	46	P1	Na0.33	P10.3	Na7.5	P22.5	Na15	857
磷酸二氫鈣	$Ca(H_2PO_4)_2 \cdot H_2O$	252	42	P1	Ca0.33	P10.3	Ca66	P24	Ca16	18
石膏	$CaSO_42H_2O$	172	86	Ca1	S1	Ca20	S16	Ca23	S19	2
過磷酸鈣	$Ca(H_2PO_4)_2 \cdot H_2O$		14S{42	P1	Ca1.53	P10.3	Ca30	P7.1	Ca27	18
	$CaSO_42H_2O$		103	S1.2		S19		S13		2
重過磷酸鈣	$Ca(H_2PO_4)_2 \cdot H_2O$		60{42	P1	Ca0.58	P10.3	Ca11.6	P16.6	Ca20	18
	$CaSO_4 \cdot 1/2H_2O$		18		S0.25	S4	S6.7			2.6
磷酸二氫鉀	KH_2PO_4	136	45	P1	K0.33	P10.3	K13	P23	K28	227
硫酸鉀	K_2SO_4	174	87	K1	S1	K39	S16	K45	S18	111
氯化鉀	KCl	74	74	K1	C11	K39	S135	K53	S147	343

十、盆景植物營養元素缺乏症治療方法

對於營養元素缺乏症，一般採用向葉面噴灑低濃度的含該元素的化學肥料溶液，或在營養液中增加含該元素的化學肥料的濃度，具體見下表。同時，應考慮改進或更換營養液配方。

缺乏元素	治療方法
氮	1. 用0.25～0.5%的尿素噴灑葉子。 2. 加硝酸鈣或硝酸鉀於營養液中。
磷	加磷酸二氫鉀於營養液中。
鉀	1. 向葉面噴灑2%的硫酸鉀。 2. 加硫酸鉀於營養中。如水中無氯化鈉時，可加氯化鉀於營養液中。
鎂	1. 向葉面噴灑大量的2%硫酸鎂，或噴灑少量的10%硫酸鎂。 2. 加硫酸鎂於營養液中。
鋅	1. 向葉面噴灑0.1～0.5%的硫酸鋅溶液。 2. 加硫酸鋅於營養液中。
鈣	1. 緊急情況下，向葉面噴灑0.75～1.0%硝酸鈣溶液，也可以噴灑0.4%的氯化鈣。 2. 加硝酸鈣於營養液中，如不需要氮可加氯化鈣。用氯化鈣時，必須確知營養液中不存在氯化鈉，或者很少。
硫	加任何硫酸鹽於營養液中。用硫酸鉀較安全，因為植物需要高量鉀。
鐵	1. 每三至四天向葉面噴灑0.02～0.05%的螯合鐵（Fe-EDTA）一次。 2. 加鐵的螯合物於營養液中。
硼	1. 確診後要很快用0.1～0.25%的硼砂液噴灑葉面。 2. 加硼砂於營養液中。
銅	1. 在0.1～0.2%硫酸銅溶液中加0.5%的水化石灰，用以噴灑葉面。 2. 加硫酸銅於營養液中。
錳	在葉面噴灑高量的0.1%硫酸錳溶液或噴灑低量的1%硫酸錳溶液。
鉬	1. 用0.07～0.1%的鉬酸銨或鉬酸鈉溶液噴灑葉面。 2. 加鉬酸銨或鉬酸鈉於營養液中。

十一、盆景植物營養液元素中毒的症狀表現

中毒元素	症　　　狀
氮	植物呈暗綠色，葉子豐盛，葉片較厚，但根系常較少。開花和形成種子較晚。
磷	未看到有主要的症狀。當磷過多時，但它會引起氮、鉀、鋅或銅的缺乏症。
鉀	一般植物不會過量吸收鉀。在鉀含量高時，金橘會生成粗糙的果實。過量的鉀會引起鎂的缺乏，也可能引起錳、鋅或鐵的缺乏。
硫	植物生長緩慢，葉小。葉子上常常不出現症狀或不明顯。有時葉脈間發黃或葉灼燒。
鎂	鎂過多則生長不良，已知的可見症狀還很少。
鈣	沒有固定可見的症狀，常與過量的碳酸根相伴存在，與缺鉀、鎂、鐵、錳、或硼的現象相似。
鐵	鐵過多則葉色黑綠，並會造成錳和鋅的缺乏症，有時會出現乾枯斑。
氯	葉尖或葉緣灼燒，壞死，葉生長很小。葉子變褐、變黃和脫落，並常常失綠，降低生長速度。
錳	葉子失綠，葉綠素分佈不勻和缺鐵，降低生長速度，並有暗褐色的斑點。
硼	硼過多則幼葉變形，葉尖發黃，而後葉緣開始失綠並向中脈擴展。
鋅	鋅過多會抑制錳的吸收，同時過量的鋅一般能導致植物因缺鐵而失綠。
銅	植株生長減慢，而後出現缺失綠，發枝少，小根變粗和發暗。
鉬	鉬過多現象很少發生。會造成葉子變成黃色，如番茄。

營養元素的毒害症狀：毒害症狀主要是指某些元素施用過多，引起植物的代謝失調，或者影響其他元素的吸收所出現的症狀。

十二、常用農藥混合使用表

	敵百蟲	敵敵畏	樂果	氧化樂果	殺螟松	馬拉松	西維因	辛硫磷	魚藤精	除蟲菊	亞胺硫磷	倍硫磷	波爾多液	石硫合劑	托布津	代森鋅	退菌特	多菌靈
敵百蟲																		
敵敵畏	+																	
樂果	+	+																
氧化樂果	+	+	+															
殺螟松	+	+	+	+														
馬拉松	+	+	+	+	+													
西維因	+	+	+	+	+	+												
辛硫磷	+	+	+	+	+	+	+											
魚藤精	+	+	+	+	+	+	+	+										
除蟲菊	+	+	+	+	+	+	+	+	+									
亞胺硫磷	+	+	+	+	+	+	+	+	+	+								
倍硫磷	+	+	+	+	+	+	+	+	+	+	+							
波爾多液	○	−	−	−	−	−	−	−	−	−	−	−						
石硫合劑	○	−	−	−	−	−	−	−	−	−	−	−	−					
托布津	+	+	+	+	+	+	+	+	−	+	+	+	+	−				
代森鋅	+	+	+	+	+	+	+	+	−	+	+	+	+	−	+			
退菌特	+	+	+	+	+	+	+	+	−	+	+	+	○	−	+	+		
多菌靈	+	+	+	+	+	+	+	+	−	+	+	+	+	−	+	+	+	

注：＋可混合使用

－不可混合使用

○混合後立即使用

十三、盆景上線蟲一般檢查方法

（一）儀器、用具和試劑

漏斗、手持放大鏡、毛刷、止水夾、套篩（20目、60目、100目、300目、500目）、恒溫培養箱、解剖鏡線蟲挑針、玻璃皿等。

（二）線蟲的檢測、分離

〔方法1〕直接觀察方法

肉眼或用手持放大鏡、解剖鏡等仔細觀察盆景根莖部有無變色、壞死、腫大、畸形等症狀，將可疑樣品放在小培養皿或載玻片上，滴加少量清水，用解剖針輕輕將樣品破碎，在體視顯微鏡下觀察有沒有活線蟲，有無根結等。

將發現的寄生線蟲用挑針挑出，放在顯微鏡下進行觀察。有時也可將破碎的樣品在水中浸泡數小時後，待線蟲游離組織後再觀察。

〔方法2〕套篩法（適用於從土壤快速分離線蟲）

選用20目、60目、100目、300目、500目的篩網，從上到下疊成套篩。將土壤懸浮液緩慢倒入套篩中，並用適量清水沖洗。棄置20目篩網上的雜質，將60目和100目篩網上的可能收集的孢囊和殘餘物沖洗入三角瓶內，一併倒入裝有濾紙的漏斗中過濾，待濾紙晾乾後鏡檢觀察濾紙上面的孢囊；將300目和500目篩網中接取的液體於培養皿或鐘面皿中，鏡檢觀察孢囊線蟲的二齡幼蟲、雄蟲以及其他蠕蟲形線蟲。

如進行土壤線蟲的快速分離則直接收集300目和500目的篩網上的液體進行檢測。

〔方法3〕改良漏斗法（適用於土壤、介質、盆景、種苗等樣品中各種活線蟲的分離）

準備好漏斗後，將樣品破碎後放置在漏斗上的隔尿墊片或紗布上，以阻擋雜質，夾牢止水夾，裝入自來水約佔漏斗容積的2/3（水量以淹沒大部分待檢樣品為宜），置恒溫培養箱中培養24 h（室溫20～30 ℃左右時可直接將線蟲分離器置於室內），使線蟲游離並逐漸沉到漏斗末端的橡皮管中。

（三）線蟲的觀察

用玻璃皿接取線蟲分離液約5 mL左右，靜置20 min左右後置解剖鏡（放大10 倍以上）檢查線蟲有無。

十四、歐盟進口盆栽植物檢疫及監管要求介紹

歐盟植物檢疫法規體系比較複雜，根據《關於防止危害植物及產品的有害生物傳入歐共體並在歐共體境內擴散的保護性措施》，同時結合其他歐盟修訂與勘誤指令，現匯總了輸往歐盟盆栽植物檢疫及監管要求，供相關研究人員、企業參考。

針對盆栽植物，歐盟有特殊的進境檢疫及監管要求（見附件1）。但是，盆栽植物也應符合針對植物及其產品和檢疫性有害生物的普遍性要求。

歐盟相關法規中規定了19類禁止輸歐的植物及其產品，現歸納了其中可能誤作盆栽植物用途的9類植物（見附件2）。

歐盟相關法規中規定了允許進入但有特殊規定的86類植物及其產品，現歸納了可能作為盆栽植物用途的37類植物（見附件3）。

歐盟相關法規針對植物及其產品附著的土壤或栽培介質提出了一般要求（見附件4），與盆栽植物要求中對栽培介質的規定可結合執行

歐盟進口星天牛寄主植物的特定檢疫要求（見5）。

附件1　歐盟法規中針對盆栽植物的特殊要求

附件2　禁止輸入歐盟的植物

附件3　允許輸入歐盟但有特殊規定的植物

附件4　植物及其產品附著的土壤或栽培介質的一般要求

附件5　歐盟進口星天牛寄主植物的特定檢疫要求。

附件1　歐盟法規中針對盆栽植物的特殊要求

一、本文所指「盆栽植物」在歐盟相關法規中的定義：

源自非歐洲國家的種植用天然或人工矮化植物，種子除外。

二、法規內容：

在適當情況下，不影響隨後附件2–8中所列的適用於植物之規定的前提下，官方證明

（一）這些植物，包括直接移自自然環境的植物，發運之前，必須在正式登記的苗圃栽培整枝連續兩年以上，且以上苗圃必須遵守官方的監控制度

（二）前款規定的苗圃栽培植物必須

1. 至少在（一）款規定期間內，應

（1）栽種在花盆裡，花盆置於離地至少50公分的架子上；

（2）已經針對非歐洲種銹病採取了相應的處理措施；本指令規定的植物檢疫證書必須在「殺蟲和/或消毒處理」一欄中寫明這些理措施使用物質的有效成分、濃度和使用日期；

（3）在1年時間內至少進行6次間隔合理的正式的檢查，檢查植物是否存在相關有害生物（見隨後附件2–8）。這些檢查也需針對第（一）款規定苗圃鄰近地區的植物，並且至少應對田地或苗圃中的植物逐行目查，對於超出300株的某一類植物，至少應提取該類植物的10%進行抽樣檢；

（4）經過以上檢查，這些植物沒有發現以上規定的有害生物。被感染的植物已被轉移。其他植物已經經過相應的處理防治措施，並且在規定的期限內進行檢查，以保證沒有感染規定的有害生物；

（5）種植時採用沒有使用過的人造生長介質或天然的生長介

質，該生長介質已經經過薰蒸處理或相應的熱處理，在經過以上處理後進行的檢查中發現，沒有感染任何有害生物；

(6) 其存放條件能夠保證成長媒介沒有感染任何有害生物，此外在發運前兩星期：

A. 已經抖落原來的生長介質，或已經用清水洗掉原來的生長介質，保持裸根狀態，或

B. 已經抖落原來的生長介質，或已經用清水洗掉原來的生長介質，並重新種植在符合規定條件的成長媒介中，或者

C. 已經經過規定的處理措施，保證其生長介質沒有感染有害生物，本指令規定的植物檢疫證書必須在紅字標注的「殺蟲和／或消毒處理」一欄中寫明這些處理措施使用物質的活性成分、濃度和使用日期

2. 採用密閉包裝，並由政府主管機構密封，並標注登記苗圃的登記號，該登記號還應在本指令規定的植物檢疫證書紅字標注的「附加聲明」一欄中注明，以便於貨物的識別。

附件2　禁止輸入歐盟國家的植物

序號	類　　別	來源國家
1	冷杉屬 *Bbies* Mill.、雪松屬 *Cedrus* Trew、扁柏屬 *Chamae-cyparis Spach*、刺柏屬 *Juniperus* L.、黃杉屬 *Pseudotsuga Carr* 和鐵杉屬 Tsuga Carr 植物，果實和種子除外。	非歐洲國家
2	栗屬 *Castanea* Mill. 和櫟屬 *Quercus* L. 的帶葉植物，果實和種子除外。	非歐洲國家
3	楊屬 *Populus* L. 帶葉植物，果實和種子除外。	
4	種植用的木瓜屬 Chanomeles Lind L.、榲桲屬 *Cydomia* Mill.、山楂屬 *Crataegus* L.、蘋果屬 *Malus* Mill.、李屬 *Prunus* L.、梨屬 *Pyrus* L. 和薔薇屬 *Rosa* L. 植物，不帶有葉子、花和果實的休眠植物除外。	非歐洲國家
5	種植用的茄科 Solanaceae 植物	第三國，歐洲和地中海國家除外
6	葡萄屬 *Vitis* L. 植物，果實除外	第三國
7	柑橘屬 *Citrus* L.、金橘屬 *Fortunella Swingle*、枳屬 *Poncirus* Raf. 植物以及它們的雜交植物，果實和種子除外	第三國
8	刺葵屬 *Phoenix* L. 植物，果實和種子除外	阿爾及利、摩洛哥
9	種植用的榲桲屬 *Cydonia* Mill. 、蘋果屬 *Malus* Mill. 、李屬 *Prunus* L. 和梨屬 *Pyrus* L. 植物和它們的雜交植物，以及草莓屬 *Fragaria* L. 植物，種子除外	除地中海國家、澳洲、紐西蘭、加拿大、美國的大陸部分以外的非歐洲國家

附件3　允許輸入歐盟但有特殊規定的植物

植物、植物產品和其它材料	特　殊　規　定
1.產於非歐洲國家的針葉樹（松類樹木）植物，不包括果實和種子	官方證明，在不影響附件2中所列的、適用於物之禁止性規定前提下，該植物產於苗圃，且生產地沒有感染木蠹象屬Pissodes spp.（非歐洲）
2.種植用松屬*Pinus* L. 植物，不包括種子	官方證明，在影響附件2第1條和本附件1、2條中所列的、適用於植物之規定的前提下，自上一次完整的植物生長週期開始時起，該植物的生長地或鄰近地區沒有發生針瘤菌*Scirrhia actcola*(Dearn.)Siggers或松針紅斑病菌*Scrirrhia pini* Funk and Parker
3.種植用冷杉屬*Abies* Mill.、落葉松屬*Larix* Mill.、雲杉屬*Pseudotsuga* Carr和鐵杉屬*Tsuga* Carr植物，不包括種子。	官方證明，不影響附件2第1條和本附件第1或2條中所的、適用於植物之規定的前提下，自上午植物生長週期開始時起，該植物的生長地區或鄰近地區沒有發生楊樹葉銹病菌*Melampsora medusae* Thmen
4.栗屬*Castanea* Mill.和櫟屬*Quercus* L. 植物，不包括果實和種子 （a）源自非歐洲國家 （b）生長在北美洲國家	不影響附件2第2條中所列的適用於植物的禁止性規定 官方證明，自上一次完整的植物生長週期開始時起，該植物的生長地區或鄰近地區沒有發生柱鏽菌*Cronartium Fries* spp。（非歐洲） 官方證明，植物的成長地區沒有發生山毛櫸長喙殼*Ceratocystis fagacearum*（Bretz）Hunt
5.種植用栗屬Castanea Mill。和櫟屬Quercus L。植物，不包括種子	在不影響附件2第2條和本附件4中所列的、適用於植物之規定的前提下，官方證明 （a）這些植物的成長地區沒有發生寄生隱叢赤殼*Cryphonectria parasitica*（Murrill）Barr，或 （b）自一一次完整的植物生長週期開始時起，該植物的生長地區或鄰近地區沒有發生寄生隱叢赤殼*Cryphonectria parasitica*（Murrill）Barr

續頁

植物、植物產品和其它材料	特 殊 規 定
6.生長在美國或阿米尼亞的、種杆用懸鈴木屬 *Platanus* L.植物，不包括種子	官方證明，自上一次完整的植物生長週期開始時起，該植物的生長地區或鄰近地區沒有發生懸鈴木潰瘍病菌 *Ceratocystis fimbriata* f. sp. *platani* Walter
7.生長在協力廠商國家的種用楊屬 *Populus* L. 植物，但不包括種子	官方證明，在不影響附件2第3條中所列的、適用於植物之規定的前提下，自上一次完整的植物生長週期開始時起，該植物的生長地區或鄰近地區沒有發生楊樹葉銹病菌 *Melampsora medusae* Th?men
8.源自美洲國家的屬 *Populus* L. 植物，不包括果實和種子	官方證明，在不影響附件2第3條和本附件第7條中所列的、適用於植物之規定的前提下，自上一次完整的植物生長週期開始時起，該植物的生長地區或鄰近地區沒有發生揚殼針孢潰瘍病菌 *Mycosphaerella populorum* G. E. Thompson
9.生長在北美國家的種植用榆屬 *Ulmus* L. 植物，不包括種子	官方證明，自上一次完整的植物生長週期開始時起，該植物的生長地區或鄰近地區沒有發生榆樹韌皮壞死植原體 Elm phloem necrosis mycoplasm
10.生長在非歐洲國家、種植用木瓜屬 *Chaenomeles* Lindl.、山楂屬 *Crataegus* L.、榲桲屬 *Cydonia* Mill.、枇杷屬 *Eriobotrya* Lindl.、蘋果屬 *Malus* Mill.、李屬 *Purnus* L.、梨屬 *Pyrus* L. 植物，不包括以上植物的種子	在適當情況下，不影響附件2第4條、第9條中所列的，來自梨火疫病非疫區的，適用於植物之禁止性規定的前提下，官方證明 ·據瞭解，植物的生長國家沒有發生美澳型核果褐腐菌 *Monilinia fructicola*（Winter）Honey，或者 ·該植物的生長地區被認定為沒有發生美澳型核果褐腐菌 *Monilinia fructicola*（Winter）Honey，自上一次完整的植物生長週期開始時起，該植物的生長地區沒有發生美澳型核果褐腐菌 *Monilinia fructicola*（Winter）Honey 針對李屬和梨屬，還應該滿足：（a）符合附件9裡第1點的特定進口要求；（b）在不違背2000/29/EC 指令第13a（1）條的前提下，進入歐盟地區時，應接受官方責任機構的檢疫，並且不應發現星天牛的任何症狀。根據為附件9第2點檢查星天牛的症狀。

續頁

植物、植物產品和其它材料	特　殊　規　定
11.種植用木瓜屬 *Chaenomeles* Lindl.、栒子屬 *Cotoneaster* Ehrh.、山楂屬 *Crataegus* L.、榲桲屬 *Cydonia* Mill.、枇杷屬 *Eriobotrya* Lindl.、蘋果屬 *Malus* Mill.、*Mespilus* L.、火棘屬 *Pyrscantha* Roem.、梨屬Pyrus L.、花楸屬 *Sorbus* L.植物，不包括（花楸屬）*Sorbus intermedia*（Ehrh.）Pers.和紅果樹屬 *Stranvaesia* Lindl.、不包括以上植物的種子	在適當情況下，不影響附件2第4條、第9條中所列的，來自梨火疫病非疫區的，或本附件第10條中所列的、適用於植物之條款的前提下，官方證明如下 （a）植物生長國家沒有發生梨火疫病菌 *Erwinia amylovora*（Burr.）Winsl. et al.、或者 （b）已經證明，生產地區及其鄰近地區帶有梨火疫病菌 *Erwinia amylovora*（Burr.）Winsl. et al症狀的植物已經被轉移 針對栒子屬、蘋果屬、梨屬，還應該滿足：（a）符合附件9裡第1點的特定進口要求；（b）在不違背2000/29/EC 指令第13a（1）條的前提下，進入歐盟地區時，應接受官方責任機構的檢疫，並且不應發現星天牛的任何症狀。根據為附件9第2點檢查星天牛的症狀。
12.帶有或隨附根莖或生長媒介的柑橘屬 *Citrus* L.、金橘屬 *Fortunella* Swingle、枳屬 *Poncirus* Raf. 及以上植物的雜交品種的植物，不包括果實和種子，以及天南星科 *Araceae*、竹芋科 *Marantaceae*、芭蕉科 *Musaceae*、鱷梨屬 *Persea* Mill. 和旅人蕉科 *Strelitziaceae* 植物	在適當情況下，在不影響附件2第7條規定適用於植物之禁止性規定的前提下，官方證明如下 （a）據瞭解，植物的生長國家沒有發生柑橘穿孔線蟲 *Radopholus citrophilus Huettel* et al. 和香蕉穿孔線蟲 *Radopholus similis*（Cobb）Thome，或者 （b）自上一個完整的生長週期開始時起，生長地點的土壤和根莖取樣已經經過官方線蟲學檢查（至少包括柑橘穿孔線蟲 *Radopholus citrophilus Huettel* et al. 和香蕉穿孔線蟲 *Radopholus similis*（Cobb）Thome），並且在這些檢查中發現，這些植物沒有感染這些有害生物 針對柑橘屬，還應該滿足：(a)符合附件9裡第1點的特定進口要求；(b)在不違背2000/29/EC 指令第13a（1）條的前提下，進入歐盟地區時，應接受官方責任機構的檢疫，並且不應發現星天牛的任何症狀。根據為附件9第2點檢查星天牛的症狀。

續頁

植物、植物產品和其它材料	特 殊 規 定
13.生長在發生蘋果孤生葉點黴 *Phyllosticta solitaria* E11. And Ev. 的國家的種植用山楂屬 *Crataegus* L. 植物，不包括該植物的種子	官方證明，在不影響附件2第4條和本附件第10條、11條中所列的、適用於植物之規定的前提下，自上一個完整的植物生長週期開始時起，該生產地區的植物沒有發生蘋果孤生葉點黴 *Phyllosticta solitaria* E11. and Ev. 症狀
14 種植用榲桲屬 *Cydonia* Mill.、草莓屬 *Fragaria* L.、蘋果屬 *Malus* Mill.、李屬 *Prunus* L.、梨屬 *Pyrus* L.、茶藨子屬 *Ribes* L.、懸鉤子屬 *Rubus* L.植物，不包括種子，其生長國家的相關屬據稱已經發生相關的有害生物包括： **草莓屬**Fragaria. 草莓紅心病菌 *Phytophthora fragariae* var. fragariae ·南芥菜花葉病毒 Arabis mosaic virus ·懸鉤子環斑病毒 Raspberry ringspot virus ·草莓皺縮病毒 Strawberry crinkle virus ·草莓潛環斑病毒 Strawberry latent ringspot virus ·草莓輕型黃邊病毒 Strawberry mild yellow edge virus ·番茄黑環病毒 Tomato black ying virus	官方證明，在不影響附件2第4條、第9條或本附件第10條、11條中所列的、適用於植物之規定的前提下，自上一個完整的植物生長週期開始時起，該生產地區的植物沒有發生相關有害生物。 針對蘋果屬、李屬、梨屬，還應該滿足：（a）符合附件9裡第1點的特定進口要求；（b）在不違背2000/29/EC指令第13a（1）條的前提下，進入歐盟地區時，應接受官方責任機構的檢疫，並且不應發現星天牛的任何症狀。根據為附件9第2點檢查星天牛的症狀。

續頁

植物、植物產品和其它材料	特殊規定
·草莓黃單胞菌 *Xanthomonas fragariae* Kennedy and King 蘋果屬 Malus Mill. ·蘋果孤生葉點黴 *Phyllosticta solitaria* Ell. And Ev. 李屬 Prunus L. ·杏退綠捲葉植原體 Apricot chlorotic leafroll mycoplasm ·野油菜黃單胞菌桃李致病變種 *Xanthomonas campestris* pv. Pruni(Smith)Dye	
15.種植用榲桲屬 *Cydonia* Mill. 和梨屬 *Pyrus* L. 植物，不包括種子，其生長國家據瞭解已經發生梨衰退植原體 Pear decline mycoplasm	官方證明，在不影響附件2第4條第9條或本附件第10條、11條、14條中所列的、適用於植物之規定的前提下，在前三個完整的植物生長週期內，生產地區及其鄰近地區植物有可能感染梨衰退植原體 Pear decline mycoplasm 並且出現相應症狀的植物已經被轉移 針對梨屬，還應該滿足：（a）符合附件9裡第1點的特定進口要求；（b）在不違背2000/29/EC指令第13a（1）條的前提下，進入歐盟地區時，應接受官方責任機構的檢疫，並且不應發現星天牛的任何症狀。根據為附件9第2點檢查星天牛的症狀。
16.種植用蘋果屬 *Malus* Mill.植物，不包括種子，生長國家的蘋果屬 *Malus* Mill. 據知已經發生相關有害生物 相關有害生物包括 ·櫻桃銼葉病毒 Cherry	在不影響附件2第4條、第9條中所列的，來自梨火疫病非疫區的，和本附件第10條、官方證明本附件第11條、第14條中所列的、適用於植物之規定的前提下 （a）植物已經 ·或者經過相關認證程式的正式認證，要求其直接種植材料存放於規定條件下，並且利用相關指標或

續頁

植物、植物產品和其它材料	特殊規定
rasp leaf virus ·番茄環斑病毒 Tomato ringspot virus	類似方法至少對相關有害生物進行過官方檢測，這些檢查證明，該植物沒有發生有害生物，或者 ·其直接種植材料存放於規定條件下，並且在過去三個完整的植物生長週期內，至少利用相關指標或類似方法對相關有害生物進行過一次官方檢測，這些檢測證明，該植物沒有發生有害生物。 （b）自上一個完整的植物成長週期開始起，生產地區的植物或鄰近地區的易感染植物未發生相關有害生物的症狀 （c）符合附件9裡第1點的特定進口要求； （d）在不違背2000/29/EC指令第13a（1）條的前提下，進入歐盟地區時，應接受官方責任機構的檢疫，並且不應發現星天牛的任何症狀。根據為附件9第2點檢查星天牛的症狀。
17.種植用蘋果屬 *Malus* Mill.植物，不包括種子，生長國家據知已經發生蘋果串生植原體 Apple chat fruit mycoplasm	在不影響附件2第4條、第9條中所列的，來自梨火疫病非疫區的，和本附件第10、11、14、16條中所列的、適用於植物之規定的前提下，官方證明 （a）植物生長地區沒有發生蘋果串生植原體 Apple chat fruit mycoplasm，或者 （b）（aa）除使用種子種植的植物外，所有植物均已經 ·或者經過相關認證程式的正式認證，要求其直接種植材料存放於規定條件下，並且利用相關指標或類似方法至少針對蘋果串生植原體 Apple chat fruit mycoplasm 進行過官方檢測，這些檢查證明，該植物沒有發生有害生物，或者 ·其直接種植材料存放於規定條件下，並且在過去六個完整的生長週期內，至少利用相關指標或類似方法對相關有害生物進行過一次官方檢測，這些檢測證明，該植物沒有發生有害生物。 （bb）自上三個完整的植物成長週期開始時起，生

續頁

植物、植物產品和其它材料	特殊規定
	產地區的植物或鄰近地區的易感染植物尚未發生蘋果串生植原體 Apple chat fruit mycoplasm 導致的疾病症狀 （c）符合附件9裡第1點的特定進口要求； （d）在不違背2000/29/EC指令第13a（1）條的前提下，進入歐盟地區時，應接受官方責任機構的檢疫，並且不應發現星天牛的任何症狀。根據為附件9第2點檢查星天牛的症狀。
18. 以下種植用李屬 *Prunus* L. 品種的植物，不包括種子其生長國家據知已經發生李痘病毒 Plum pox virus ·扁桃 *Prunus amygdalus* Batsch ·杏 *Prunus armeniaca* L. ·花杏 *Prunus blireiana* Andre ·*Prunus brigantina* Viii. ·櫻桃李 *Prunus cerasifera* Ehrh ·*Prunus cistena* Hansen	在不影響附件2第4條、第9條中所列的，和本附件第10條、第14條中所列的、適用於植物之相關規定的前提下，官方證明 （a）除利用種子種植的植物以外，所有植物已經 ·或者經過相關認證程式的正式認證，要求其直接種植材料存放於規定條件下，並且利用相關指標或類似方法至少針對李痘病毒 Plum pox virus 進行過官方檢測，這些檢查證明，該植物沒有發生有害生物，或者 ·其直接種植材料存放於規定條件下，並且在過去三個完整的植物生長週期內，至少利用相關指標或類似方法對李痘病毒 Plum （b）符合附件9裡第1點的特定進口要求； （c）在不違背2000/29/EC指令第13a（1）條的前提下，進入歐盟地區時，應接受官方責任機構的檢疫，並且不應發現星天牛的任何症狀。根據為附件9第2點檢查星天牛的症狀。
19.種植用李屬 Purmus L. 植物 （a）其生長國家的李屬 Prunus L. 據知已經發生相關有害生物 （b）其生長國家已經發	在不影響附件2第4條、第9條中所列的，和本附件第10條、第14條、第18條中所列的、適用於植物之相關規定的前提下，官方證明 （a）該植物已經 ·或者經過相關認證程式的正式認證，要求其直接種植材料存放於規定條件下，並且利用相關指標或

續頁

植物、植物產品和其它材料	特殊規定
生相關有害生物，不包括種子 （c）生長在已經發生相關有害生物的非歐洲國家，不包括種子 **相關有害生物包括** **對於（a）款項下植物** ·番茄環斑病毒 Tomato ringspot virus **對於（b）款項下植物** ·櫻桃銼葉病毒 Cherry raspleafvims（American） ·桃花葉病毒 Peach phony rickettsia ·桃叢簇植原體 Peach rosette mycoplasm ·桃黃化植原體 Peach yellows mycoplasm ·李線紋病毒 Plum line pattern virus（American） ·桃樹x植原體 Peach X-disease mycoplasm **對於（c）款項下植物** ·小櫻桃病原體 Little cherry pathogen	類方法至少針對有關有生物進行過官方檢測，這些檢查證明，該植物沒有發生有害生物。或者 ·直接培養自以下材料：保存在規定條件下，並且在過去三個完整植物的生長週期內，至少利用相關指標或類似方法對相關有生物進行過一次官方檢測，這些檢測證明，該植物沒有發生有害生物。 （b）自上三個完整的植物成長週期開始，生產地區的物或鄰近地區的易感染植物未發生相關有害生物的症狀 （c）符合附件9裡第1點的特定進口要求； （d）在不違背2000/29/EC指令第13a（1）條的前提下，進入歐盟地區時，應接受官方責任機構的檢疫，並且不應發現星天牛的任何症狀。根據為附件9第2點檢查星天牛的症狀。
20.種植用懸鉤子屬 *Rubus* L. 植物 （a）生長地所在國家的懸鉤子屬 *Rubus* L. 已經發生相關有害生物 （b）生長地所在國家已	在不影響本附件第14條中所列的、適用於植物之規定的前提下 （a）植物沒有感染蚜蟲，包括他們的卵 （b）官方證明如下 （aa）該植物已經 ·或者經過某認證程式的官方認證，證明其直接種

續頁

植物、植物產品和其它材料	特　殊　規　定
經發生相關有害生物，但不包括種子 相關有害生物包括 **對於（a）款項下植物** ·番茄環斑病毒 Tomato ringspot virus. ·黑懸鉤子潛隱病毒 Black raspberry latent virus ·櫻桃春葉病毒 Cherry leafroll virus ·李屬壞死環斑病毒 Pm-nus necrotic ringspot virus **對於（b）款項下植物** ·懸鉤子捲葉病毒 Rasp-berry leaf curl virus（美洲種群） ·櫻桃銼葉病毒 Cherry rasp leaf virus（美洲種群）	植材料保存在規定條件下，並且至少已經利用相關指標或類似方法對相關有害生物進行過一次官方檢測，這些檢測證明，該植物沒有發生有害生物；或者 ·其直接種植材料存放於規定條件下，並且在過去三個完整的植物生長週期內，至少利用相關指標或類似方法對相關有害生物進行過一次官方檢測，這些檢測證明，該植物沒有發生有害生物 （bb）自上三個完整的植物成長週期開始時起，生產地區的植物 或鄰近地區的易感染植物尚未發生相關有害生物的症狀
21.生長在已經發生馬鈴薯僵化植原體 Potato stol-bur mycoplasm 地區的種植用茄科 Solamaceae 植物，不包括種子	官方證明，在不影響附件2第2條、第5條中所列的、適用於植物之相關規定的前提下，自上一個完整的植物生長週期開始時起，植物生產地區沒有發生馬鈴薯僵化植原體 Potato stolbur mycoplasm 症狀
22.生長國家在已經發馬鈴薯紡綞形塊莖類病毒 Potato spindle tuber viroid的種植用茄科 Solanaceae 植物，不包括：馬鈴薯 *Solanum tuberosum* L.的塊莖	官方證明，在適當情況下，不影響附件2第2條、第5條和本附件第21條中所列的、適用於植物之相關規定的前提下，自上一個完整的植物生長週期開始時起，植物生產地區沒有發生馬鈴薯紡綞形塊莖類病毒 Potato spindle tuber viroid 現象

續頁

植物、植物產品和其它材料	特 殊 規 定
和（番茄屬）*Lycopersiconlycopersicum*（L.）Karsten ex. Farw. 的種子	
23. 種植用啤酒花 *Humulus lupulus* L. 植物，但不包括以上植物的種子	官方證明，自上一個完整的植物生長週期開始時起，蛇麻草的生長地區沒有發生黃萎輪枝孢（苜蓿黃萎病菌）Verticillium albo-atrum Reinke 和 Berthold 以及 Verticillium dahliae Klebahn
24. 種植用菊屬 *Dendranthema*（DC.）Des Moul.、石竹屬 *Dianthus* L. 和天竺葵屬 *Pelargonium* l'Hērit. ex Ait. 植物，不包括以上植物的種子	官方證明 （a）自上一個完整的植物生長週期開始時起，植物的生產地區沒 有發生（實夜蛾屬）*Heliothis armigem* 或海灰翅夜蛾 *Spodoptera littoralis*（Boisd.），或者 （b）這些植物已經經過規定的處理措施，以保護其免於感染此類生物
25. 菊屬 *Dendranthema*（DC.）Des Moul.、石竹屬 *Dianthus* L. 和天竺葵屬 *Pelargonium* l'Hērit. ex Ait. 植物，但不包括以上植物的種子	在不影響本附件第 24 條中所列的、適用於植物之規定的前提下，官方證明 （a）自上一個完整的植物生長週期開始時起，植物的生產地區沒有發生南方灰翅夜蛾 Spodoptera eridania Cramer、草地夜蛾 Spodoptera frugiperda Smith 或斜紋夜蛾 Spodoptera litura（Fabricius）；或者 （b）這些植物已經經過規定的處理措施，以保護其免於感染此類生物
26. 種植用菊屬 *Dendranthema* (Dc.) Des Moul. 植物，但不包括菊屬 *Dendranthema* (DC.) Des Moul. 植物的種子	在不影響本附件第 24 條、第 25 條中所列的、適用於植物之規定的前提下，官方證明 （a）這些植物的繁殖材料在濾過性病原體檢測中沒有發現感染菊矮化類病毒 Chrysanthemum stunt viroid，並且繁殖期限沒有超過三代，或直接繁殖材料經過抽樣檢測，在正式檢測中至少有 10% 在開花期沒有感染菊矮化類病毒 Chrysanthemum stunt

續頁

植物、植物產品和其它材料	特　殊　規　定
	viroid （b）植物或切割枝條 ·生長地區在產品發運前3個月內至少每月進行一次檢測，在檢測中發現，這些植物或切割枝條在出口前3個月內沒有發生堀柄鏽菌 Puccinia horiana Hennings 症狀，或者 ·已經針對堀柄鏽菌 *Puccinia horiana* Hnenings 進行了相應的防治性處理 （c）對於沒有根莖的切割枝條，切割枝條及切割枝條原來的生長植物都沒有效率花疫病菌 Didymel-la ligulicola（Baker et al.）v. Arx，或者，對有根莖的枝條，切割枝條或植物成長地區均沒有發生菊花疫病菌 *Didymella ligulicola*（Baker et a. l）v. Arx.
27.旱芹 *Apium graveolens* L.、木茼蒿屬 *Argyranthemum* Webb.、紫苑屬 *Aster* L.、芸苔屬 *Brasical* L.、辣椒 *Capsicum annuum* L.、黃瓜屬 *Cucumis* L.、菊屬 *Dendranthema*（DC.）Des Moul.、石竹屬 Dianthus L.、及其交品種、藻百年屬 Exacum Willd、扶郎花屬 *Gerbers* Cass.、石頭花屬 *Gypsophila* L.、萵苣屬 *Lactuca* L.、種植用濱菊屬 *Leucanthemum* L.、羽扁豆屬 *Lupinus* L.、（番茄屬）*Lycopersicon lycopersicum*（L.）*Karsten* ex-Farw.、圓茄 *Solanum mel*	在適當情況下，不影響附件2第5條和本附件第24條、第25條、第26條中所列的、適用於植物之相關規定的前提下，官方證明 （a）在出口前至少每月進行一次官方檢查，證明在植物的生長地區沒有發生任何相關有害生物，或者 （b）在出口之前，植物已經經過檢查，檢查中沒有發有害生物的跡象，並且已經採取了消除相關有害生物的規定處理措施。

續頁

植物、植物產品和其它材料	特 殊 規 定
ongena L.、艾菊屬*Tanacetum* L.和馬鞭草屬*Verbena* L.、但不包括種子，根據第18條規定，可以斷定在以上植物的生長地區，沒有發生以下相關有害生物 ·菊潛蠅*Amaauromyza maculosa*（Malloch） ·茄斑潛蠅*Liriomyza bryoniae*（Kaltenbach） ·拉美豌豆斑潛蠅*Liriomyza huidobrensis*(Blanchard) ·美洲斑潛蠅*Liriomysa sativae* Blanchard ·三葉草斑潛蠅*Liriomyza trifolii*（BBurgess）	
28.本附件第27條規定的種植用植物品種，但不包括種子，產於美洲國家或本附件第27條沒有涵蓋的任何第三國	在適當情況下，不影響附件2第5條和本附件第24、25、26、27條中所列適用於植物之法規的前提下，官方證明，於植物生長地區出口前3個月的時間段內至少每月進行一次的官方檢驗中沒有發現菊潛蠅*Amauromyza maculosa*（Malloch）、茄斑潛蠅*Liriomyza bryoniae*（Kaltenbach）、拉美豌豆斑潛蠅*Liriomyza Huidobrensis*（Blanchard）、美洲斑潛蠅*Liriomyza sativae* Blanchard或三葉草斑潛蠅*Liriomyza trifolii*（Burgess）等症狀。
29.成長在戶外的已經種植或將種植用帶根植物	官方證明，植物生長地區沒有發生密執安棒桿菌環腐亞種（馬鈴薯環腐病菌）*Clavibacter michiganensis* ssp, *sepedonicus*（Spicckermann and Kotthoff）Davis et al.馬鈴薯白線蟲*Globoderapallida*（stone）Behrens、馬鈴薯金線蟲*Globodera rostochiensis*

續頁

植物、植物產品和其它材料	特殊規定
	(Wollenwber)Behrens 和內生集壺菌(馬鈴薯癌腫病菌)*Synchytrium endobioticum* (Schilbersky) Percival
30.種植用榕屬 *Ficus* L. 植物，但不包括種子	官方證明如下 (a) 植物生長地區在出口前3個月內至少每個月進行一次官方檢查，發現該地區沒有發生棕櫚薊馬 *Thrips palmi Kamy*. 或者 (b) 運輸植物已經經過規定處理措施，以保證沒有感染纓翅目 Thysanoptera 昆蟲。或者 (c) 植物生長在暖房裡，已經採取官方措施，以在足夠長的時間裡觀測是否存在棕櫚薊馬 *Thrips palmi* Karny，在觀測期間，沒有發生棕櫚薊馬 *Thrips palmi* Kamy
31.種植用榕屬 *Ficus* L. 植物，但不包括種子	官方證明如下 (a) 植物生長國家沒有發生棕櫚薊馬 *Thrips palmi* Kamy，或者 (b) 植物生長地區在出口前3個月內至少每個月進行一次官方檢查，發現該地區沒有發生棕櫚薊馬 *Thrips palmi* Kamy。或者 (c) 運輸植物已經經過規定處理措施，以保證沒有感染纓翅目 Thysanoptera 昆蟲
32.生長在非歐洲國家的種植用棕櫚科 Palmae 植物，但不包括種子	在適當情況下，不影響附件2第8條中所列的、適用於植物之規定的前提下，官方證明 (a) 植物的生長地區沒有發生棕櫚致死黃化植原體 Palm lethalyellowing mycoplasm 和死亡類病毒 Cadang-Cadang Viroid，自上一個完整的植物生長週期開始時起，植物的生長地區或鄰近地區沒有發生該病毒症狀，或者 (b) 自上一個完整的植物生長週期開始時起，植物沒有發生棕櫚致死黃化植原體 Palm lethal yellowing mycoplasm 和死亡類病毒 Cadang-Cadang viroid，生產地區出現可疑症狀並有可能感染該生物的植物

續頁

植物、植物產品和其它材料	特 殊 規 定
	已經被轉移出該地區，且植物已經採取針對Myn-dus crudus Van Duzee的防治措施 （c）對於組織培養的植物，植物需繁殖於滿足第（a）或（b）款規定要求的植物
33.源自非歐洲國家的種植用山茶屬 *Camellia* L. 植物，但不包括種子	官方證明如下 （a）植物的生長地區沒有發生（小杯盤菌發屬）*Ciborinia Camelliae* Kohn，或者 （b）自上一個完整的植物生長週期開始時起，生產地區的開花期植物沒有發生（小杯盤菌發屬）*Ciborinia Camelliae* Kohn症狀
34.源自美國或巴西的種植用倒掛金鐘屬 *Fuchsia* L. 植物，但不包括種子	官方證明，在植物出口之前，生長地區沒有發生（刺皮癭蟎）*Aculops*、倒掛金鐘屬 *Fuchsiae* Keifer跡象，且植物已經經過檢測，沒有發生（刺皮癭蟎）Aculops、倒掛金鐘屬Fuchsiae Keifer
35.生長在歐洲國家和地中海國家以外其他國家的種植用樹木和灌木，但不包括組織培養的種子和植物	在適用情況下，在不影響附件2和本附件1–34條中所列的、適用於植物之規定的前提下，官方證明，這些植物 ·清潔（即沒有植物碎屑），並且未帶有花和果實 ·是在苗圃中栽培的 · 在出口前已經經過規定次數的檢查，沒有發現有害細菌、病毒和病毒類似生物的症狀，沒有發現有害線蟲、昆蟲、蟎類蜱蟎目生物和菌類跡象或症狀，已針對這些生物進行了相應防治處理
36.生長在歐洲國家和地中海國家以外其他國家的種植用落葉樹木和灌木，但不包括組織培養的種子和植物	在適當情況下，不影響附件2和本附件1–35條中所列的、適用於植物之規定的前提下，官方證明，這些植物處於休眠期限，並且沒有帶葉子
37.生長在歐洲國家和地中海國家以外的其他國家	在適當情況下，不影響本附件第29條中所列的適用於植物之規定的前提下，官方證明，這些植物

續頁

植物、植物產品和其它材料	特殊規定
的種植用禾本科 Gramineae 植物 Bambusoideae（竹亞科）、Panicoideae 亞科裝飾用多年生草本植物，野牛草屬 *Buchoe*、垂穗草屬 *Bouteloua* Lag.、拂子茅屬 *Calamagrostis*、蒲葦屬 *Cortaderia* Stapf.、甜茅屬 *Glyceria* R. Br.、*Hakonechloa* Mak. ex Honda、*Hystrix*、沼濕草屬 Molinia、葫草屬 *Phalaris* L.、倭竹屬 *Shibataea*、大米草屬 *Spartina* Schreb.、針茅屬 *Stipa* L. 和牧場草屬 *Uniola* L. 類植物，但不包括種子	·是在苗圃中栽培的，以及 ·沒有植物碎屑，並且未帶有花和果實，以及 ·在出口前已經經過檢查，以及 ·沒有發現有害細菌、病毒和類病毒的症狀，以及 ·沒有發現有害線蟲、昆蟲、蟎類和菌類跡象或症狀，或者已經針對這些生物進行了相應的防治處理

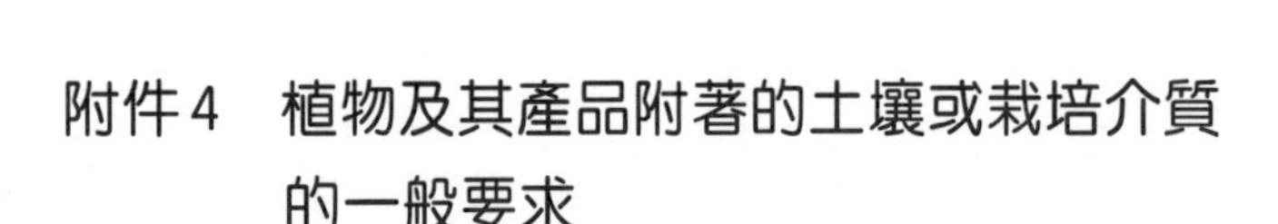

附件4　植物及其產品附著的土壤或栽培介質的一般要求

一、目標概念

植物附著或相關的土壤和成長媒介，全部或部分由土壤或固體有機物質組成，如植物組成部分、腐殖質，其中包括泥煤或樹皮或任何固體無機物質，能夠維持植物的活力植物生長在以下地區和國家：

土耳其、白俄羅斯、愛沙尼亞、拉脫維亞、立陶宛、摩爾達維亞、俄羅斯、烏克蘭、非歐洲國家，不包括賽普勒斯、埃及、以色列、利比亞、馬耳它、摩洛哥、突尼斯

二、要求內容

官方證明如下兩方面內容

（一）在植物種植時

1. 成長媒介未帶有土壤和有機物質，或者

2. 沒有攜帶昆蟲和有害的線蟲，已經經過規定的檢查或熱處理或薰蒸，以保證其沒有發生其他有害生物，或者

3.已經經過規定的熱處理或薰蒸處理，以保證其沒有發生有害生物

（二）自種植時起

1.採取相應措施，以保證成長媒介沒有感染任何有害生物，或者

2.在發運前兩星期內，植物已經抖落成長媒介，只留下在運輸過程中維持生命的最小量成長媒介，對於用於栽種的植物，在運輸途中維持生命的最小量成長媒介需要滿足第（一）款規定的要求

附件5　歐盟進口星天牛寄主植物的特定檢疫要求

1. 在不影響歐盟特定條款的前提下，源自星天牛發生國家的特定植物，應附一份證書，在證書紅字標注的「附加聲明」一欄中注明：

（a）植株始終種植在生產基地，該生產基地由原產國的國家植物保護機構根據國際植物檢疫措施標準在非疫區建立而成。非疫區名稱應當在紅字標注的「原產地」中注明；或者

（b）植株在出口前已經在生產基地至少種植兩年，該基地根據國際植物檢疫措施標準在星天牛非疫產地建立：

（i）該生產基地已在原產國的國家植物保護機構註冊並監管；並且

（ii）已經在適當的季節進行每年兩次的官方檢查，未發現任何星天牛的跡象；並且

（iii）植物種植在這樣一個場所：

——擁有完全隔絕的物理防護設備以阻止星天牛的傳入；或者

——採取適當預防性處理措施，且周圍有半徑至少2公里的緩衝區，每年適當時期已在緩衝區內開展星天牛發生或（為害）症狀的官方調查。一旦發現星天牛出現的跡象，應立即採取根除措施以恢復緩衝區不存在該有害生物的狀態，並且

（iv）在即將出口前，貨物已接受官方重點在植株根部和莖部的對星天牛的嚴格檢疫。並且必要時，這項檢疫包括破壞性抽樣。

2. 根據第1點進口的特定植物，應在進口口岸和根據2004/

103/EC指令建立的目的地（種植）基地，接受嚴格檢疫。所採用的檢疫方法應確保能檢出任何星天牛的（為害）症狀，尤其在植株的根部和莖部。必要時，這項檢疫包括破壞性抽樣。

備註：

1. 特定植物：種植用植物，不含種子，包括 *Acer* spp.（槭屬），*Aesculus hippocastanum*（歐洲七葉樹），*Alnus* spp.（榿木），*Betula* spp.（毛樺屬），*Carpinus* spp.（鵝耳櫪），*Cirus* spp.（柑橘屬），*Corylus* spp.（榛屬），*Cotoneaster* spp.（栒子屬），*Fagus* spp.（水青岡屬），*Lagerstroemia* spp.（紫薇屬），*Malus* spp.（蘋果屬），*Platanus* spp.（懸鈴木屬），*Populus* spp.（楊屬），*Prunus* spp.（李屬），*Pyrus* spp.（梨屬），*Salix* spp.（柳屬），*Ulmus* spp.（榆屬）。

大展好書　好書大展

品嘗好書　冠群可期